에너지와 기후변화

한국과학기술한림원

- 과학기술에 전문적 경륜과 식견을 가진 석학들을 회원으로 엄선, 각 부문별 전문성을 효율적으로 활용함으로써 국가 과학기술의 진흥과 창달에 기여하기 위해 1994년에 설립되었습니다.
- 2005년 기초과학연구진흥법 제11조(한국과학기술한림원의 설립 등)에 의거 법정기구화되었습니다.
- 독립성, 자율성 및 전문성을 바탕으로 하는 순수 민간 과학아카데미로, 편견 없는 대정부 정책자문을 통해 올바른 과학기술정책의 수립을 유도하고 있으며, 범부처적 국가 과학기술정책에 대한 자문과 건의를 통한 과학기술발전의 장기적 비전을 제시하고 있습니다.
- 우리나라의 과학기술 선진국 진입을 위한 기초 과학기술 진흥사업을 수행하고 있으며, 외국 한림원 및 과학기술 국제기구 등과의 학술교류를 통해 과학기술 민간외교의 중심체 역할을 담당하고 있습니다.

에너지와 기후변화

1판 1쇄 찍음 | 2018년 11월 10일
1판 1쇄 펴냄 | 2018년 11월 15일

지은이 | 최기련
발행인 | 주정희
발행처 | 자유아카데미
등록 | 제 406-2003-017호, 1980. 7. 12

주소 | 경기도 파주시 회동길 37-42 파주출판도시
전화 | 031-955-1321
팩스 | 031-955-1322
홈페이지 | www.freeaca.com
전자우편 | main@freeaca.com(대표)
editor@freeaca.com(편집)
crm@freeaca.com(영업)

ISBN 979-11-5808-204-8 93400

한국과학기술한림원
『석학, 과학기술을 말하다』 시리즈 ㉜

에너지와 기후변화

• 최기련 지음 •

자유아카데미

머리말

어느덧 에너지 분야, 그 중에서도 에너지 경제-정책 분야를 연구하고 가르친 지 50년이 지났다. 인생만사가 그러하듯이 배움과 가르침, 학습과 연구에도 시작과 끝이 있다. 유시유종(有始有終)이라고 한다. 그래야만 유한한 인생과 모자란 자신을 인지하고 아름다운 황혼을 맞이할 수 있을 것이다.

공과대학을 졸업하고, 대학원부터 경제학으로 전공을 바꾸고, 1970년대 초 제1차 석유위기 때 에너지경제학으로 또 다시 세부 전공을 바꾸었다. 내 개인의 능력과 의지보다도 시대적 요구와 정부, 그리고 스승과 선배님들의 배려 덕분이었다. 이후 국비유학을 비롯하여 정부산하기관, 공기업에서 대학교로, 공공기관 경영에 이르기까지 경력 축적을 할 수 있었다. 과분한 행운의 연속이었다.

그 행운의 결과로 에너지경제학과 정책론, 그리고 기술경제학 분야의 저서를 20여 권 출판하였고, 많은 논문과 연구보고서 작성에 참여하였다. 그러나 시대의 변화는 필자의 연구 중점을 에너지 위기에서 에너지 시장 논리의 산업화, 효율적 국가정책 체계 구성으로, 그리고 다시 에너지-환경 연계성 분석과 이에 연관한 가격체계 정립 등으로 바꾸게 되었다. 급기야 오늘날에는 시장 자유화와 기후변화 대응과 온난화 방지를 위한 에너지 부문 전략으로 전환할 것이 요구되고 있다. 또한 정부와 전문가 그룹의 관료주의의 폐해보정 연구도 필요하다.

그러다 보니 어느새 고희(古稀)를 넘었다. 이제는 정리를 시작하고, 후배들에게 큰일을 부탁하며, 겸손한 마무리 단계에 들 때이다. 그래서 가장 먼저 시작한 것이 그동안 양산한 저서와 논문, 보고서 등을 정리하고, 쉬운 내용으로 통합-정리하는 일이었다. 에너지경제학이 복합과학(Multi-Discipline)의 전형이라는 점을 잊지 않으려고 노력하였다. 그런데 마침 한국과학기술한림원이 수행하는 저술 사업의 지원을 받아 이 책을 펴내게 되었다.

여러 대학원 수준 저서와 문건들을 쉬운 내용으로 통합하는 노력의 결과가 이 책이다. 짧은 기간에 겸손하지 못했던 과거 저서와 문건들을 쉽고 명료한 내용으로 바꾸기는 매우 어려운 일이었다. 지난 시절의 오만과 성급함에 대해 많은 반성을 하게 되었다. 제 남은 인생여정의 큰 길잡이가 될 것으로 믿는다.

끝으로 이러한 기회를 주신 한국과학기술한림원과 출판 실무를 맡아 주신 자유아카데미 출판사에 감사드린다. 그리고 제가 오늘에 이르도록 이끌어주신 고교 은사 권탁 선생님, 서울공대 현병구 교수님을 비롯한 여러 은사님들과 선배님들에게 감사의 마음을 전해 올린다. 저와 석-박사 논문연구를 같이 한 100여 명의 대학원 제자들과 에너지 분야 후배님들에게도 미욱한 제가 이루지 못한 것을 더욱 정교한 논리로 구성할 수 있는 학습을 부탁해야 할 것 같다.

이 책이 제 인생 有始有終의 시발점임을 새기면서.

2018년 10월 無怠 최기련

차례

4장 세계 에너지 여건과 정책

5장 우리나라의 에너지-기후변화 대응정책

1장

에너지 문제와 기후변화의 위기

1

에너지란 무엇인가?

에너지의 실체

'에너지'라고 하면 우리는 '뜨거운 것' 혹은 '힘 센 것'을 쉽게 떠올릴 것이다. 조금 더 깊이 생각한다면 에너지란 '인간이 활동하는 데 필요한 힘', 또는 '인간 생존에 필요한 일을 할 수 있는 원동력'이라고 대답할 수도 있다. 많은 문헌과 자료에 의하면 '에너지는 인류문명을 밝힌 원동력'이라고 한다. 불의 발견으로 인류는 익혀 먹는 음식을 먹게 되고, 그 결과 우리 머리(뇌, 腦)의 용량이 커졌다. 다른 생명체들에 비해 육체적 생존 능력이 빈약한 인류가 모든 자연 생태계를 지배할 수 있었던 것은 뇌 용량 증가와 밀접한 관련이 있다. 그 후 단기간 내 고온을 발생시키는 숯을 활용하여 철기문명을 시작하고 석탄을 이용하여 근대 산업혁명을 이루었다.

사실 에너지는 인류 역사가 시작하기 훨씬 이전에 존재하였다. 지구나 태양계의 탄생 자체도 거대한 우주 에너지 변화에 의해서 이루어졌다고 할 수 있다. 우주 탄생의 근원을 밝히는 대표적인 빅뱅(Big Bang: 매우 큰 폭발) 이론에 의하면 우주는 어느 한 점의 폭발에 의해 생기기 시작하여 지금도 팽창을 계속하고 있다고 한다. 그러나 여기에서는 실제 우리의 삶과 관련된 에너지 문제를 중심으로 좀 더 알아보기로 한다.

학문적으로 에너지는 일을 할 수 있는 능력이라고 한다. 에너지라는 말은 원래 그리스어 에네르게이아(energeia)에서 기원한다. 에너지란 표현을 과학적 용어로 처음 쓴 사람은 영국의 의사이며 물리학자였던 '영'(Thomas Young, 1773~1829)이다. 그가 에너지란 말을 처음으로 사용한 것은 런던의 왕립연구원에서 교수로 일하던 1802년의 일이었다. 당시 이 기관은 연구

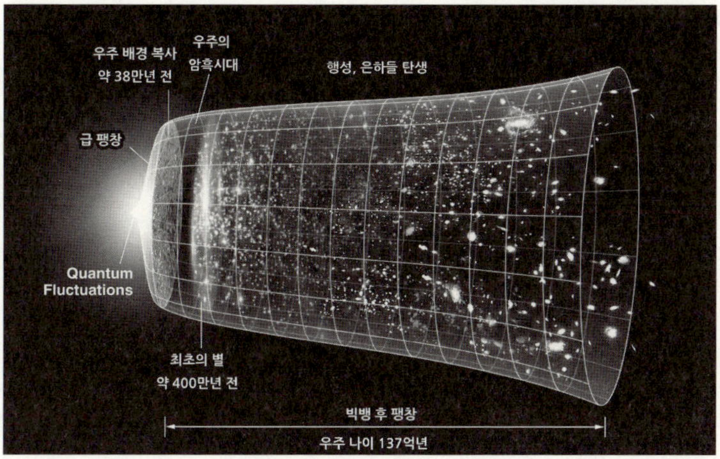

그림 1-1 우주의 탄생을 설명하는 빅뱅 이론(pixabay)

기관이라기보다는 대중과학 교육기관이었다. 이 기관에서 1807년에 간행된 『자연 철학과 기계적 기술에 대한 강의』라는 '영'의 저서 속에 에너지란 말이 처음 등장하였다. '영'은 그때까지 과학자들이 '살아 있는 힘' 또는 '운동량'이라고 부르던 것을 에너지라고 부르자고 제안하였다. 이후에 아인슈타인은 그 양이 질량에 가속도의 제곱을 곱한 값($E=mc^2$)이라고 정의하며 20세기 초에 에너지 담론을 맨 앞으로 올려놓았다.

에너지라는 말이 중요하게 된 것은 18세기 산업혁명을 거치면서 여러 가지 힘이 알려졌고 이 힘들을 공통으로 묶어주는 용어가 필요했기 때문이다. 뉴턴이 주장한 천체들 사이에 작용한다는 만유인력, '돌턴'이 정리한 원자들의 서로 엉켜 붙는 힘, 파동이 전달되는 힘 등이 당시 알려진 자연의 힘이었다. 말하자면, 이런 힘들을 묶어서 한 단어로 나타내기 시작한 것이 에너지였다.

19세기 중반 동안 많은 과학자들은 여러 가지 힘들이 서로 어떻게 관련되어 있는지 밝히기 위해 애썼다. 그 중 독일의 마이어(Julius Robert von Mayer, 1814~1878)와 영국의 줄(James Joule, 1818~1889)은 대표적인 과학자로 꼽히고 있다. 그 밖의 여러 과학자들의 노력으로 당시 알려져 있던 운동, 열, 전기, 생화학적 에너지는 서로 모양을 바꿀 수 있지만 영원히 사라져 없어지는 것이 아니라는 결론을 얻게 되었다. 여전히 '힘'이란 말이 보다 널리 쓰였지만, 이 과정에서 천천히 '에너지'란 말이 자리 잡아 오늘에 이르게 되었다.

에너지의 형태로는 기본적으로 운동 에너지, 위치 에너지, 열에너지 등이 있으며 한 걸음 더 나아가면 전기 에너지, 화학 에너지, 자기 에너지 등도 여기에 포함된다. 이들은 상호 전환이 가능하다. 예를 들면, 운동 에너지는 위치 에너지로 변환되며 전기 에너지는 열에너지로 변환된다. 전기 히터는 전기 에너지를 열에너지로 변환시키고 모터는 전기 에너지를 운동 에너지로 변환시키는 장치이다.

따라서 이들 에너지는 그 형태가 각기 달라도 그 총량은 항상 일정하다. 이러한 현상을 에너지 보전(保全)의 법칙 혹은 열역학 제1법칙이라고 한다. 이 법칙을 설명하는 가장 대표적인 예로는 "우주의 에너지 총량은 일정하다. 따라서 생성되거나 소멸하지 않고 형태만 바뀐다"라는 해설이 있다. 그렇다면 우주의 에너지 총량은 일정한데 에너지 부족 현상은 왜 생기는 것일까. 그것은 사람들에게 유용한 에너지는 '흐르는' 에너지이며 고정되어 움직이지 않는 에너지는 쓸모가 없기 때문이다.

사람들에게 땅 속의 원유는 쓸모가 없다. 유전을 통해 지상으로 채굴, 생산되어 정유공장을 거쳐 휘발유로 변화되고, 돈을 지불하고 기름탱크에 주유하고 자동차를 움직여 먼 길을 편안하게 가야 쓸모가 있는 것이다. 이 과정에서 자연물질인 원유가 휘발유로, 다시 자동차 엔진 내부의 연소 에너지로 변형되어 자동차를 움직이고 배기관을 통해 폐열을 대기 중으로 배출하고 나면 원유에 원래 함유되었던 에너지는 다시 되돌릴 수 없는 상태로 변한다.

이렇게 다시 되돌릴 수 없이 대기 중에, 즉 우주 속에 존재하나 쓸모없게 변한 에너지를 엔트로피(entropy)라고 한다. 제러미 리프킨[1]은 엔트로피 법칙에 따라 "세계는 점차 끝을 향해 달려가고 있다"고 하였다. 세상이 신에 의해 창조되었기 때문에 완벽하기는 하지만 영원하지는 못하며, 창조된 순간부터 쇠락의 씨앗을 품고 있다는 그리스인들의 세계관을 떠올리게 하는 말이다.

위에서 언급한 바와 같이 에너지 간의 전환 과정에서 물량 변화는 없지만, 100%의 효율을 나타내는 것은 아니다. 일례로, 자동차의 내연 기관은 열에너지를 운동 에너지로 변화시키는 장치이지만 투입된 연료의 20% 정도만이 운동 에너지로 변환되고 나머지는 버려진다. 이러한 관점

[1] 제러미 리프킨, 『엔트로피』, 1989. 그는 세계적인 경제학자이자 미래학자이다. 특히 엔트로피 법칙을 들어 사회 전반에 걸친 기계론적 세계관을 비판하고 제3차 산업혁명을 주창하였다.

에서 본다면 상호 전환이 가능한 형태로서의 에너지는 물리학적인 관점에서는 그 실체와 변환과정을 분명하게 파악할 수 있다. 그러나 물리학적인 관점에서는 가격불안, 공급장애, 환경오염 등 점점 복잡한 양상을 나타내는 현대의 에너지 문제[2]를 모두 파악할 수는 없다. 따라서 에너지를 경제사회적인 측면에서도 검토해야 한다.

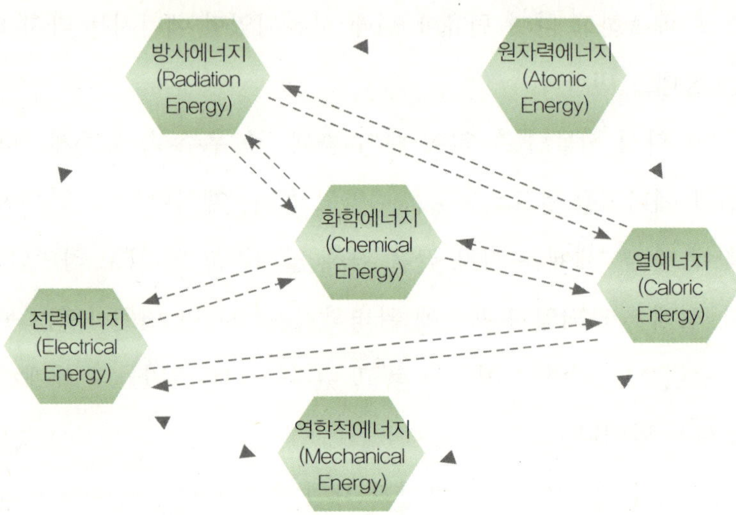

| 그림 1-2 | 열역학 제1법칙: 에너지 보전의 법칙

[2] 에너지 수급불안, 환경오염 등 다양한 에너지 문제에 대한 설명과 대응전략은 이 책의 주된 내용으로, 다양하게 설명될 것이다.

이러한 전환효율의 한계를 설명하는 것을 열역학 제2법칙이라고 한다. 그 주요 내용은 다음과 같다.

- 에너지량은 같아도 그 형태는 변할 수 있다.
- 열(熱)과 일(work) 사이의 변환과정에서 효율문제가 생긴다. 열은 다른 에너지에 비해 저급(低級, degraded)한 에너지이다. 따라서 다른 모든 에너지는 열에 비해 상대적으로 고급 에너지라고 할 수 있다.
- 열이 다른 에너지로 변화되는 과정에서 100% 유용한 고급 에너지로 변하지 않는다. 따라서 열손실, 효율저하가 불가피하게 발생한다.

예를 들어 운동 에너지, 전력, 방사능 에너지 등은 이론적으로 같은 양의 다른 에너지로 변환이 가능하지만 열은 그렇지 못하다. 1 Kwh의 전력은 0.86칼로리의 열을 발생하지만 0.86칼로리의 열로는 1 Kwh의 전력 생산이 불가능하다.

지금까지 언급한 에너지의 특성과 형태를 다음과 같이 요약 정리할 수 있다.

기본 에너지의 형태와 특성

기본 형태: 운동 에너지, 위치 에너지, 열에너지, 전기 에너지, 화학 에너지, 자기 에너지

– 특성1: 상호 전환이 가능

예 운동 에너지 → 위치 에너지, 전기 에너지 → 열에너지로 변환

- 특성2: 최종 사용과정에서는 이용기기를 통해 에너지 서비스로 전환 필요
  예 전기 히터: 전기 에너지 → 열에너지,
  모터: 전기 에너지 → 운동 에너지로 변환
- 특성3: 에너지 형태 간 전환에서 100%의 효율은 있을 수 없다.
  예 자동차, 내연기관: 열에너지 → 운동 에너지 변환 장치는 연료의 20% 정도만 운동 에너지로 변환
- 특성4: 에너지는 흐름(flow)이며, 저량(貯量, stock)이 아니다.

다양한 에너지 문제를 이해하고 그에 따른 해결 방법을 알기 위해서는 여러 가지 형태를 가진 에너지들을 하나의 단위로 집계할 필요가 있다. 그러나 현실에서 우리가 사용하고 있는 에너지원들은 액체, 고체, 기체 등 여러 가지 형태를 취하며 이들의 열량도 서로 다르다. 따라서 이들의 무게나 부피를 단순 합산하거나 비교할 수 없기 때문에 에너지원들이 가지는 동력학적 에너지나 열에너지의 양을 측정하여 에너지 단위로 사용하는 것이 바람직하다. 이를 위해 동원되는 에너지 단위로는 줄(J, Joule), 칼로리(cal, Calory) 등이 있다. 이를 근거로 필요에 따라 와트(W, Watt), 킬로와트시(kWh), 석유환산톤(TOE, tons of oil equivalent), 석탄환산톤(TCE, tons of coal equivalent), 영국열량단위(BTU, British Thermal Unit) 등의 에너지 단위가 도출된다.

다음의 그림 1-3은 천연 에너지 자원에서 에너지 서비스까지의 에너지 흐름에 대한 개념과 개략적 구도를 표시한 그림이다. 여기서 알 수 있는 바와 같이 에너지 시스템은 천연 상태의 1차 에너지를 소비자가 사용

하기 좋은 최종 에너지로 전환시키는 에너지 공급 시스템(정유소, 발전소, 송유관 등)과 최종 에너지를 에너지 서비스로 전환시키는 에너지 수요 시스템(자동차, 조명 기기, 가전기기, 주택의 단열 등)으로 구성되고 최종 소비제품은 우리 보통 국민들에게는 생소한 에너지 서비스인 것을 나타내고 있다.

여기서 에너지 흐름에서 표시되는 각종 에너지가 무엇인지를 좀 더 자세히 설명하면 다음과 같다.[3]

- 천연 에너지: 자연 상태에서 에너지를 포함하고 있는 물체, 운동할 수 있는 힘, 방사능, 열 등의 형태로 존재하는 에너지의 경험적 개념
- 1차 에너지: 인간, 혹은 생물체에 의해 취득, 또는 흡수된 천연 에너지. 식물에 의해 흡수된 태양 에너지, 화석 에너지 등
- 2차 에너지: 소비에 적합하도록 인간에 의해 변환과정을 거친 1차 에너지(전력, 석유제품 등). 따라서 2차 에너지는 1차 에너지에서 전환 손실을 뺀 양으로 표시된다.
- 소비지 도착 에너지: 2차 에너지에서 수송 중에 발생한 손실을 뺀 양.
- 최종 에너지: 재고변동을 감안하여 특정 시점에 바로, 유용하게 소비된 에너지
- 유효(사용) 에너지: 에너지의 사용 목적(열 발생, 전기 동력, 증기생산 등)을 충족시킬 수 있는 에너지량. 에너지 사용 기기에서 발생하는 에

[3] 이러한 분류기준을 제시한 대표적 근거: H. T Odum. 『Energy, Power and Society』 New York, Wiley, 1971

너지 손실량을 뺀 최종 에너지에 해당한다.

- 에너지 서비스: 유효 에너지가 인간/소비자에게 실제 만족을 준 경제사회적 역할을 한 유효 에너지량. 개인별, 수요처별로 상이한 가치관이 적용될 수 있다.
- 미(未)사용 에너지: 에너지 주기 전 과정에서 발생한 에너지 손실량의 합계. 미사용 에너지는 재활용을 위해 회수가능 에너지와 회수불가능 에너지로 구분되며, 고형(회분 재, 플루토늄 등)과 가스(이산화탄소, 질소 산화물 등) 및 폐열 형태로 존재한다.

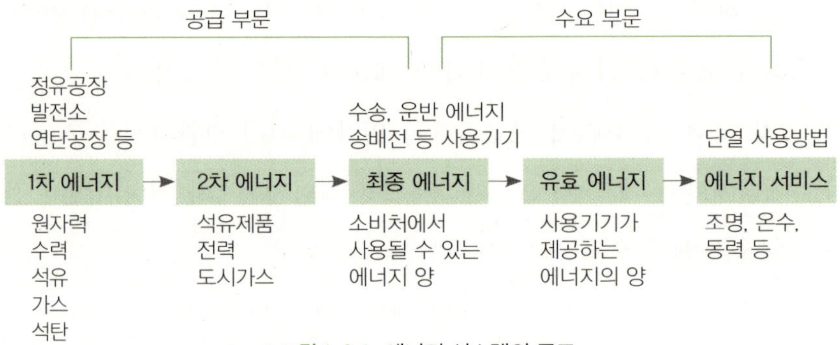

그림 1-3 에너지 시스템의 구조

이러한 에너지 흐름의 모든 단계에서 자가 소비와 열 손실이 발생한다. 이에 따라 소비자들은 자가 소비와 열 손실을 제외한 부문인 에너지 서비스만을 소비할 수 있게 된다. 여기서 에너지의 중요한 특성을 알 수 있다. "에너지는 흐름이고 동적인 존재이다." 흐르고 움직이지 않는 것은 우리 일반인들에게는 큰 의미나 가치가 없다는 사실이다. 다시 한 번 강조하면; 에너지는 흐름이다. 정지되어 있는 것은 에너지가 아니다. 단지 에너지 자원이나 매장량, 자연 자원에 지나지 않다.

에너지 서비스의 산출량은 에너지 투입량 외에 에너지 시스템의 전체적인 효율, 즉 기술 수준에 의하여 결정된다. 기술 발전에 따라 에너지 시스템의 효율이 향상되면 우리는 에너지 투입량을 줄여도 같은 규모의 에너지 서비스를 향유할 수 있다. 물론 환경오염도 줄일 수 있게 된다.

따라서 이와 같이 다양한 에너지원들을 하나의 단위로 집계하여도 보통 사람들의 생활과는 큰 연관이 없다. 생산·소비 활동 등 일상생활에서 필요로 하는 것은 땔감, 원유, 석탄과 같은 자연 상태(1차) 에너지가 아니라 휘발유, 등유, 전력과 같은 에너지 제품도 아닌 자동차와 기계를 움직이게 하는 동력, 어둠을 밝히는 빛, 난방과 목욕에 필요한 온수 등의 에너지 서비스이다.[4] 따라서 보통 사람들에게는 에너지 그 자체가 필요하진 않다. 단지 자동차 같은 에너지 소비기기를 통해서 먼 길을 빠르게 많은 힘을 들이지 않고 갈 수 있는 수송 능력이라는 파생 에너지 서비스가 필요하다는 의미이다.

사람들은 미래 주종 에너지가 될 것이 확실한 전기 그 자체를 필요로 하지 않는다. 우리가 전기를 바로 쓰면 감전사할 위험 밖에 없다. 그 대신 전기를 전열기구나 전기 모터, 그리고 전등에 공급하여 열, 동력, 조명

[4] 이를 관련 학계에서는 파생(派生: Induced) 수요라고 한다.

빛이라는 서비스를 얻고, 이를 통해 전기 요금을 지불한 데 따른 만족을 얻는다. 휘발유의 경우도 마찬가지이다. 우리는 휘발유를 그 자체로 소비할 수 없다. 위험하고 물론 먹기에는 맛도 없을 것이다. 자동차 연료 탱크에 채워서 운전하여 먼 길을 빨리, 힘 들이지 않고 갈 수 있다는 휘발유가 주는 서비스가 주유소에 지불한 휘발유 가격보다 크면 만족감을 얻는다.

이러한 점에서 에너지는 전열기, 모터, 자동차, 전등과 같은 소비기기를 통해서만 우리에게 간접적으로 만족을 주는 특성을 가지고 있다. 하기야 우리가 어려웠던 과거에 기생충 감염은 많고 구충제가 부족하였기 때문에 휘발유를 구충제로 직접적으로 소비하던 시절도 있었다. 그러나 요즈음은 아니다. 여기에다 가끔은 전기를 직접 소비하여 큰 곤욕을 치루는 경우가 있다. 감전사고와 전력기기 부실관리로 인한 화재 등이다. 이에 정부나 공공기관들은 전기 등 에너지 직접 사용에 따른 부작용을 방지하기 위해 에너지 안전관리를 주요 정책과제로 삼고 국민들의 참여와 각성을 촉구하고 있다.

에너지 실체파악의 기초: 자원, 매장량, 생산량

"에너지란 무엇인가?"라는 질문에 '일할 수 있는 능력, 열, 흐름. 경제혈맥' 등으로 학술적인 대답을 할 수도 있지만, 이는 사실 우리가 직접 체험한 일은 아니다. 따라서 에너지의 실체를 가장 쉽고, 논리적으로 알아보기 위해서는 유전의 석유, 지하광산의 석탄 등 천연자원 형태의 에너지 본질을 파악해야 한다. 따라서 매장량(埋藏量, Reserve), 자원량(資源量, Resources), 가채년수(可採年數) 등 에너지 여건 파악에 도움이 되는 몇 가지 기본개념을 이해해야 한다.

가장 기초적인 에너지는 자연에 있는 지하자원과 우리 지구에 무한히 비춰주는 태양 에너지 등이다. 그러나 이렇게 서로 다른 에너지원은 다양한 공급 방식과 사용 용도에 따라 복잡한 과정을 거치기 때문에 바로 이해하기에는 어려움이 있다. 특히 에너지는 여러 형태로 바뀌는 변환 과정을 거치며 서로 대체되기도 한다. 그리고 공급 차원에서는 서로 완전히 분리된 형태를 취하여 대체가 불가능한 상태를 오래 거치기도 한다. 이 결과, 다양한 형태의 에너지와 무수한 관련 산업들이 존재한다. 이러한 복잡성과 이질적 행태 유지는 에너지 그 자체와 관련 산업에 대한 장기적 전망과 시장변화에 반응하는 속도에 영향을 미친다. 수많은 연결고리와 반응체계가 존재하기 때문에 확고한 논리를 세우고, 현상을 규명하며, 미래를 전망하기가 다른 사회·경제 문제들보다 어렵고 복잡하다.

이런 복잡하고 혼란스러운 에너지의 실체를 밝히는 학습과정에서는 일반적으로 석유나 우라늄과 같은 고갈성 자원과 태양 에너지 등 자연현상을 기반으로 한 신·재생 에너지 그리고 전력 발전과 같은 전환 에너지라는 3가지 차원에서 접근하고 있다.

이러한 에너지 실체파악을 위한 접근의 첫 단계는 에너지 지하자원에 대한 이해를 높이는 것이다. 물론 관련 산업인 광물산업(광업)을 일반 제조업과 동일한 기준으로 바라보고, 분석할 수도 있다. 그러나 에너지를 자연환경에서 가장 먼저 생산하는 광물산업은 제조업과는 전혀 다른 독특한 특징도 많이 가지고 있다. 따라서 석유, 천연가스, 석탄 등의 탐사·채굴과정, 즉 광업의 상류부문(upstream)에 대한 분석을 위해서는 그 특수한 경제 논리(광산 이론, Mine Theory)를 학습하는 것이 에너지 시장에 대한 이해의 출발일 것이다. 좀 더 구체적으로는 에너지를 이해하는 연구의 출발은 광산 이론을 학습함으로서 천연자원의 고정스톡(fixed stock)의 가치를 평가하는 데 있다.

그러나 광산 이론은 지나치게 기술적 특성을 강조하는 측면이 있기 때문에 관련 산업이 발전하면서 시장의 행태를 설명하는 데에 한계가 있다. 효율적인 소비처럼 효율적인 생산 역시 소비자의 선호와 필연적으로 관련되기 때문이다. 어떤 광물의 부존량(deposit)을 매장량(reserves)으로 결정하는 문제는 지리적, 기술적 문제일 뿐만 아니라 경제적인 문제이기도 하다.

매장량의 정의

석유나 석탄과 같이 지하에 있는 자원의 분석에 있어서 두 가지 학습과제는 (1) 땅속에 무엇이 있는가와 (2) 그 양에 대한 불확실성 극복 방법이다. 따라서 기술적 정보와 이의 경제적 해석 정보를 결합하는 것이 요구되며, 이를 정리한 것이 그림 1-4이다. 여기서 제시하는 개념은 매우 간단하나 유용하다. 왼쪽에서 오른쪽으로 갈수록 기술적 불확실성은 증가하고, 위에서 밑으로 갈수록 생산비용은 증가하는 것을 나타내고 있다.

매장량(reserves)은 왼쪽 위 부분에 위치한다. 이는 그 존재가 기술적 확실성 범주 내에서 확인되고, 현재의 시장상황에서 생산을 할 경우 수익창출이 가능한 것을 의미한다.

때때로 이것은 확인 매장량(proven reserves), 즉 매장 지역(mineral deposit)을 굴착하여 그 존재 여부를 기술적으로 확인한 매장량이라고 한다. 전체의 큰 상자(Box)로 표시되는 것은 해당 광구(혹은 더 크게 보면 지구)가 보유하고 있는 해당 광물 부존물량의 전체에 해당하는 것으로 자원량(Resources)이라고 한다. 또한 상자의 왼쪽 아래 부분은 어느 정도의 기술적 부존면에서 확실성을 가지고 있으나 경제성이 없기 때문에 매장량으로 보지 않는다. 오른쪽 위 부분은 현재 생산비용과 시장가격을 감안하면 경제성은 있지만, 아직 이를 다루는 기술이 확실하게 발견되지 않은 부분이다.

비용·경제성에 대한 개념으로는, 현재 가격수준으로 생산이 가능한 영역을 가채 가능(Recoverable) 영역, 가격이 현 수준보다 50% 상승할 경우 경제성이 있는 영역을 준(準)한계(Para−marginal) 영역이라고 한다. 이보다 경제성이 낮은 영역을 한계초과(Sub−marginal) 영역이라고 분류한다. 이 같은 비용·경제성 분류를 결정하는 요인은 부존자원 품질의 연속성(continuum)이다. 자원의 품질은 여러 속성들의 복잡한 집합체이지만, 여기서는 채굴비, 운송비, 소비 관련 비용을 기준으로 분류할 수 있다. 위 그림에서 수직 축은 특정 매장지역에서의 생산물의 가치를 표시한다. 이것은 대부분 시장가격과 유사한 수준이다. 좀 더 자세히 보면 광물의 등급(석유의 점도, 석탄의 발열량 등)과 채굴비용, 그밖에 다른 특성(운송비, 불순도,

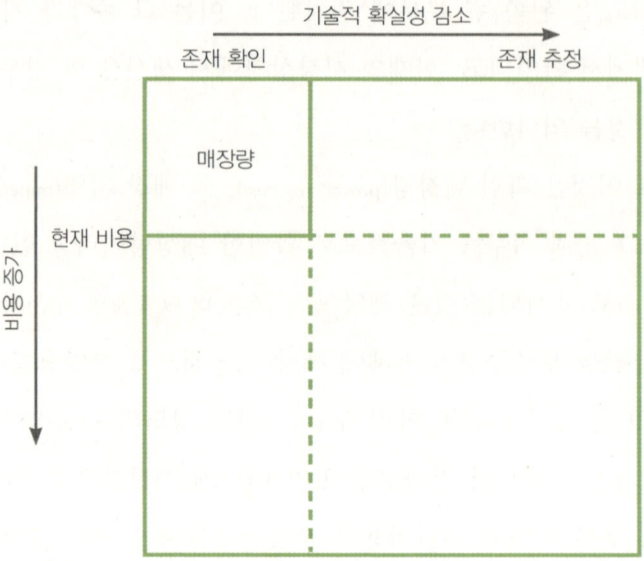

그림 1-4 매장량(Reserves), 자원량(Resources), 자원평가 기초

대량생산기술 활용 여부) 등에 따라 결정된다.

결국 생산물 가치는 시장가격이나 비용을 결정하는 중요한 요인이다. 위 그림에서 수평축은 기술적 불확실성의 정도이다. 이를 위해 잘 알려진 유사 광산의 탐사정보, 자원 매장 예상지층까지의 굴착 여부 등을 고려할 수 있다. 따라서 개별 광산을 대상으로 하기보다 여러 유사 광산들에서 공통적인 불확실성 요인들을 더 많이 고려하여 평가된다.

궁극 자원량

매장량에 대한 경제적 관심의 초점은 매장량을 증가시키기 위하여 필요한 투자규모 산정과 이의 효율적인 조달에 집중된다. 이를 위해 제일 먼저 규명되어야 할 사항은 궁극적인 자원량(Resources)의 평가이다. 이에 지구가 보유하고 있는 궁극적 자원가용량(total availability) 추정기법에 관심을 가져야 한다. 추정작업은 주로 현지 지표조사, 과거 탐사기록 평가로부터 시작하여 보다 전문적인 평가로 진전된다.

자원의 양에 대한 평가기법은 체적(體積) 규모평가, 지각(地殼) 규모평가와 행태적 규모평가이다. 체적 규모 접근법이 설명하기에 가장 간단하다. 이 방법은 가장 원형적인 형태에서 유전구조의 단위 체적당 석유함유량 추정치와 그 구조의 범위 추정을 통해 산정한다.

1평방마일당 석유함유 침적물질이 50,000배럴의 석유를 포함하고 있다고 가정하면, 해당 지역 면적으로 곱하여 추정하는 방법이다. 이 기법은 다른 종류의 침적물의 양이나 접근가능성 등의 지질학 정보의 고도화를 통해 더욱 정밀화될 수 있다. 우라늄을 포함한 비화석연료는 지각 내 함유비율로 간단하게 추정할 수 있다. 만약, 지각의 0.01%가 특정 광물로 구성되어 있다면, 약 10억 톤의 지각에서 약 10만 톤이 발견될 수 있다고 추정한다. 이것은 아주 초보적인 추정치이다. 그러나 화석연료인 석탄과 석유에 대해서는 적용되지 않는다.

정확한 지질학적 정보가 있다면, 탐사는 가장 좋은 조건을 가진 지역에서 시작될 것이다. 그리고 다른 지질학적 상황에 따라서 보다 작은 지역으로 이동하고 나중에는 보다 고립된 지역으로 갈 것이다. 물론 다른 상황 아래에서는 탐사·개발 지역은 결국 대규모로 통합되는 단일 군집

구조로 변화되는 경우도 있을 수 있다. 그러나 그 비용은 보다 커질 것이다. 가스자원이 병존하는 석유자원 개발의 경우가 그 좋은 사례이다. 현실 세계에서는 완전한 지식도 완전한 무지도 없다. 탐사는 지질학적 이론과 채굴하는 사람(wildcatter)의 영감에 의하여 이루어진다. 이론과 경험 있는 자의 영감은 무작정 굴착하는 것보다 높은 성공 확률을 보여주지만, 매장지역의 가장 좋은 등급을 발견하는 것까지는 보장하지 않는다. 행태적 접근은 비록 과거의 경험을 분석하는 데는 유용하지만 완전한 미래를 말해주지는 않는다. 이것은 땅속에 무엇이 있는지를 추정하는 데에는 상세한 지질탐사를 대체할 것이 없다는 것을 말한다. 정확한 의미에서의 매장량(Reserve) 자료는 가장 의미 있는 지질학적 자료이다. 그러나 우리는 매장량이 생산업자가 보유한 특정 시점의 원재료의 재고량 개념이라는 점에 지나지 않는 다는 점에 항상 유의하여야 한다. 매장량과 궁극적 생산 가능량을 의미하는 자원량(Resources)의 개념을 혼동하지 말아야 한다.

주요 에너지자원의 매장량과 가채년수

세계 주요 에너지 자원의 매장량은 경제사회성장의 지속에 따른 생산량의 증가 지속과 자원종말론과 같은 유용한 자원고갈에도 불구하고 늘어나는 경우가 많다. 이는 당연히 기술개발과 자원가격 상승으로 인하여 경제성 제고에 따른 것이다. 따라서 매장량 변화의 추세를 나타내는 세계 에너지 자원의 가채년수(加採年數, R/P Ratio)는 늘어나는 추세를 보이고 있다. 예컨대 1970년대 초 석유파동 발발 이후 세계 석유의 가채년수는 한

때 20년대 수준을 유지하였으나 지금은 50년을 넘는 수준에 있다. 천연가스의 경우에도 50년이 넘고 수요증가세가 하락하고 있는 석탄의 가채년수는 100년이 넘는다.

표 1-1 세계 주요 에너지 매장량과 가채년수(2017년 기준)

에너지원	단위	매장량	연간 생산량	가채년수
석유	10억 톤	240	5	51
석탄	10억 톤	890	8	114
천연가스	조 입방미터	190	4	52

자료: BP Statistical Review 2018

BP 세계 에너지통계자료에 의하면 석유의 경우 2017년 세계 확인 매장량은 1조 6966억 배럴로 밝혀졌다. 이에 따른 석유 가채년수는 51년 수준이다. OPEC 국가들은 세계 석유 매장량의 71.8%를 보유하고 있다. 천연가스 역시 확인 매장량이 전년 대비 0.2% 정도 증가하여 2017년 가채년수가 52.6년에 달하였다. 중동 국가들이 세계 천연가스 매장량의 40.9%를 보유하고 있으며, 러시아가 30% 정도를 보유하고 있다.

석탄의 경우 2017년 세계 가채년수가 134년에 달하였다. 최근 소비 부진으로 가채년수는 갈수록 늘어나고 있다. 미국이 세계 전체 매장량의 24.2%를 보유하고 있으며, 중국, 인도, 호주가 속한 아시아 태평양지역이 41%를 보유하고 있다.

매장량 기준으로 비교하기에는 기술적 한계가 있지만 원자력의 경우 2017년 세계 원전 발전량이 전년 대비 1.1% 늘어났다. 이는 지난 10년간

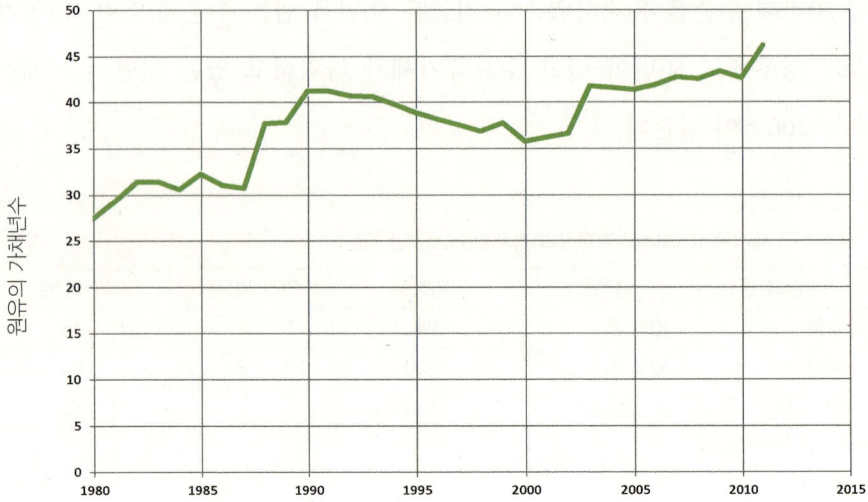

자료: BP 에너지통계 2018

그림 1-5 세계 원유 가채년수 변화

연평균 0.7%씩 감소하던 추세에서 중국의 대폭적 원전 증가에 따른 것으로 일시적 현상으로 보이나, 좀 더 장기적 검증이 필요한 것으로 보인다.

이에 반해 신재생 발전(수력 제외)은 2017년 17%나 증가하였다. 세계 전체에서 신재생 발전이 차지하는 비중은 전년 7.4%에서 2017년 8.4%로 증가하였다. 유럽의 2017년 신재생 발전 점유율은 18.3%에 달하여 사상 최고기록을 달성하였다. 이는 지난 10년간 연평균 증가율 16.2%와 비슷한 추세이다. 풍력 발전 증가량이 전체 신재생 발전 증가의 절반을 차지하였다. 태양광 발전은 전체 신재생 발전의 21%를 차지하였다. 특히 중국에서 신재생 발전은 전체 발전 증가 중 2위를 차지하여 기록적인 증가세를 보였다. 중국 발전량 증가의 1위는 가스 발전에 의한 것이었다.

참고로 여기서 최근 에너지자립을 확보하고 나아가 세계 에너지 시장에서 중동을 대신하여 지정학적 주도권을 확보한 미국의 경우를 다른 나라·지역과 비교하기 위해 세계 지역별 석유 가채년수 변화를 그림 1-6으로 표시한다. 여기서 우리는 북미지역 석유 가채년수가 80년대 중반부터 급증하고 있음을 알 수 있다. 지난 70년대 두 차례와 80년대 초 석유파동을 겪은 미국은 중동 의존도 탈피정책을 장기 관점에서 추진하여 국내 석유-가스 개발 투자를 증대하였다. 특히 셰일가스와 부생 석유(Tight Oil)

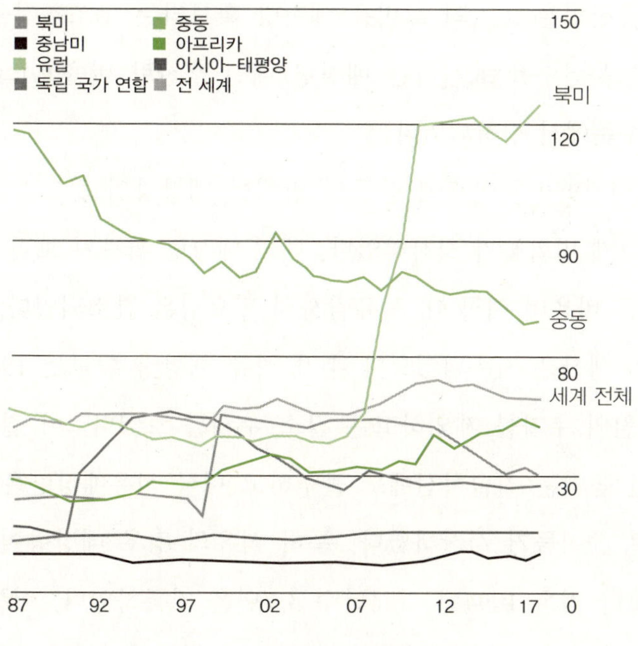

▌그림 1-6▐ 지역별 석유 가채년수 변화

개발에 성공함으로써 미국은 에너지 자립을 거의 이루었으며, 조만간 석유와 가스 수출국으로 등장할 것이다.

미국의 석유-가스 자원개발 역사를 살펴보면서 에너지 자립을 위한 노력과 성과를 알아보자. 미국의 에너지자원 매장량은 1967년까지 생산량 증가에 비례하여 증가세를 보여 왔다. 감소 추세를 보이는 연도가 있기는 했지만 일반적인 경향은 이 기간 동안 상승세를 보였다. 그러나 그 매장량 증가는 매우 높은 생산비용을 가진 것이었다. 이는 새로운 매장량 추가에는 고비용의 탐사비용을 지불해야 한다는 것을 의미한다. 심지어 그 생산비용이 그렇게 높지 않더라도 탐사비용은 계속 높아져 갔다. 이에 미국 석유산업은 초기의 고비용 매장량 확보라는 구조조정을 거친 후에야 생산가능년수를 표시하는 매장량/매년 생산량 비율(R/P Ratio)이 보다 합리적 수준에서 정착되었다.

그러나 1950년 이후에 중동의 방대한 매장량의 규모가 알려지면서, 상황이 크게 변화하기 시작하였다. 해외 매장량 확보가 보다 저렴하기 때문에 높은 비용의 미국 내 석유탐사의 필요성은 감소되었다. 미국 내 유정에서의 생산은 지속되었으나 추가 석유 매장량 확보는 1960년대 알래스카 자원의 추가를 제외하고는 감소 추세를 보였다. 이 결과 석유자원 회수율을 높이는 기술혁신에도 불구하고 미국 석유매장량은 1990년대를 기점으로 줄어들기 시작하였다. 특히 석유의 경우 매장량이 4년간의 소비총량보다 적은 1994년 가채년수 3.7년을 기록하였다. 이는 에너지 안보뿐 아니라 지정학적 관점에서도 매우 심각한 것이었다. 따라서 전쟁과 심각한 석유금수 등에 대비하여 최소한의 에너지 안보 여건을 유지하기 위해 소비량의 약 절반을 수입하는 가운데, 일정 부분 국내 석유자원은 미래를 위해 남겨두는 비상 에너지 정책이 시행되었다. 여기서 우리는 자원부국으로 여겨지는 미국이 1994년 석유와 가스자원 부족사태를 얼마나 심각하게 생각하였는지를 알 수 있다. 이런 가운데 미국 내 석유-가스 생산기술에 관한 기술혁신이 꾸준히 추진되어 셰일가스와 부생 석유자원을 확보하였다. 이 결과 미국은 세계 1위 산유국 지위를 확보하고, 세계 에너지 시장에 대한 지배력을 회복할 것으로 보인다. 이는 미국의 세계 정치경제 주도시대를 연장하는 효과를 나타낼 것이다. 그리고 중동 산유국들을 중심으로 한 석유수출국기구(OPEC)과 러시아의 영향력은 상대적으로 감소할 것이다. 우리는 여기서 에너지 자원이 부족한 국가들이 취해야 할 에너지 자립정책의 모형을 알 수 있다. 원유와 같은 천연자원 대신 기술자원 자립을 통한 에너지 자립 가능성이 바로 그것이다.

표 1-2 미국의 1994년도 Reserves, Resource 및 연료 소비

	연료			
	석유 10^9 bl	가스 10^{12} ft	석탄 10^9 t	우라늄 10^6 lb
연간 소비량(C)	6.5	20.7	0.8	45.1
매장량(R1)	24	171	_	292
가채년수(R1/C 비율)	3.7	8.2	_	65
자원량(R2)	49	399	429.9	8,400
R2/C비율	7.5	19.3	478	186

Source: Annual Energy Review, 1994, pp. 109–134, 261

2

알기 쉬운 에너지의 역사

힘든 육체노동에서 전기로, 말의 힘에서 수력으로 변하는 과정에서, 에너지는 우리 인류 사회를 바꾸는 데 결정적 역할을 하였다(From elbow grease to electricity, horsepower to hydropower, energy has played a crucial part in shaping society).

1533년 영국 헨리 8세가 그의 왕비 6명 중 첫 번째 왕비와 이혼할 때 영국 역사를 바꾸는 대변혁을 감행하였다. 즉, 왕비와 이혼을 금지하는 카톨릭 교리를 배척하는 일대 종교개혁을 단행하였다. 이와 함께 헨리 8세는 매우 과격하고 혁신적인 사회개혁을 동시에 시행하였다. 예컨대 압수한 북부 잉글랜드 교회 토지를 사업적 안목이 깊은 사람들에게 배분하였다. 그들은 그 토지에 부존하는 석탄채굴산업을 전근대적 소규모 방식에서 대형화, 상업화 체재로 전환하였다. 그 후 두 세기에 걸쳐 석탄은 목재를 대신하여 영국의 주종 에너지가 되었다. 이 결과 영국 제조업 등 각종 산업이 융성하였으며 도시화를 촉진하여 도시의 인구팽창을 유도하였다.

목재에서 석탄으로의 주종 에너지의 전환은 에너지 역사에서 가장 획기적인 일이었다. 당연히 영국 사회에 미친 영향은 상상을 초월한 것이었다.[5]

사실 수렵-채취 위주 유목생활에서 스마트폰에 의존하는 현대도시생활로 진전된 인류문명의 발달의 상당 부분은 주종 에너지 변화의 이야기이도 하다. 새로운(대체) 에너지 확대적용 과정은 언제나 더 좋은 난방, 조명, 동력원 개발, 수송수단 제공에 관련된 기술들의 확산을 유발하고, 결국은 지금의 높은 수준의 에너지 활용 시대에 이르렀다. 이러한 변화과정은 어떤 경우에는 지연되고, 다른 경우에는 매우 빠르게 진전되는 종잡을 수 없는 특성을 가지고 있었다. 심지어 국왕의 젊은 왕비 선택과 같은 우연한 사건에 의해 결정되기도 하였다. 결국 오랜 시간에 걸친 에너지 대체와 전환의 과정은 각 과정마다 상이한 특성과 요인이 존재한다. 어떤 새로운 대체 에너지는 금방 주종 에너지로 승격하지만 다른 에너지는 발전 속도가 지연되거나 급변하기도 하며, 다른 새로운 에너지 출현기반을 조성하는 단역(cameo) 역할에 그치기도 한다.

---

5 Roger Fouquet, London School of Economics and Political Science.

지금은 화석 에너지에 거의 대부분 의존하는 에너지 시대에서 새로운 에너지 시대로의 대전환과정에 있다는 것이 분명해지고 있다. 이에 에너지 전환의 역사에서 유추하여 보면 좀 더 과감하고 신속한 에너지 전환과정을 통해 새로운 미래를 앞당기는 것이 현명한 선택이라는 의견이 많다.

연소(燃燒) 방식의 변화

인류는 오랫동안 사람의 근육의 힘을 주된 에너지로 활용하여 왔다. 이를 위해 음식물을 통해 에너지원을 섭취하고 불을 열과 조명으로 활용하였다. 그 후 농업시대가 전개되고 집단촌락이 형성되고 도시문명이 열린 상태에서도 인간 근육의 힘은 가축의 힘과 함께 인류문명을 지탱하는 힘의 원천이었다. 물론 후대의 창의적인 도구와 기술의 개발로 힘의 활용 효율은 크게 개선되었다. 예컨대 불의 활용으로 진흙을 도자기로 전환하고 금속을 녹여 좀 더 효율적인 도구생산이 가능하였다.

인류는 3세기 경에 좀 더 효율적이고 강력한 에너지원인 물의 활용 방법을 개발하였다. 사실 고대 그리스에서는 물레방아를 곡물 등 각종 분쇄과정에 활용하였다. 1세기경부터 중국에서는 제철 작업에 물로 움직이는 풀무를 활용한 기록이 있다.

그 후 11세기 말에는 서유럽 각지에서 수력(water power)은 곡식도정, 직물가

공, 피혁처리, 목재세단, 광물분쇄 등에 광범하게 사용되었다. 결국 추가적인 동력에너지활용은 생산성 향상으로 귀결되었다. 수력 방앗간 1개와 소수 인력만으로 한 마을 전체가 필요한 곡물가공이 가능하게 되었다. 이에 따라 곡물가공에 동원되지 않아도 되는 유휴 인력들은 다양한 교역활동에 투입이 가능해졌고, 곡물가공과 제빵 비용이 하락하여 결과적으로 생활의 질의 향상으로 귀결되었다. 이러한 수력 방앗간의 번창은 물을 사용할 권리를 가진 사람들이 에너지를 좌지우지하는 결과를 낳았다.[6]

수력 방앗간은 7세기 페르시아에서 처음 시작되어 1150년경 유럽에 도입되어 많은 대중들이 쉽게 에너지를 활용할 기회를 제공하였다. 따라서 수력 방앗간은 보다 민주적인 기술이라고 할 수 있다.

중세시대에 들어서 유럽 인구가 급팽창하고 전통적 소규모 산업이 번창함에 따라 에너지 여건의 변화가 불가피하였다. 이에 따라 주종 에너지가 종전의 목재에서 석탄으로 바뀌는 에너지 혁명이 도래하였다. 사실 그 이전 수천 년 동안에도 지표에서 잘 보이고 쉽게 채굴할 수 있는 석탄은 세계 도처에 있었고 많은 사람들이 잘 알고 있었다. 심지어 고대 중국에서도 이들 석탄을 산업용 연료로 많이 사용하였다. 그러나 가장 큰 석탄 활용의 계기는 16세기 영국, 특히 수도인 런던에서 일어났다. 런던에서는 13세기 이래 영국 북부에서 소량의 석탄을 수입하여 제련하여 용융로 등

[6] Arnulf Grubler, the International Institute for Applied Systems Analysis, Austria.

에 활용해왔다. 이 과정에서 나오는 검은 매연과 나쁜 냄새 때문에 런던 사람들은 목재와 숯을 가정용 연료로 활용하였다. 그렇지만 16세기경 영국의 삼림이 과잉 벌채되어 런던에서 목재가 필요한 경우 먼 곳에서 운반된 것을 비싼 값에 구입해야 했다. 그때 마침 종교개혁으로 북부지방 석탄부존 토지들이 가톨릭교회 소유에서 벗어나 광산업이 번창하는 계기를 맞았다. 이에 영국 북부에서 채굴된 석탄을 선박을 이용하여 런던 지역으로 운반하기 시작하였는데, 이를 런던 사람들은 바다 석탄(sea coal)이라고 부르기 시작하였다.

석탄의 등장

런던에서 석탄 활용 초기에는 가난한 사람들만 석탄을 연료로 사용하였으나 목재연료 부족이 심각해짐에 따라 부유층들도 석탄을 사용하게 되었다. 파이어 플레이스 디자인 개선, 굴뚝과 배연시설 개량 등 기술혁신은 석탄 활용기회를 더욱 확대하였다. 그리고 각종 발효, 비누제조, 염색, 벽돌제조 관련 산업으로 석탄 사용이 확대되고 전통적 석회석 버너와 대장간 등으로 석탄 사용이 더욱 확대되었다. 이러한 석탄 사용 증가는 1661년 쯤 큰 환경공해를 유발하였다. 런던은 스모그와 유황먼지 냄새로 가득한 어두운 지옥의 주변이라고 비유되기도 하였다. 영국 정부는 이러한 공해문제해결에 노력하여 어느 정도 성과를 거두었으나 제철산업의 경우 그 해결에 오랜 시간이 소요되었다. 즉 석탄에 함유된 유황성분은 철을 무르게 하는 특성이 있어 문제를 야기하였다. 결국 이 문제는 18세기 초에 코크스(coke)를 활용하여 순수 철 제조기술의 개발로 해결되었다.

석탄 활용은 사회전반에 걸쳐 큰 변화를 가져왔다. 예컨대 석탄 사용은 소요 에너지를 지하에서 생산하기 때문에 토지사용에 관련된 사회적 갈등과 압력을 줄였다. 또한 석탄은 주택난방비용을 절감하게 할 수 있어 열 생산에 필요한 금속제품의 가격하락을 유도하였다. 그리고 석탄을 사용한 열 생산 비용이 저렴하기 때문에 열을 동력으로 전환하는 기술 개발을 가능하게 하고 나아가 인류생활 그 자체를 변화시켰다. 당연히 석탄 생산은 영국 전 지역으로 확대되었다. 그러나 깊은 탄광은 침수위험이 크기 때문에 배수펌프 운전을 위해 스팀 엔진이 개발되었다. 그리고 석탄수송을 위한 운하건설이 확대되었다. 스팀 엔진과 운하는 뒤이은 제1차 산업혁명에 필수적 요소가 되었다. 엔지니어링과 기술 그리고 문화 측면에서의 발전이 합쳐져서 산업혁명을 유발하였으나 다른 것보다 석탄이 가장 핵심적인 역할을 한 것은 분명하다.

1770년대에는 드디어 효율적이고 연료절감이 가능한 스팀 엔진이 개발되어 경제성장의 기폭제 역할을 하였다. 석탄광산에 근접하여 위치할 필요가 없는 스팀 엔진은 모든 경제사회부문에 활용이 가능하게 되었다. 이에 따라 새로운 산업단지가 출현하고 보다 전문적인 기자재를 갖춘 공장들이 많아졌다. 이에 따른 노동인력 수요증가는 농촌에서 도시로의 인구이동을 촉진하였다. 17세기 말에는 운하 네트워크, 그리고 좀 더 이후에는 철도 네트워크가 석탄, 식량, 제조업 상품의 이동을 촉진할 수 있게 하였다.

> 영국은 석탄으로의 연료전환을 이룬 첫 번째 국가이지만 그 진전속도는 매우 느렸다. 예를 들면 영국에서 대형 동력과 수송 네트워크가 완성된 것은 1800년대(19세기)이었다. 그리고 1880년에야 석탄과 관련한 거대한 서비스 체계를 구성할 수 있었다.[7]

목재에 의존하는 산업체계를 지속해 온 영국 이외 다른 국가들도 결국 영국의 선례를 따르지 않을 수 없었다. 인구밀도가 상대적으로 낮고 방대한 산림자원을 가진 독일과 프랑스는 1850년대까지 목재를 주종 에너지로 활용하였다. 미국에서도 석탄이 목재를 추월하여 주종 에너지가 된 것은 1880년대이었다.

사실 산업화를 추진하는 국가들에서 석탄으로의 에너지 전환은 막대한 장점이 있다. 우선 더 많은 사람들이 점차 더 잘 살게 되며, 더욱 다양한 각종 상품을 접하게 된다. 여기에다 철도망과 증기선의 확대는 교역구조를 혁신하고 보통 사람들도 더 광범위한 이동 가능성을 보장받게 된다. 물론 결점도 있다. 도심의 혼잡, 도시 오염, 주거여건 악화, 양질의 물 공급 한계, 위생 문제 등이 결점의 사례들이다. 그렇지만 이러한 결점들은

---

[7] Roger Fouquet; id

부의 축적을 통해 해결의 계기를 마련할 수 있다. 경제성장은 더 많은 부(富)를 창출하고 나아가 모든 문제가 개선되는 방향에서 결정될 수 있다.

석탄 사용이 증가하는 추세 속에서도 새로운 에너지원이 점차 대두되었다. 석탄가스(속칭 Town gas)는 19세기 초에 런던을 시작으로 새로운 조명과 난방연료로 등장하였다. 가스등은 도시를 보다 안전하게 하였을 뿐 아니라, 근로방식과 유흥(레저)활동의 변화를 초래하였다. 심지어 수면 패턴마저 변화를 유도하였다고 한다. 그러나 이 연료는 매우 비쌌기 때문에 주로 도심 지역에만 보급되었다. 이런 가운데 19세기 말에는 미국 펜실베니아주 유전에서 생산되고 가공된 등유(파라핀)가 고래 기름을 대신하여 빈곤계층과 농촌 지역의 새로운 조명원료로 등장하기도 하였다.

전기시대의 개막

19세기 후반부터 새로운 형태의 동력원이 등장하였다. 그것이 바로 전기(electricity)이다. 1880년대에 석탄발전소가 유럽과 미국에 등장하였다. 이들은 처음에는 조명 에너지를 공급하였으나 점차 전차와 기차의 동력원으로 활용되기 시작하였다. 전기의 산업부문 활용은 좀 늦게 20세기 초반에 시작되었다. 그러나 공장의 전력화(Electrification)는 제품 생산시스템을 보다 유연하고 신뢰성을 높이는 역할을 할 수 있었다. 예를 들어 공장을 돌리는 동력이 스위치의 간단한 개폐로 조정이 가능하게 되었다. 따라서 공장 작업여건이 개선되고 청결성과 안전성이 제고될 뿐 아니라 결국 제품생산성 향상이 가능하게 되었다.

전력화(Electrification) 현상은 가정생활의 변화도 초래하였다. 다리미, 각종 팬(fans)과 전기온수기가 1900년 이전에 개발·보급되었다. 그 후 각종 요리기, 냉장고, 설거지 기계와 여러 가지 인력절약 도구들이 급속히 개발·보급되었다. 또한 전기는 더 큰 사회변화를 유도하였다. 즉 전기는 통신 및 소통 방식의 혁명을 가져왔다. 사람 간 소통이 전보와 전화에서 라디오, TV, 그리고 인터넷으로 급속히 진화, 확대되었다. 따라서 전기로 인해 선진국의 대부분 사람들이 빅토리아 시대 최고급 주택에 살았던 최상류층 사람들보다 더 호화로운 생활을 하게 되었다는 평가도 그럴 듯하다.

석유는 긴 에너지 역사에서 아주 짧은 기간 매우 획기적이고 절대적인 역할을 하고 이제 그 종말이 예고되고 있기도 하다. 이는 내연기관의 발명과 값싼 대중차량의 양산과 관계가 있다. 내연기관 장착 자동차 대량보급으로 석유 수요가 급증하였고 석유 산업은 급팽창하였다. 더구나 전력 생산과 같은 새로운 석유 사용 방법 창출이 지속되었다.

석유발전 등 저렴하고 신뢰성이 높은 원료를 사용함으로써 전기보급 제약이 없어졌고, 이는 세상을 바꾸는 계기가 되고 있다. 그러나 이와 같은 화석연료 체계는 금방 그 한계가 노출되었다. 20세기 중반부터 석유, 석탄과 같은 화석연료(fossil-fuel) 매장량의 한계에 대한 관심이 커졌다. 특히 1973년 제1차 석유위기 당시 갑자기 석유 가격이 5배로 급등하였다.

이에 거의 모든 국가들은 석유 대체 에너지와 에너지 절약기술들을 찾기 시작하였다. 예컨대 영국은 석유 대신 북해 천연가스, 노르웨이는 수력 발전 개발에 매진하였고 미국과 프랑스는 원자력 에너지 개발에 중점을 두었다.

그리고 21세기에 접어들 당시부터 화석연료 의존현상으로 인한 환경 공해라는 새로운 위험이 감지되고 그 해결책 마련에 몰두하고 있다. 발전소와 차량 배기가스로 인해 발생하는 대기질 악화는 현재 공중보건의 가장 큰 위협요소가 되고 있다. 이런 상황에서 발전소, 자동차, 가정용 조리기구가 지구의 가장 큰 살인자가 되고 있다는 환경운동가들의 주장이 일반 대중들에게도 설득력을 얻고 있다. 결국 오늘 날에 이르러서는 모든 에너지 유발 환경공해는 기후변화의 주요 요인으로 간주되어 지구문명의 지속가능성에 대한 위협요소로 간주되고 있다.

이러한 오랜 에너지 역사의 진전 아래 지금은 개발도상국들에서 중단될 수 없는 에너지수요를 과거 선진국들의 산업화 과정에서 저지른 잘못된 방식과는 확연하게 달리 충족시킬 혁명적 에너지 체계에 대한 구상이 활발하다. 이를 크게는 지속가능한 청정 에너지 전환(transition)이라고 부르기도 한다. 에너지 전환의 내용이 어떠하건 간에 "현존 에너지 시스템으로부터의 탈피가 조만간 이루어지지 않으면, 인류 미래를 보장할 수 없을지도 모른다"라는 경고가 가장 큰 설득력을 얻고 있는 것 같다.

여기서 우리가 오랜 에너지 역사에서 얻은 가장 큰 교훈을 정리하면 "지금부터는 과거 방식으로 일을 해서는 안 된다"라는 것이다. 즉 과거의 에너지 전환은 대부분 혼란스럽고 예측 불가능한 특성을 가졌다. 그러나 인류 문명의 지속가능성을 보장하기 위해서는 지금부터 계획을 세워 에너지 전환 과정을 잘 통제해야 할 것이다. 따라서 향후 에너지 전환은 편의성을 추구한다거나 새로운 발견을 상용화하는 차원에서 이루어져서는 안 된다. 그보다는 사회적 합의에 의해 추진되는 것이 중요하다.

3

알기 쉬운 기후변화

기후변화라는 큰 위험의 전조: 지구온난화[8]

지구 전체와 그 위에 사는 모든 사람들을 한꺼번에 혼란과 공포에 빠뜨릴 수 있을 정도로 충격적인 사건에는 무엇이 있을까? 지진, 화산폭발과 같은 자연재해를 생각할 수가 있지만 이것들은 세계의 일부 지역에 국한되는 문제들이다. 요즘은 잔혹한 테러가 여러 사람들에게 충격과 공포를 주지만 이것도 지역적인 문제일 뿐이다. 그리고 1986년 발생한 체르

[8] 이하에서 설명하는 내용은 기상청 '기후변화 2014 종합보고서' 등 정부 관련 기관 자료와 권원태 '기후변화의 과학적 이해', 지식의 지평 6호 등에서 종합하여 재편집, 인용한 것임.

노빌 원전 사고와 같은 방사능 먼지(낙진, 落塵) 사고는 몇 개 대륙에 영향을 미치는 대형 사고일 수 있다. 그러나 이것도 세계 전체에 영향을 미치는 것은 아니다.

그러나 지구온도가 점차 높아지는 지구온난화(global warming)를 대표로 하는 기후변화 문제는 이러한 문제들과는 차원이 다른 문제로, 인류가 지금까지 경험하지 못한 중대한 위험이다. 만약 우리가 이 문제를 해결하지 못한다면, 지구의 기후(기상 패턴)가 예측불가의 상태로 변하고, 많은 생물종(種:species)들이 없어지며, 우리의 생활이 더 많이 힘들어질 것이다. 특히 지금도 어렵게 사는 후진국 사람들의 생활이 상대적으로 더욱 어려워질 것이다.

그림 1-7은 미국 우주항공국(NASA)의 지구관측위성에서 촬영한 것으로, 지구 각지에서 방출되는 열(heat)을 나타내고 있다.

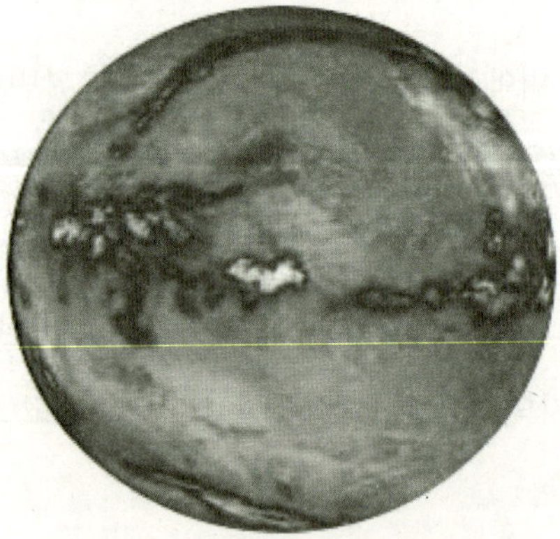

자료: NASA Marshall Space Flight Center

| 그림 1-7 | 지구 표면 열 배출 촬영 영상

기후변화란 무엇인가?

기후변화를 알아보기 위해 지구온난화를 먼저 파악하는 것이 좋다.

우선 우리가 알래스카에 있는 나무집에 산다고 가정하자. 그곳은 당연히 추운 지역이다. 그래서 우리는 땔나무들을 마련하고 많은 양을 쌓아 둘 것이다. 그리고 그 나무들로 벽난로에 불을 피워 집을 따뜻하게 할 것이다. 특히 바깥기온이 낮아질수록 불을 많이 피울 것이다. 나무집 안의 온도가 바깥 공기나 땅 온도보다 서서히 높아진다. 물론 집안 온도가 높아질수록 만족감이 더욱 커질 것이다. 그러나 나무집의 구조상 내부 열기는 공기나 땅을 통해 추운 바깥으로 새어나갈 수밖에 없다. 따라서 새어나가는 열만큼 땔나무로 벽난로 불을 계속 피우면 만족감은 유지된다. 그러나 불을 너무 많이 때면 집안은 점차 더워지고, 결국 너무 더워질 수 있다. 따라서 더운 집안이 불편해진다. 이럴 경우 우리는 더 이상 땔나무를 사용하여 불을 피우지 않을 것이다. 그러나 더워진 벽난로를 어떻게 해야 하는 고민이 생긴다. 식을 때까지 기다려야 하는지, 물을 뿌려 벽난로를 식힐 것인지, 혹은 창문을 열어야 하는지를 결정해야 할 것이다. 지구온난화의 발생 과정은 알래스카 나무집의 벽난로에서 불 때기와 비슷하다.

지구는 사람들이 하는 불 때기와 같은 여러 가지 활동에 따라 해가 갈수록 더워지고 있다. 그러나 짧은 기간 안에는 사람들이 느낄 수 있는 정도로 더워지지는 않는다. 사실 1900년 이후 지구는 섭씨 0.8도 더워졌다.

그러나 21세기 말에는 지구온도가 섭씨 2~5도 정도 높아질 것으로 보인다. 좀 더 구체적으로는 과학자들의 연구결과에 의하면 섭씨 2~3도 높아질 확률이 75% 정도이고 5℃ 정도 높아질 확률이 50%쯤 된다고 한다. 따라서 21세기 말까지 섭씨 3도쯤 높아질 것 같다는 것이 과학자들의 주된 의견이다.

우리는 이러한 과학자들의 연구결과를 얼핏 보면 섭씨 5도 온도 상승, 그것도 지구의 오래전 마지막 빙하시대와 오늘날의 기온 차이라니 별 것 아닌 것처럼 느낄 수도 있다. 그러나 따져보자. 지구 온도는 지난 500년 동안 섭씨 5도 상승하였다. 그런데 21세기 말까지 한 세기(100년) 이내에 꼭 같은 섭씨 5도 상승이 가능하다는 사실을 깊이 생각하면 "별 것 아니다"라는 생각이 잘못된 생각이라는 것을 금방 알 수 있다. 앞에서 예로 든 알래스카 나무집에서 불을 너무 많이 땐 것처럼 지구가 급속히 더워지기 시작하면, 멈출 수 있는 방법이 분명하지 않다. 어쩌면 없을 수도 있다. 이것이야 말로 큰 골칫거리이고 해결이 곤란한 문제일 수가 있다. 천천히 온도가 오른다고 지구온난화를 가볍게 보면 큰 일이 날 것이다.

지구온난화의 원인

지구온난화의 원인은 바로 온실효과(greenhouse effect)이다. 온실은 열을 내부에 가두어 바깥보다 높은 온도를 유지하기 때문에 식물을 키우기에 아주 좋다. 그런데 지구에는 자연적 온실효과가 발생한다. 지구는 거대한 온실과 같은 여건을 갖추고 있다. 그러나 지구는 온실과는 달리 열을 대기권 내부에 잡아둔다. 지구 대기권 상층에 포진한 이산화 탄소나 메탄(methane) 가스 등이 지구를 둘러싸고 있는 둥그런 유리와 같은 역할을 한다. 저 멀리 우주에서 지구로 쏟아져 들어오는 태양광 속에 있는 가시광선, 단파장, 고에너지 자외선 등이 온실유리의 역할을 하는 이산화 탄소나 메탄 등 온실가스를 통과하면서 온도를 높인다. 이때 온도가 높아진 지구는 보다 파장이 긴 적외선이 많은 열(熱)에너지를 우주 공간으로 방출한다. 방출된 열에너지의 일부는 대기층을 통과하지 못하고 지구로 도로 돌아오는 반사(反射) 작용을 한다. 이렇게 도로 지구로 반사되어 오는 과정에서 또다시 열을 축적하여 오기 때문에 지구온도를 약 30℃쯤 더 올리는 역할을 한다. 이렇게 반사된 열에너지가 반사되어 다시 지구로 오는 과정에서 온도를 올리는 것을 자연적 온실효과라고 한다. 사실 이러한 자연적 온실효과가 없었다면 지구는 더욱 추운 상태로 있었기 때문에 지금 우리가 보는 수많은 생명체와 자연현상은 없을지도 모른다. 다음 그림은 지구가 온실효과에 의해 더워지는 과정을 나타내고 있다.

그림 1-8에서 1번 표시는 태양의 복사열이 지구 대기권에 들어와서 지구를 데우는 과정을 표시한다. 2번 표시는 모든 뜨거운 물질과 마찬가지로 지구는 일부 열을 방출하고, 방출된 열의 일부는 우주공간으로 사라진다. 3번 표시는 지구가 방출한 열의 일부는 대기 중에 있는 온실가스 담요층에 반사되어 지구로 다시 되돌아오는 과정을 표시한다. 당연히 온

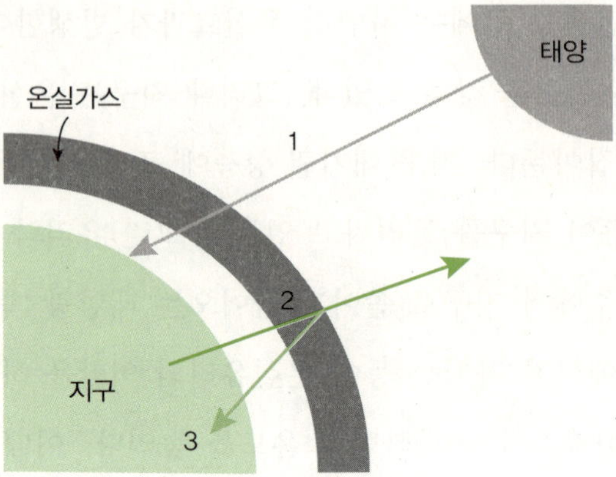

| 그림 1-8 | 온실가스 효과

실가스가 많으면 많을수록 담요의 재질이 더욱 촘촘하여 더 많은 열이 지구로 다시 되돌아오게 된다.

증강된 온실가스 효과

만약 온실효과가 큰 규모로 일어나지 않는다면 별로 걱정할 일이 없을 것이다. 그러나 대규모 석탄연소 엔진이 사용하기 시작한 제1차 산업혁명이 일어난 18~19세기 이후 인류는 유례없이 대규모 에너지 사용을 시작하였다. 19세기 중반부터 사용된 자동차 엔진은 석유(휘발유)와 공기 중 산소를 결합하여 연소라는 화학 반응을 통해 움직이는 힘을 얻는다. 그런데 이 연소 과정에서 부산물로 이산화 탄소를 대기 중으로 뿜어낸다.

발전소의 경우 석탄, 가스, 석유와 같은 화석연료를 연소하여 전기를 만들지만, 부산물로 이산화 탄소를 방출한다. 결국 사람들이 여러 목적으로 활용하는 화석연료는 불가피하게 이산화 탄소를 대기 중으로 내뿜는다. 이에 따라 대기 중에 떠도는 이산화 탄소 농도는 점차 짙어지고, 결국은 지구온난화의 원인이 된다. 이러한 과정을 '증강된(Enhanced)' 온실가스효과라고 한다. 일단 온실효과가 증강되면 태양 방사열은 대기 중에 축적이 증가속도를 높이고 지구는 더욱 더워지기 시작하여 그칠 새가 없게 된다. 즉, 화석연료 연소는 이산화 탄소를 방출하여 온실효과를 높이고 지구를 덥게 한다. 이런 과정을 지구 온난화(global warming)라고 한다. 전문가들은 이러한 온난화 과정을 인위적 변화(anthropogenic) 과정이라고 한다. 이 뜻은 "사람들이 그 원인을 제공하였다"라는 것이다. 더욱이 일부 사람들은 회의적이고 동조하지 않지만 UN 등에서 대다수의 사람들이 지구 온난화는 온실가스에 의해 유발된 것이 거의 확실한(very likely) 것으로 믿고 있다.

다음 도표는 지금 우리가 겪고 있는 지구온난화 문제의 원인과 실상을 나타내고 있다. 여기서는 지난 몇 십 년간 인간이 사용한 에너지, 경제활동, 전력사용량, 세계인구와 함께 이산화 탄소 배출량이 표시되어 있다. 그리고 우리는 이산화 탄소 배출량이 최근 들어(1990년 이래) 가장 급격하게 늘어나는 것을 알 수 있다.

그런데 우리는 이 그림에서 몇 가지 의문을 제기할 수 있다. 우선, 이러한 추세를 계속 유지한다면 환경적 혹은, 사회적 위기를 겪지 않고 계속 성장-발전해 나갈 수 있을까? 그리고 에너지나 전기 사용을 억제한다면 또 다른 경제적 곤궁과 사회적 문제가 일어나지 않을 것인가? 따라서 국가는 환경을 보호하는 가운데서도 경제적 번영을 계속하는 방안을 찾는 데 노력을 기울여야 할 것이다.

사실 우리가 사용하는 모든 화석연료에서 이산화 탄소가 배출되고, 현재 대기 중 그 농도는 지난 42만 년 동안 가장 높은 수준에 있다. 그러나 정확히 그 농도를 측정하면 아직은 낮은 수준이다. 산업화 이전 시기 지구대기의 이산화 탄소 농도는 280 ppm(parts per million: 백만분의 1 용량)이었으나 현재도 380 ppm이다. 그렇다고 안전한 것은 아니다. 우리는 침실 부피만한 공기를 매일 마신다. 따라서 우리가 매일 마시는 이산화 탄소는 침실 부피의 $380/10^6$쯤 된다. 이를 쉽게 비유하면 신발 포장상자의 반 정도라고 할 수 있다. 이렇다면 걱정스러운 일이 아닐 수 없다. 더욱이 우

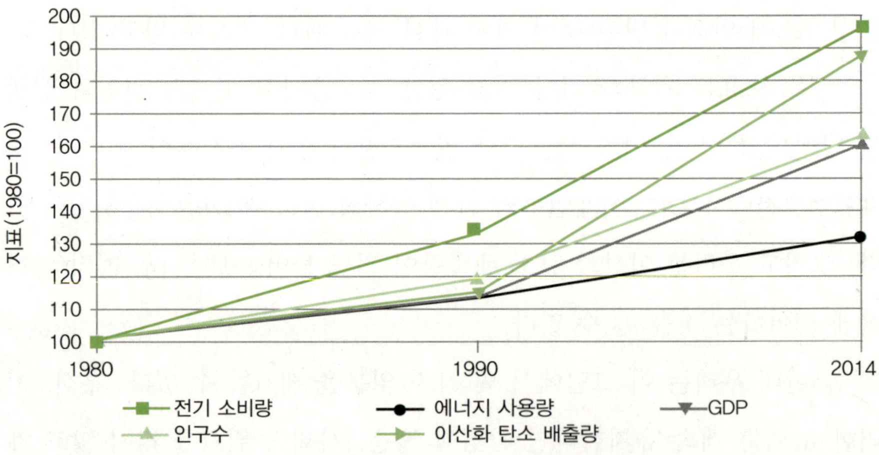

자료: 세계은행 통계

| 그림 1-9 | 기후변화를 실감하게 하는 몇 가지 중요한 지표

리가 마셔야 하는 이산화 탄소의 양은 매년 늘어난다. 지난 150년간 지구 대기 중 이산화 탄소는 1/3쯤 늘어났으며 앞으로도 계속 늘어날 수 있다.

그렇다면 지구상의 사람들은 매일 얼마만큼의 이산화 탄소를 생산(배출)하는가? 그림 1-10에서 나타난 바와 같이 UN 통계에 의하면 미국 사람들은 연간 20톤의 이산화 탄소를 생산한다. 이러한 양은 미국 전체 국토표면을 약 30 cm(1 ft) 깊이로 파낸 흙의 양과 같다고 한다. 또한 이산화 탄소는 당연히 대기 중에 퍼져서 지구온난화를 일으킨다. 더욱이 사람들은 갈수록 석탄, 석유와 같은 화석연료를 더 많이 사용한다. 특히 중국, 인도와 같은 개발도상국들이 더욱 잘 살게 되어 화석연료 사용은 더욱 증가할 것이다. 미국 에너지통계청(US Energy Information Administration)의 2017 전망자료에 의하면 2015년에서 2040년 사이에 세계 에너지 소비는 28% 증가할 것이며, 이 가운데 75%는 화석연료 사용증가에 따른 것이라고 한

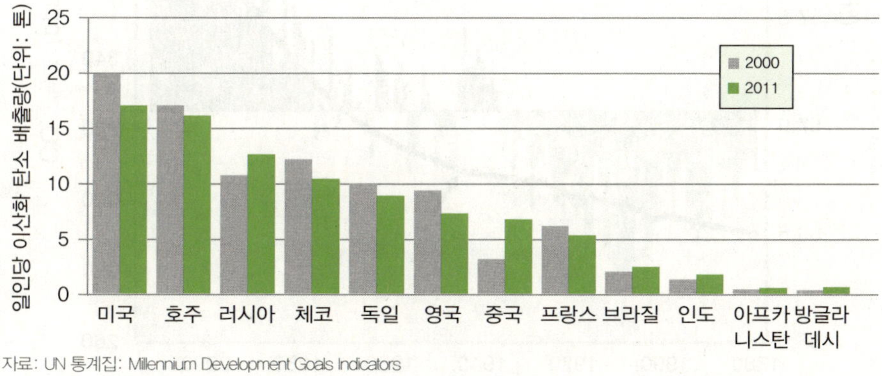

자료: UN 통계집: Millennium Development Goals Indicators

그림 1-10 주요국의 1인당 이산화 탄소 배출

다. 결국 지금과 같은 방식으로 에너지 소비를 계속한다면 조만간 우리는 지금보다 2배쯤 더 많은 에너지와 화석연료를 사용하게 되고, 당연히 지구온난화도 지속되어 우리의 삶은 큰 어려움에 부닥칠 것이다.

사실 기후변화란 새로운 사실이 아니다. 지구의 기후는 수억 년 동안 정기적으로 변하여 왔다. 어떤 시기에는 좀 더 추웠고, 어떤 때는 좀 더 더웠다. 우리 모두는 지금보다 좀 더 추웠던 빙하기(Ice Ages)가 있었음을 알고 있다. 맘모스와 같은 거대동물들이 바로 직전에 온 빙하기에 멸종한 사실도 배우고 있다. 그러나 지금보다 이전의 기후변화는 조금 더 규칙적이었다. 지구 전체가 다 같이 더워지거나 추워졌다. 그리고 우리가 사

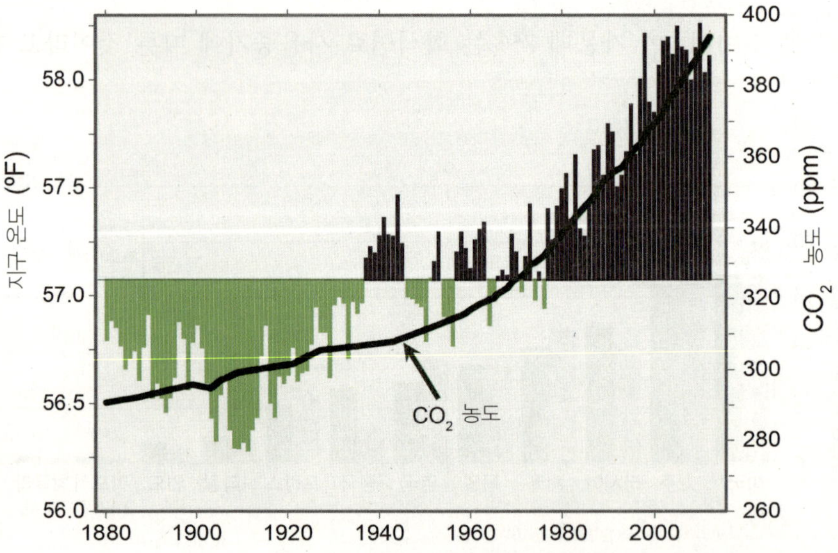

그림 1-11 지구 온도와 이산화 탄소 축적

는 지금의 기후변화는 지구 각 지역별로 변화모습이 각기 다르고 그 변화 정도 역시 다르다. 한마디로 예측이 불가능(erratic)하다. 따라서 우리 후손들은 지금보다 더욱 변화무쌍한 기후변화를 맞이할 것 같다. 이는 앞에서 언급한 화석연료 사용 등 사람이 만든(人爲的) 원인 때문이라는 것이 과학자들의 연구 결론이다.

기후변화의 파급효과

지구가 점차 더워지면 우선 바다가 천천히, 그러나 확실하게 더워지게 된다. 이에 따라 바닷물의 부피가 늘어나고, 해수면의 높이도 높아지게 된다.

또한 빙하가 녹음에 따라 더 많은 물이 바다로 흘러들어가게 되고 해수면의 높이도 올라가게 된다. 이럴 경우 육지 한가운 데나 높은 곳에 살 경우에는 큰 걱정이 없으나 바다 바로 옆에 사는 경우 매우 중대한 위험을 느끼게 된다. 특히 섬나라의 국민들은 심각한 문제로 생각할 수밖에 없다. 모든 생활의 터전이 물속으로 사라질지 모르기 때문이다. 최근 세계 바닷물 높이는 10년마다 약 3 cm(약 1 inch) 올라간다. 과학자들은 2100년까지 10 cm ~ 1 m 범위 내로 올라갈 확률이 높다고 한다.

또 다른 기후변화의 위협은 남극과 북극 지역에서의 급격한 온난화 현상이다. 북극기후변화연구 보고서(Arctic Climate Impact Assessment)에 의하면 북극의 얼음은 지난 30년 동안 8%가 사라졌다. 이는 노르웨이, 덴마크, 스웨덴 국토를 다 합친 면적만큼의 얼음이 없어진 것이다. 그런데다 2100년이 되면 북극에서 여름동안 얼음은 아예 없을 것이라고 한다. 지구 얼음의 90%를 차지하는 남극에서도 빙하가 급격히 녹아 물로 변하여 해수면이 높아지고 있다. 만약 남극의 얼음이 모두 다 녹는다면 세계 해수면의 높이가 무려 80 m나 높아질 수 있다고 한다. 이럴 경우 우리 인간은 모두 멸망할 것이다. 다행히 이런 일은 인류공동의 노력으로 방지할 수 있다는 과학적 연구결과가 있다. 지구온난화나 기후변화가 급격하지도 않고 복잡한 기후시스템은 걱정스러운 나쁜 결과와 함께 걱정을 덜어주는 좋은 결과를 함께 가져오기 때문이다.

그러나 세계 전체 차원에서 볼 때 이러한 기후변화 방지를 위한 행동에 어긋나는 경우가 많아서 걱정이다. 가장 대표적인 것이 중국이나 인도와 같은 개발도상국들이 성공적인 경제성장의 결과로 사람들이 부유해지고 서방선진국들의 생활방식을 따르는 것이다. 자동차를 사고 전기제품을 다 갖추는 가운데 에너지 소비가 급증한다. 더구나 값싼 화석연료 소비증가추세가 당분간 거셀 것으로 예상되어 이산화 탄소 등 지구온난화물질 배출이 불가피하게 급증할 것으로 보인다. 이러한 상황에서도 세계 전체적으로는 2100년까지 이산화 탄소 배출 증가세를 중지하는 강력한 조치가 필요하다. 만약 지구 전체가 대기 중 이산화 탄소 농도를 증가추세보다 45% 가량 낮추어 2100년까지 550 ppm 이하로 낮추면 방글라데시와 같은 저지대 국가들의 홍수 피해가 80~90% 줄어들 것이다. 이와 같이 기후변화를 위한 우리 각자의 노력은 어렵지 않지만, 문제는 국가차원의 노력이 힘들다는 것이다.

국가차원에서 이산화 탄소를 줄인다는 것은 에너지소비를 줄이는 것이다. 이럴 경우 경제성장에 해로운 일이 될 수 있다. 따라서 어느 한 나라가 자발적으로 기후변화방지정책을 시행한다는 것은 다른 나라에 비해 경제적인 불이익을 감수하는 일이 될 수 있다. 이것이 항상 가능할까? 최근 미국 트럼프 행정부가 기후변화 방지를 위한 파리협정에서 탈퇴한 것은 미국 우선(America First) 정책에 따른 것이다.

그렇지만 세계 모든 나라는 기후변화방지를 위한 공동노력을 기울여야 한다. 현 상황에서 국가이기주의적 행동은 결국 아무런 도움이 되지 않기 때문이다. 이에 대한 가장 적절한 사례는 2006년 영국정부가 발표한 스턴(Stern) 보고서이다. 이 보고서는 지금 기후변화방지를 위한 범세계적 투자를 회피한다면, 미래에는 지금 해야 하는 투자보다 더 큰 기후변화 폐해를 보게 된다고 강조하였다. 구체적으로는 지금 기후변화방지를 위한 투자를 하지 않으면 결국 세계전체로는 GDP(국내 경제생산)의 20%를 잃을 위험이 있다고 '스턴' 보고서는 강조하였다. 이와 반대로 지금부터 충분한 기후방지를 위한 투자를 한다면 그간 누적된 기후변화에도 불구하고 최대 1% 정도 GDP 손실만이 예상된다고 추산하였다.

글로벌 기후변화 대응정책 변화추세

파리협정 타결과 신기후체재 정착

파리협정은 오는 2020년 만료되는 교토협정을 대체하기 위해 2015년 말 프랑스 파리에서 열린 제21차 유엔 기후변화협약 당사국총회(COP21)에서 채택된 지구 온난화 등 기후변화 대응을 위한 국제협정이다. 파리협정은 195개 당사국 가운데 55개국 이상이 비준하고, 비준국의 온실가스 배출량이 전 세계 배출량의 55% 이상이 되면 발효된다. 중국은 전세계 온실가스 배출량의 20%를 차지하고 있으며, 미국은 17.9%, 러시아와 인도는 각각 7.5%, 4.1%를 차지한다.

그 후 2016년 9월 초 중국에서 개최된 주요 20개국(G20) 정상회의 개막을 하루 앞두고 전 세계 탄소배출량의 40%를 차지하는 미국[9]과 중국이 파리 기후변화협정을 공식 비준했다. 유례없이 빠른 시일 안에 글로벌 협정이 완전 타결되어 발효한 것이다.

[9] 2016년 미국 트럼프 정부는 파리협정에서 탈퇴하였다. 이에 대한 설명과 해석은 이 책의 다른 부분에서 상세하게 다룰 것임.

▎표 1-3 ▎ 파리협정의 주요 내용

목 표	산업화 이전 대비 지구 평균 기온상승을 2℃보다 훨씬 낮은 수준으로 유지하는 것으로 하고 온도 상승을 1.5℃ 이하로 제한하기 위한 노력 추구
감 축	국가별 기여방안(INDC)은 스스로 정하는 방식을 채택해 5년마다 상향된 목표를 제출하되 공통의 차별화된 책임과 국가별 여건(CBDR & RC) 감안
탄소시장	온실가스 감축목표의 효과적 달성을 위해 기후변화협약 중심 시장 이외에도 당사국 간의 자발적 협력도 인정하는 등 다양한 형태의 국제 탄소시장 메커니즘(IMM) 설립 합의
이행점검	5년 단위로 파리협정 이행 전반에 대한 국제사회 공동 차원의 종합적인 이행점검을 도입해 2023년에 처음 실싯
적 응	온실가스 감축뿐만 아니라 기후변화에 대한 적응의 중요성에 주목하고 기후변화의 역효과로 인한 소실과 피해(loss and damag)" 문제를 별도 조항으로 규정 *기후변화의 부정적 영향으로 인해 발생하는 자연재해와 같은 극한 기후상황 및 해수면 상승 등의 서서히 발생하는 피해(slow-onset event)
재 원	개도국 이행지원을 위한 기후재원과 관련한 선진국의 재원공급 의무를 규정하고 선진국 이외 국가의 자발적 기여를 장려(GCF에서 집행) 선진국의 선도적인 노력을 강조하고 이전보다 진전된 재원 조성 노력이 필요하다고 규정
기 술	계도국이 감축 의무에 동참하지 않는 것은 이에 필요한 기후기술 자원을 전제하고 있는 바, 기술 개발과 이전에 관한 국가 간 협력이 확대·강화되도록 규정

자료: 최기련, '에너지와 기후변화' 아주대 강의록, 2017

▎표 1-4 ▎ 세계 주요국 온실가스 배출 저감목표

한국	2030년 배출전망치 대비 37% 감축
미국(2025)	2005년 대비 26~28% 감축
중국	2005년 대비 60~65% 감축
일본	2013년 대비 26% 감축
유럽연합(EU)	1990년 대비 40% 감축
인도	2005년 대비 33~35% 감축
러시아	1190년 대비 25~30% 감축

자료: 최기련, '에너지와 기후변화' 아주대 강의록, 2017

특히 파리협정은 종전의 범세계적인 국제협약, 특히 지속가능한 성장 등 기후변화방지를 위한 각종 국제협약과는 그 범위와 실효성, 그리고 참여 국가들의 이행 의지 면에서 많은 차이가 있다. 표 1-5에서 교토협정과 파리협정의 대비를 통해 많은 시사점을 얻을 수 있을 것이다.

표 1-5 파리협정과 교토협정의 비교

구 분	교토의정서 – COP3 (Kyoto Protocol, 1997년)	파리기후변화협정 – COP21 (Paris Agreement, 2015년)
대상국가	주요 선진국 37개국	195개 협약 당사국
적용시기	1차 공약기간 : 2008년~2012년 2차 공략기간 : 2013년~2020년	2020년 이후
범 위	온실가스 감축에 초점	감축을 포함한 적응, 재정지원, 기술이전, 역량강화 및 투명성
목표설정	하향식(Top-daun) 강제(할당)	상향식(Bottom-up) : 자발(INDC)
유연성체제	JI, CDM 및 ET	IMM(검토 중)
관리규모	전세계 배출량의 20%	전세계 배출량의 90% 수준

자료: 최기련, '에너지와 기후변화' 아주대 강의록, 2017

그러나 이러한 기후변화 위기에 대한 국제적 공조가 강화되는 현상은 인류문명의 구원자라는 형이상학적 가치만을 가지는 것은 아니다. 어쩌면 새로운 세계경제질서 탄생을 의미하는 것이다. 미국 오바마 대통령(당시)은 "기후변화는 다른 어떤 현안보다 더 극적으로 21세기의 윤곽을 규정하는 주요 도전과제"라며 "마침내 우리 지구를 구하겠다고 결정한 순간"에 도달하였다고 선언하였다.

영국 파이낸셜타임스는 사실상 글로벌 탄소전쟁이 시작되었다고 진단했다. 2015년 12월에 체결된 파리협정은 갖가지 기상이변 등을 일으키는 지구온난화 문제를 해결하기 위해 장기적으로 지구 온도 상승분을 산업화 이전 대비 1.5~2℃ 이내로 묶어놓자는 목표를 내걸었다. 이를 위해 196개국이 탄소 배출량 감축계획을 제출하고 검증을 받을 것이다. 그러나 지금까지 각국이 자발적으로 제출한 감축계획을 집계한 결과로는 2030년 섭씨 2도 이하로 대기온도를 안정화시키는 것은 불가능한 것으로 알려진다. 그런데도 이런 불가능한 인류공동목표 달성을 핑계로 국제 파워-게임이 격렬하게 일어날 것으로 보인다. 그 첫 단초는 배출권 국제표준 설정을 위한 주도권 경쟁이 될 것이다. 저탄소 제품 개발에 가속도를 붙인다는 명분 아래서 감축목표를 지키지 않을 시 수출 제재 등 보복 가능성을 정당화하여 결국 기술력을 보유한 선진국 주도로 보호무역을 부추기는 장벽이 우려된다. 더욱이 미국 트럼프 정부는 파리협정에서 탈퇴하였다. 이는 미국 우선 주의에 근거한 것으로 많은 무역 분쟁을 예고하고 있다.

그러나 범세계적 차원에서는 기후변화 대응정책이 생각보다 강력하고 효율적으로 진전되고 잇다. 이를 신(新)기후변화체재라고 한다. 사실 파리협정의 발효를 계기로 기후변화 국제질서와 함께 세계 모든 국가들의 관련 정책들이 변화되었으며, 지속가능한 성장을 뒷받침하는 방향으로 진화, 변화하고 있다.

신기후변화체재의 도입이 추진된 것은 파리협정에 의거하여 2,100년 지구온도 상승을 섭씨 2도 이하, 가능하면 1.5℃ 이하로 낮춘다는 목표달성이 불명확하기 때문이다. 현재 각국 정부가 제출한 자발적 온실가스 감축안(INDC)이 그대로 시행될 경우 지구온도 상승은 2.7℃로 추정된다. 따라서 최대 1.5℃ 달성 목표는 상징적인 의미에 불과하고, 파리협정의 실효성은 유명무실한 수준이 된다.

이를 위해서는 감축목표 미달 시에도 제재에 관한 조항이 없어서 선언적 합의에 그칠 수 있다는 우려를 해소하는 조치가 필요하다. 또한 2020년까지 매년 1,000억 달러의 재원을 조성하기로 되어 있으나, 선진국의 재정분담에 관한 내용이 빠져 있어 현실적으로 조성이 쉽지 않을 전망이다. 이를 위해서는 우선 선진국의 개도국 온실가스 저감 지원을 위한 재원 마련에 관한 구체적인 이행방안에 대한 합의도출이 필요하다.

결국 신기후변화체재는 지구온난화 방지를 위한 전 세계적인 공감대는 형성되었으나 구체적이고 실효성 있는 노력이 부족하다는 인식을 극복하기 위한 노력이다. 가장 구체적인 진전은 석탄 등 화석 에너지 중심 에너지패러다임 변화가 시작되는 것이다. 세계 온실가스 배출량의 약 40%가 발전분야에서 발생하고 있으며, 이 중 80% 석탄발전에서 발생 : 전체의 약 30% 석탄발전에서 발생한다. 이에 온실가스 감축을 위해서 석탄발전 비중 축소가 불가피하며, 선진국을 중심으로 석탄발전 중심의 발전믹스가 빠르게 지속가능한 청정 에너지로 전환되고 있다. OECD 국가들에서는 2040년까지 약 260 GW 화력발전소를 건설할 예정으로 이 중 석탄발전 비중은 극히 낮으며, 2020년 이후에는 석탄 발전소 건설이 전무

할 전망이다.

유럽은 금융기관을 통해 CO_2를 550 g/kWh 이상 배출하는 화력발전 프로젝트에 대한 금융 지원에 제한을 가하고 있다.

우리나라의 대응태세

우리나라는 2016년 기준 세계 온실가스 배출량 세계 7위, 1인당 배출량은 세계 5위를 차지하고 있다. 이에 국제경쟁력에 악영향을 미치지 않고 국제적 의무를 다하는 정책수립이 필요하다. 특히 파리협정에 따라 향후 기후변화 관련 통상규제가 더욱 강화될 것이 우려된다. 과거 교토의정서에는 온실가스 감축 의무 이행과 무역차별 조치를 결부해선 안 된다는 조항이 있었다. 그러나 파리협정에는 그런 문구가 없다. 따라서 트럼프 정부 출범을 계기로 보호무역주의 성향이 커지고 있는 미국이 온실가스 감축을 무기로 수입 규제나 각종 비관세장벽 구축 등의 압력행사에 나설 가능성은 충분하다. 이에 따라 2030년 BAU(기존 추세) 대비 37% 감축(그 중 15% 수준 해외인증 수입) 약속을 한 우리나라는 대외경쟁력에 지장을 크게 받지 않는 범위에서 감축계획을 수립해야 한다. 그러나 우리 경제구조는 에너지 다소비업종의 비중이 미국, 일본 등 선진 경쟁국 대비 2배 정도 높고, 인구밀도가 높은 국토여건을 감안하면 단기간 내 대폭적인 배출감축은 바람직하지 않다. 결국 새로운 과학기술혁신 아이디어에 의존하여 국가경쟁력을 크게 훼손하지 않는 범위 내에서 추진할 수밖에 없다. 그러나 그 추진전략이 무엇인지, 특히 우리나라에 특화되고 적합한 기술선택전략이 무엇인지는 불분명하다. 더욱이 최근 들어 우리나라 절감목표 37% 중 해외에서 구매하기로 한 11.7% 확보가 거의 불가능한 것으로 분석되고 있다. 우리나라에게 온실가스 배출권을 팔 나라가 없기 때문이다.

| 표 1-6 | 세계 주요국들의 온실가스 배출(2012년)

	배출량(억 톤)	1인당 배출량(톤)	국가	배출량(억 톤)	1인당 배출량(톤)
1. 중국	99.8	7.2	6. 일본	12.5	9.8
2. 미국	52.3	16.4	7. 한국	6.2	12.5
3. 유럽연합	34.8	6.8	8. 이란	6.1	7.9
4. 인도	24.1	1.9	9. 사우디	5.2	18.0
5. 러시아	18.1	12.7	10. 캐나다	5.0	14.3

자료: 한국에너지공단

결국 우리가 좀 더 많은 온실가스 배출절감을 하는 수밖에 없다. 정부는 2018년 6월 '2030 국가 온실가스 감축 기본 로드맵 수정안'을 공개하였다. 이에 따르면 2015년 정부가 발표했던 2030년 배출전망치(BAU)[10] 8억5080만 톤에서 37%(3억1480만 톤)를 줄여 5억3600만 톤을 배출한다는 기존 정책목표는 유지했다. 우리정부가 파리협정에 의거하여 공식적으로 국제사회에 약속한 것이기 때문이다. 37%(3억1480만 톤) 감축 중에서 25.7%(2억1880만 톤)는 국내에서, 나머지 11.3%(9600만 톤)는 해외에서 추진하기로 한 바 있다. 해외 협력을 통해 외국 정부·기업과 감축 사업을 공

[10] BAU(Business As Usual): 감축 정책을 시행하지 않았을 때 예상되는 배출량

동 진행하거나 외국에서 나온 온실가스 배출권을 사들여 해결하기로 했으나 파리 기후변화협약에 따라 개발도상국도 온실가스를 줄여야 하는 상황에서 해외로부터 배출권을 사들이기도 쉽지 않은 일이고 배출권 구매에 들어갈 막대한 비용도 부담이 됐다. 이에 따라 정부는 해외 감축은 1.9%(1620만 톤)로 낮추고, 대신 국내 감축은 32.5%(2억7650만 톤)로 높였다. 그리고 나머지 2.6%(2210만 톤)도 국내 산림의 흡수를 통해 해결하기로 했다. 결국 국내에서 감축해야 할 온실가스는 2030년 기준으로 연간 2억 1880만 톤에서 2억9860만 톤으로 7980만 톤(36.5%) 늘어나게 되었다. 이와 같이 늘어난 목표를 달성하기 위해 효율적인 온실가스 감축과 기후변화 대응전략을 수립하고 시행하여 구체적 성과 달성에 나서야 할 것이다.

4

인류의 미래와 에너지 그리고 기후변화

에너지와 인간, 그리고 지속가능한 성장

에너지와 인간

인간은 지금까지 약 200만 년 정도 지구상에 존재한 것으로 알려지고 있다. 사실 인간은 맹수 등 다른 생명체에 비해 육체적 힘이 약하다. 그런데도 인간이 지구의 주인이라고 할 정도로 인간 중심의 문명체계를 갖춘 것은 다음과 같은 4가지 특성을 잘 활용하여 지구 생태계에 적응한 결과일 것이다. 첫째, 인간은 두뇌의 크기가 영장류를 포함한 지구상에 존재하는 어떤 생명체에 비해 체적 기준으로는 상대적으로 크다. 둘째, 두 발로 꼿꼿하게 서는 능력을 갖추어 기동성을 높이고 자유롭게 된 두 손을 활용하여 도구 사용이 가능하다. 셋째. 언어를 사용하여 상호의사소통을 원활히 하고, 정교한 사회조직을 만들고, 나아가 독특한 문화를 창출할 수 있었다. 넷째, 육체적으로 연약한 인간이 적대적인 자연환경을 극복하기 위해 약 200만 년 전부터 다양한 돌이나 나무, 짐승가죽 등을 활용한 도구 활용기술을 개발하였다.

다양한 도구 활용기술 중 아직까지 가장 널리 사용되는 것은 불의 활용이다. 원시시대부터 사람들은 사냥으로 잡은 동물을 요리하고, 추울 때 따뜻하게 하며, 또 어두운 밤을 밝히고, 야생동물로부터 자신들을 보호하여 살아남기 위해 불을 이용하기 시작했다. 불과 함께 돌도끼 등 각종 도구를 활용하는 것은 '머리를 활용하여' 스스로 통제할 수 있는 힘을 획기적으로 높이는 생존수단인 셈이다. 그 후 농경과 목축이 생활화되면서 사람의 힘 이외에도 소나 말과 같은 가축의 힘, 물이나 바람 등 자연의 힘을 이용하여 생존과 자연지배 능력을 더 한층 강화하였다. 이러한 인간의 창의적 생존 방법은 그 후 '인간이 자연의 주인'이라는 근대 문명의 시발점이 되었고, 정보혁명, 제4차 산업혁명, AI(인공지능) 혁명으로 대변되는 현대 문명의 기반이 되었다.

인간보다 신(神)이 우선이었던 중세 문명의 암흑기를 극복한 근대 문명 전개 과정에서도 에너지 활용기술은 큰 역할을 하였다. 절대적 신의 섭리를 따르는 삶을 극복할 수 있었던 힘은 과학(科學, Science)의 발전에서 나왔다. 과학은 자연의 움직임과 내부 작동원리를 관찰하여 객관적 지식을 얻으려고 하는 학문이다. 이로 인해 자연을 신의 섭리로 설명하지 않고, 단순히 운동하는 물질로 보고 관찰을 통해 분석한다면 지구를 포함한 우주의 운행질서를 해석하고 예측할 수 있다는 인간 본위의 믿음을 가지게 되었다. 이러한 흐름을 선도한 베이컨(Bacon), 데카르트(Descarte), 뉴턴(Newton) 등은 대표적인 과학자이자 문명 철학자로 손꼽힌다. 특히 뉴턴은 "과학은 인간이 신을 대신하는 데 필요한 도구"라고 말하고 우주를 지배하는 자연 법칙에 따라 사회가 작용하면 인류는 끝없이 성장하고 발전한다고 하였다.

이러한 과학적 인류 문명의 대표적인 사례가 증기기관의 발명으로 시작된 18세기부터 19세기에 걸친 산업혁명이다. 18세기에 이르러 영국을 시작으로 석탄이 이용되면서 증기기관이 발명되었다. 이는 인간이 활용할 수 있는 힘과 이동 능력을 획기적으로 증가시키는 계기가 되었다. 그 후 석탄 에너지에 이어 석유와 천연가스 등의 이용으로 진전되어 인류는 폭발적으로 증가한 에너지의 혜택을 누릴 수 있었다. 그리고 과학기술의 진보는 천연 에너지자원을 가공한 전기라는 이차 에너지 생산과 활용 계기를 마련하였다. 그 후 전기가 가장 고급 에너지로 자리 잡고 정보통신 등 인간 사회의 형성 기초가 됨에 따라 원자력의 이용을 촉진하였다. 여기에다 태양 에너지, 풍력 등 인간이 오래 동안 활용해 온 자연 에너지를 바로 전기라는 고급 에너지로 전환하여 활용하게 되었다. 이는 에너지 공급과정에 대한 소비자 개인의 통제욕구를 충족시킬 수 있는 계기를 마련한 것이다. 결국 인류문명의 발달과정을 살펴보면 표 1-7과 같이 연약한 인간의 육체적 힘을 보완하고, 대량생산과 대량소비라는 현대산업문명의 기반형성차원을 지나 이제는 다양한 개인 가치관과 욕구를 창조적으로 충족시키는 방향으로 진전될 것으로 생각된다.

표 1-7 인류사회 발전 과정

구 분	농업사회	산업화사회	정보화사회	창조화사회
시 기	BC 3C~	18C~	20C 후반~	21C~
혁 명	농경혁명	산업혁명	정보혁명	창조혁명
가 치	공동화	표준화	시스템·네트워크화	사이버내틱스화
법 칙	자연법칙	정치법칙	경제법칙	문화법칙
생산형태	소품종소량	소품종대량	다품종소량	다품종단품
권 위	봉건	집권	분권	개성
기 술	도구	엔진에너지	컴퓨터통신	이매지네이션
추 구	풍곡다산(豊穀多産) 풍부한 식량과 많은 자손번성	중후장대(重厚長大) 무겁고 두껍고 긴 상품생산 효율화	경박단소(輕薄短小) 가볍고 얇고 작은 상품생산 효율화	가상무한(假想無限) 머리 속에서 무한한 가치생산

자료: 최기련, 「에너지 경제학」 강의록, 2018

인간의 삶이란?

시대와 지역을 막론하고 모든 사람들이 생각하는 가장 중요한 관심사(agenda)는 우리가 사는 세상이 여러 가지 한계와 난관이 없이 끝없이 계속되고 좋아지는 상태를 지속하는 것이다. 달리 말하면 지속가능한 성장(sustainable development)의 달성일 것이다.

그러나 이러한 관심사는 쉽게 이루어질 수 없다. 그것은 속칭 우주선

이론의 제약 때문이다.

우주선 이론이란 우주선에 탄 우주인들은 그 안의 산소가 다 떨어지면 죽는다는 사실에 근거하여 지구를 우주선으로 비유하고 산소를 천연자원에 비유한 것이다. 우주는 태초에 에너지의 대폭발(Big-Bang) 과정에서 떨어져 나온 우주의 극히 작은 물질로 구성된 일종의 우주선이다. 따라서 우주선의 일종인 지구는 '닫힌 계(system)'이다.

'닫힌 계' 이론이란 지구가 탄생한 이후 지구에 대한 새로운 물질(즉 천연자원)의 유입도 없으며, 지구 내부에서 새로운 천연자원의 생성도 없다는 것이다. 물론 지구 내부에서 구성 물질들 간에 접촉과 반응으로 새로운 물질이 형성되기도 하지만, 태초 이후에 지구 구성 물질총량은 변함이 없고, 단지 구성 비율이 소폭 변화가 있었을 뿐이다. 따라서 자원고갈 문제를 해결할 수 없는 상태를 말한다.[11] 이러한 현상을 닫힌 계(界)라고 한다.

그러나 인류를 포함한 지구상 생물들이 오랫동안 생존해 온 것은 외부에서 투입되는 유일한 에너지원인 태양 에너지 때문이다. 태양광을 활용하는 광합성 작용을 기반으로 지구 생태계가 건전하게 유지·발전되고 있다. 즉, 물질은 아니지만 태양 에너지가 끊임없이 우주에서 지구로 유입되고 있다. 이러한 태양 에너지는 비, 바람, 구름 등을 형성하여 지구 환경조건을 형성하고, 식물 광합성 원천으로 생태계 조성과 동물의 먹이

[11] 이러한 지구 구성 물질의 변화현상은 열 종말(heat death), 물질 혼돈(material chaos)이라고 부르며 쓸모없고 인류문명 발달에 도움이 되지 않는 엔트로피(Entropy) 증가만 유발한다고 한다. 자연파괴가 인류의 미래에 해롭다는 사실과 연결하여 이해하여도 좋을 것이다.

사슬 기반조성, 그리고 동·식물 폐기물이 석탄, 석유 등을 형성하여 지금 우리 삶의 밑바탕을 이루었다. 현 주종 에너지원인 화석 에너지도 과거 광합성 결과가 축적된 것에 지나지 않는다. 현 인류가 경험한 농업혁명, 산업혁명은 광합성 결과를 활용하는 새로운 체계일 따름이다. 또한 현재 우리가 경험하는 지식정보사회는 과거와 다른 에너지 활용 체재를 모색하려는 노력의 일환이다. 따라서 천연자원(물질)이라는 개념에서 벗어나서 에너지의 개념으로 보면 "지구는 우주공간에서 완전히 닫힌 상태는 아니다"라는 사실을 알 수 있다.

그런데 왜 멸망할 위험에 직면하고 있다는 경고가 끊임없이 제기되는 것인가? 그 큰 이유 중 하나는 과도하고, 심지어 낭비에 가까운 비효율적인 천연자원 소비 패턴이다. 지금의 인류문명은 산업혁명 이후 천연자원의 투입확대, 특히 에너지 자원의 대량소비, 체재를 바탕으로 이루어져 왔다. 이 과정에서 대량생산, 대량 소비가 미덕으로 지난 200여년 동안 자리 잡으면서 천연자원의 무분별한 채취와 과잉소비가 당연한 것으로 받아들여져 왔다. 특히 산업 문명 시대의 경제 성장은 여전히 천연자원의 지속적인 투입 증대를 통해 이루어지고 있다. 설상가상으로 규모의 경제를 확보하기 위한 끝없는 성장일변도의 가치 체계가 만연하다. 미래의 가치보다 현재의 욕망을 충족하는 것을 중시하는 풍조는 범세계적 성장 열풍 속에서 더욱 고조되고 있다.

그림 1-12는 전형적인 산업경제의 구성 및 작동원리를 나타낸 것이다. 우선 경제계는 기업으로 대변되는 생산부문과 가계로 대변되는 소비

부문으로 대별된다. 기업 등 생산부문은 재화와 서비스를 공급하여 소비부문의 만족을 충족시킨다. 그 대신 가계는 기업 생산에 필요한 노동력을 제공하고 받은 임금으로 필요한 재화와 서비스를 구입하거나 소비한다. 이를 총괄적으로 경제계라고 한다.

그런데 전체적으로 보면 경제계 이외에 환경계가 엄연히 존재한다. 즉, 경제계는 환경계로부터 채굴, 생산된 천연자원을 원재료로 활용하여 생산 활동을 전개한다. 그리고 생산 과정에서 나오는 폐기물을 제외한 자원의 일부를 재활용한 후 쓸모없는 폐기물 형태로 환경계에 배출한다. 인간의 소비 활동에서도 음식물 쓰레기, 자동차 공해 등 폐기물이 발생하고 이들은 대부분 자연환경계로 배출된다. 이것이 바로 쓰레기 문제와 공

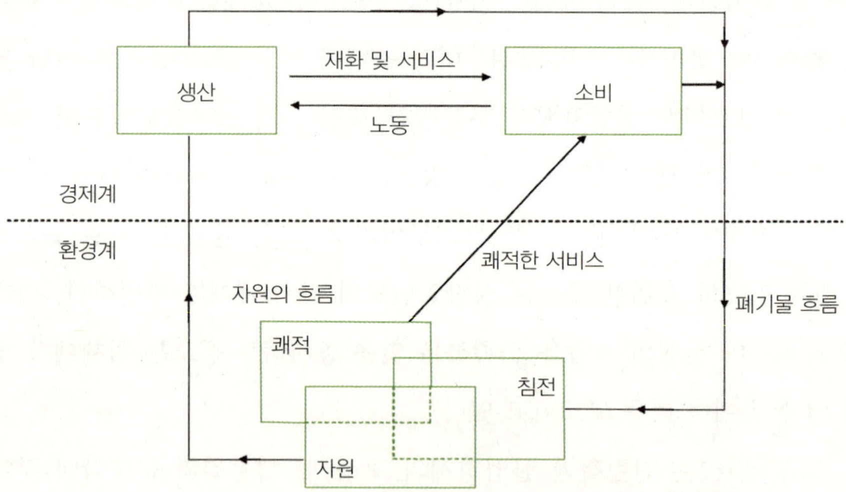

| 그림 1-12 | 산업경제의 구성 및 작동원리

해문제의 원인이다. 그런데 경제계가 버린 폐기물은 일부는 자연에 침적(sink)하여 자연환경의 일부로 변한다. 그렇지만 나머지 일부는 긴 시간이 흐르면 자원(resources)으로 변한다. 석탄은 오랜 옛날에 식물이 땅이나 물속에 버려진 후 탄소 성분이 많아진 것이다.

석유도 오래 전 지구상에 살던 유기생물체 등이 땅속에 버려진 후 변화된 것으로 추정된다. 오늘 날에서 생활 쓰레기에서 금, 동, 희유금속을 추출하는 속칭 도시 광산이 커지고 있다. 지금 우리가 버리는 쓰레기를 먼 훗날 우리 후손들이 활용할 수도 있다.

다른 한편으로 자연환경은 우리 인간에게 무형의 만족을 주기도 한다. 예를 들어 푸르고 아름다운 먼 산의 경치를 바라보는 것만으로도 마음의 안식을 얻고, 흐르는 시냇물 소리에 시름을 달래기도 한다. 이러한 자연환경에서 공짜로 얻을 수 있는 무형의 만족을 쾌적(Amenity) 혹은 마음의 만족이라고 할 수 있다. 이런 경우들은 복잡한 시장체재나 기술과정을 거치지 않고 자연계와 경제계가 바로 연결되는 좋은 사례라고 할 수 있다.

그러나 아직도 현실에서는 경제계와 환경계의 상관성에서 대등한 가치를 두기 보다는 경제계를 우위에 놓는 경우가 많다. 예컨대 동남아, 아프리카 등지의 대다수 개발도상국들뿐 아니라 중국, 인도, 브라질 등 선도개발도상국들의 경제개발 행태를 보면 에너지 등 끝없는 자원 투입증가, 물질 만능 선진국 문화에의 동경이 계속되고 있다. 지난 20세기 후반 이래 석유 등 에너지 가격 폭등, 국제분쟁 확대, 기후변화 문제의 심각화 등이 모두 이러한 물질만능 성장지상주의 가치관의 후유증이다. 이에 하나 밖에 없는 지구의 자연환경은 현 세대의 무책임한 욕망 충족의 대상으로 간주되고 그 미래에 대한 고려는 미흡한 실정이다. 한 가지 씁쓸한 사례는 자원개발의 의미로 통용되는 Exploitation이란 단어의 또 다른 의미는 '정당한 대가를 지불하지 않는 생산'을 뜻하는 남획(濫獲)이라는 사실이다. 또한 개발도상국뿐 아니라 우리나라를 포함한 속칭 선진 경제권에서도 아직도 에너지를 더 많이 소비해야 달성할 수 있는 규모의 경제가 성장의 중심과제로 남아 있다.

지속가능한 성장

일반적으로 관련된 학계에서 말하는 지속가능한 성장이란 현재 이 시점에 지구상에 살고 있는 사람들과 미래의 우리 후손들이 지구라는 제한된 공간과 그 속에 있는 유한한 천연자원 매장량을 효과적으로 사용하여 꾸준히 인류문명을 이어나가는 경제-사회성장 방법을 의미한다. 현존 인류문명의 종말을 방지할 수 있는 생활 방식과 가치를 다시 생각하는 윤리적 의무라고 할 수 있다. 따라서 지금 우리 세대와 미래 우리 후손 세대들 간의 천연자원 사용에 관한 '나눔의 방식'이 중요하다. 특히 지금 우리 세대가 후손들을 위해 자원 사용의 낭비를 막으려면 지금 우리가 추구하는 만족을 일정 부분 자제하고 후손들에게 남겨두는 것이 필요하다. 이를 학계에서는 세대 간 형평(衡平, Equity), 혹은 영원한 정의(正義)라고도 한다. 사실 세대 간 자원소비 형평성의 필요성은 앞에서 언급한 닫힌 계(界, System) 혹은 우주선(宇宙船, Spaceship) 이론으로 오랫동안 설명되어 왔다. 그러나 제대로 실현되지 않았다.

따라서 이를 달성하기 위한 구체적인 계획과 이론들은 보통 우리가 지금까지 쉽게 생각해 온 경제성장 차원을 넘어 다른 사람과 더불어 사는 사회공동체 구성논리, 그리고 무엇이 보람 있는 삶인지를 생각하고 궁극적인 국민생활의 질을 논의하는 데 중점을 두고 있다.

지속가능한 개발(sustainable development)이라는 말의 의미는 UN의 의뢰로 '브란트' 위원회가 1987년 작성, 발표한 '우리 공동의 미래: 환경과 개발에 관한 세계위원회'라는 보고서를 통해 가장 명확하게 제시하였다. 즉, 지속가능한 개발이라는 것은 미래 세대들이 그들의 욕구를 충족시킬 수 있는 능력과 여건을 저해하지 않으면서, 현재 우리 세대의 욕구를 충족시키는 개발을 뜻한다. 그러므로 지속가능한 개발의 정의에는 최저 욕구충족의 필요성이 강조된다. 특히 세계 각지의 가난한 소외계층이 생존을 위해 필요로 하는 최저욕구충족 문제의 해결을 최우선적으로 배려해야 한다. 또한 현재의 기술수준과 사회적 구조 하에 현 여건은 현재와 미래의 인류 모두의 욕구를 충족시키는 데에는 한계가 있음을 인정해야 한다. 따라서 이러한 정의로운 일에 동참하기 위해서는 새로운 패러다임과 가치기준 정립이 필요하다.

좀 더 구체적으로는 모든 국가들은 경제적·사회적 개발의 목표를 지속가능성을 유지할 수 있는 한도 내에서 설정해야 한다. 물론, 그 시행과정에서 지속가능한 개발에 대한 해석은 여러 가지로 달라질 수 있지만 몇 가지 공통된 사항이 있다. 이는 지속가능성의 기본 개념에 대한 공감대를 형성하고 그 달성을 위한 폭넓은 전략이 필요함을 깨닫는 것으로 요약된다.

우선 개발이라는 개념은 어떠한 형태이든 경제와 사회의 변화를 의미한다는 점에 관심을 가져야 한다. 따라서 물질적 관점에서만 보는 지속가능한 개발은 장기적으로 볼 때 일시적인 변화 현상에 지나지 않을 수 있다. 즉, 건전한 자연자원의 이용 확대에 관련된 한계를 인정하고 비용과 혜택의 분배에 있어서 기존 관념의 변화가 깊이 있게 반영되지 않는다면 장기적인 물질적 측면의 지속가능성은 충분히 보장될 수 없다.

현실을 살아가는 현대인들에게 지속가능성이란 쉽게 이해하기 어려운 개념이다. 그것은 어떤 사람에게 있어서는 인간과 자연 사이에서 균형을 잡기 위한 탐구로 이해되고, 또 어떤 사람에게 있어서는 현재의 인류와 미래 인류 사이에 균형을 취하는 노력으로 이해되기도 한다. 이제 이 개념을 에너지 개발에 적용하기 위해 필요한 새로운 개념정의를 시도할

표 1-8 인류사회의 미래

사회	농업사회	산업사회	지속가능한 사회	
			정보화 사회	녹색사회
중점산업	농업	제조업	정보통신업, 서비스업	환경, 에너지
공공인프라	관개, 저수지	도로, 항만, 댐, 교량, 전력, 통신	네트워크, 정보도서관, 교통체계, GPS	자원순환사용, 안전/예방
지원기술	토목	토목/건축/엔지니어링	시스템엔지니어링/소프트웨어	시스템엔지니어링/센서링
경제	농업경제	산업경제/석유경제	디지털경제/지식경제	지속가능경제/녹색경제

최기련, 「에너지와 기후변화」 강의록, 2017

필요가 있다.

여기서 우리는 또한 지속가능한 성장의 최대 장애요인으로 등장하는 국가이기주의에 주목할 필요가 있다. 사실 제2차 세계대전 이후 세계가 식민시대의 비윤리적 성장 관행을 탈피하고 유례없는 평화공존-공영체재를 유지하는 가운데서도 지금까지 선진국과 개발도상국 사이에서 정답 없는 역사적 공과논쟁과 임박한 위험에 대한 책임분담 논란이 확대되고 있다. 개발도상국들은 현재 세계의 문제점과 모순은 선진국들의 성장과정에서 유발된 것이기 때문에 자신들의 성장과정에서 유발하는 후유증에 대한 선진국들의 관여를 불공정한 것으로 간주한다. 이에 대해 선진국들은 미국식 문화와 생활양식의 글로벌화가 큰 흐름을 이루는 현 세계는 그동안 누려온 평화와 복지의 후유증인 현재 진행형인 지구 위기를 극복하기 위해서는 전 세계 구성원들의 책임분담을 요구하고 있다. 결국 선진국과 후발국들 간의 가치관의 대립을 피할 수 없는 상태에 있다. 이를 해결하기 위한 유일한 방법은 지속가능한 성장을 위한 새로운 가치관의 정립이다. 경쟁과정에서 달성되는 효율성과 사회균형의 가치를 재평가하고 계량화되지 않는다고 고려에서 제외된 수많은 가치들을 다시 평가하기 위한 가치평가 방법론의 개선이 요구된다. 예컨대 환경생태 경제학과 같은 부(富)와 개인의 효용에 대한 재검토 필요성을 강조하고는 있으나 이러한 방법론은 아직 명확히 정립되고 누구나 수긍하는 일반적인 진리로 인식되지 않고 있다.

2장

에너지 시스템

에너지의 흐름, 산업 그리고 시장

1

에너지 시스템의 개요

에너지의 실체는 '흐름'이다. 이러한 흐름은 생산, 변환, 운송, 저장 및 소비에 걸친 여러 단계의 에너지 주기(energy cycle)를 따라 이루어진다. 이러한 에너지 주기는 칼로리, 석유 1톤과 같은 동일한 실체를 가지는 것이 아니다. 거기에다 생산에서 저장 단계까지는 어느 정도 변하지 않는 실체 상태를 유지하지만 소비 단계에서 중요한 것은 물리적 실체가 아니라 개별 소비자마다 달리 느끼는 만족이나 효용이다. 당연히 객관적이고 명시적으로 측정하거나 표시하기에는 여러 가지 어려움과 한계가 있다. 따라서 에너지 흐름을 분석하는 과정에서도 분석 대상의 다양성과 이질성을 줄이는 방법을 찾는 일이 중요하다. 이에 관련 학계에서는 천연상태의 에너지원을 다양한 형태의 에너지 소요(energy requirement)를 충족시키게

끔 기술적으로, 사회·경제적으로 변환시키는 과정을 에너지 시스템(energy system)이라고 하면서, 이 시스템 전체의 변화주기 분석을 통해 일관된 에너지 흐름의 실태를 파악하고 있다.

따라서 에너지 시스템의 분류는 에너지 소요별[1]로 이루어지는 것이 바람직하다. 그러나 실제로는 에너지원의 다양성, 관련된 산업의 이질성 때문에 에너지의 변환과정이나 소요를 충족시키는 기능에 따라서 분류되고 있다. 즉, 에너지가 생산되어 최종적으로 소비될 때까지의 각 단계에서 적용되는 기술 체계와 그것에 소요되는 자원의 형태 및 에너지 가격의 형성 체계를 에너지 시스템의 분류 기준으로 삼고 있다. 에너지 경제학계는 에너지 시스템을 물리적-경제적 에너지 흐름 체계(physio-economic system)와 기술적-경제적 에너지 산업(투자) 체계(technico-economic system) 그리고 가격 체계(price system)의 세 가지로 분류한다(그림 2-1 참조). 물론 이 세 개의 분류 체계는 상호 독립적인 것이 아니고 분석관점에 따라 달리 분석한 것에 지나지 않는다. 또한 이것들은 궁극 에너지 시스템의 하위 체계(sub-system)에 지나지 않으며 현실에서 독자적 존재로 인식되지도 않을 것이다. 이에 에너지 물량의 흐름, 산업, 그리고 시장이라고 단순하고 현실적인 분류를 하여도 무방하다.

물리적-경제적 에너지 흐름 체계는 에너지 물량의 변환과 흐름을 위주로 체계화된 것이다. 자연 상태의 에너지원이 일련의 변환 과정을 거쳐

---

[1] 예 : 조명, 열, 동력소요 등 소비자 만족을 직접적으로 제공하는 최종 소비행태

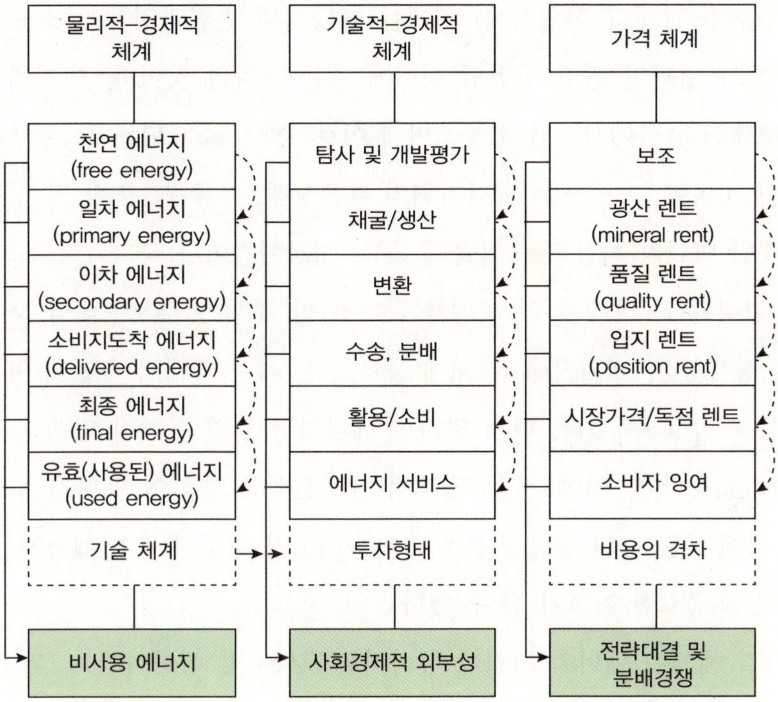

그림 2–1 에너지 시스템의 구성

유효 에너지라는 형태로 에너지 소요를 충족시킬 때까지의 전 과정을 에너지의 흐름이라는 관점에서 구획하고 정리한 것이다.

여기서 특기할 점은, 현실적으로 모든 에너지의 변환 과정에는 적절한 기술의 사용이 전제되어 있기 때문에 에너지 기술 체계가 에너지 물량의 흐름을 결정한다는 점이다. 이 체계는 열역학적 기초 위에서 에너지 주기(energy cycle)를 파악할 수 있도록 해줄 뿐만 아니라, 에너지 효율의 측정을 가능하게 한다는 면에서 그 활용가치가 있다.

기술적-경제적 산업(투자) 체계는 에너지의 변환과정에서 소요되는 투자와 그 결과인 관련 산업의 형태에 따라 구획된 것이다. 여기에서의 투자형태란 탐사에서부터 최종소비에 이르기까지 소요되는 모든 투자를 망라한 것이며 그 규모는 에너지원의 부존상태, 부존량, 품질 및 성능의 차이뿐만 아니라 사용되는 기술의 종류, 시장여건이나 국가의 정책 등에 의해 결정된다. 따라서 이 체계를 근거로 한 분석은 투자형태의 차이가 고용, 경제성장, 대외거래 및 외채 등과 같은 거시 경제적 측면에 미치는 효과를 파악할 수 있다. 다시 말하면 에너지 산업의 단계적 연계 과정을 표시하는 것이다. 이에 기술-경제적 체계분석을 통하여 에너지 부문과 다른 경제 부문 간의 상관성 분석이 가능해지기 때문에 국가 에너지 정책의 수립에 중요한 기초가 될 수 있다.

가격 체계는 에너지 가격이 에너지원, 부존 및 생산여건, 그리고 적용되는 기술 체계에 따라 상이한 구조를 형성하는 과정을 나타낸다. 그리고 에너지 상호 간의 대체가 가능하다면 소비단계에서 형성되는 최종 에너지(제품)의 시장가격은 서로 비슷한 수준에서 결정될 것이라는 점을 확인하고, 그 과정을 수치로 표시한다.

이상에서는 에너지 시스템을 세 가지 측면에서 고찰해 보았다. 즉, 에너지 물량의 물리적인 흐름, 에너지 생산에 대한 투자 그리고 그 결과인 산업, 시장 체재에서의 에너지 가격 시스템에 관한 개요를 살펴보았다. 세 가지 시스템 중 어느 하나도 다른 것들의 타당성과 유용성을 무시하거나 압도할 수는 없다. 오히려 각 시스템을 충분히 이해, 분석하기 위해서는 다른 입장에서 분석된 결과를 사용함으로써 에너지 문제의 실상을 파악하는 데 있어서 그 폭과 시각을 확대해야 한다. 따라서 이 세 가지 시스템들은 상호 독립적인 것이 아니고 상호 보완적인 것이며, 앞서 언급한 바와 같이, 궁극 에너지 시스템의 한 부문을 이루고 있다고 보아야 할 것이다. 결국 에너지 여건을 잘 파악하기 위한 에너지 시스템 분석은 동적 개념으로 이루어져야 한다. 이는 물량(흐름), 투자(산업), 가격(시장)에 대한 세 가지의 분석 방식이 상호 결합되어야 한다는 것을 의미한다.

2

물리적-경제적 에너지 흐름 체계

에너지 여건을 정확히 파악하기 위해서는 우선 에너지의 흐름을 파악해야 한다. 이 에너지의 흐름은 열역학(thermodynamics)적 접근 방법으로 실체를 밝힐 수 있다.

그러나 국가 에너지 정책을 수립하기 위해서는, 열역학적 평가와 같은 자연과학적 접근 방법이 경제적 측면에서 이해될 수 있어야 한다. 에너지 간의 환산 및 유용성의 평가, 에너지의 투입-산출(input-output) 분석, 에너지 수급 밸런스표의 작성 등은 에너지 환산의 열역학적 특성에 따른 것이지만, 그것은 경제적 측면에서 정당성이 평가되어야만 실제로 적용할 수 있다.

열역학의 기본원리

열역학이란 단어의 어원은 그리스어로 열을 뜻하는 'thermos'와 힘을 뜻하는 'dynamis'가 합성된 것이다. 그 어원이 뜻하는 바와 같이, 열역학이란 열이 일(힘)로 변하는 법칙을 규명하는 학문이다. 이 학문의 현재와 같은 체계는 18세기로부터 19세기에 걸쳐 증기기관의 실용화를 위한 기본원리의 연구과정에서 형성되었다.

열역학 제1법칙(혹은 불변의 법칙, 등가의 법칙)

이 법칙은 1842년에 메이어(J. R. Von Mayer)에 의해 제창되고, 그 후 줄(James, P. Joule)에 의해 정리된 것이다. 그 요지는 "에너지란 창조될 수도 없고 파괴될 수도 없다. 에너지는 다만 변환될 뿐이다"라는 것이다.

오랫동안 에너지는 곧 열(熱)인 것으로 해석되어 왔으며, 열은 칼로릭(caloric)이란 '무게가 없는 입자'로 해석되고, 물체의 온도변화는 칼로릭의 흡수와 방출로 해석되어 왔다. 그러나 칼로릭 이론은 마찰열에 대하여 적절한 설명을 할 수 없었다. 마찰을 계속하는 경우 칼로릭이 다 빠져 나온다면 마찰열은 소멸되어야 함에도 불구하고 무한정 계속 발생되므로, 관련 학자들에 의해 칼로릭 이론은 비판을 받았다. 럼포드(Count Rumford, 원명 B. Thompson) 등은 열은 칼로릭이 아니라 물질 입자의 운동이라고 주장하였다. 이러한 주장은 에너지와 물질 간의 상관성을 제시한 것으로서, 아인슈타인의 상대성 원리에 의해 정리되었다.

열역학 제1법칙에 의하면, 열은 물질입자의 운동이 지니는 역학적 에너지(mechanical energy)인 동시에 일과 같은 물리적 양이다. 따라서 열과 일은 서로 변환될 수 있고, 이러한 변환과정에 있어서 열의 에너지 양과 일(work)의 에너지 양은 각각 그 합이 일정하다

우리는 에너지의 실체를 직접 인지할 수는 없지만 그 존재는 알 수 있다. 우리가 에너지의 존재를 아는 것은 열(thermal energy), 일(mechanical energy), 연소(chemical energy), 방사작용(radiation energy) 및 전자파(electric energy)의 다섯 가지 종류의 에너지 현상을 통해서이다. 따라서 에너지는 현실에 있어서 위의 다섯 가지 현상으로 나타나는 것으로서 파악되며, 이 현상들은 상호간에 변환은 가능하지만 그 중 어느 하나만이 근원적인 에너지의 형태라고 단정할 수는 없다. 따라서 에너지는 그 형태의 변환은 가능하나 파괴는 불가능한 것이다.

에너지의 변환과 측정(계량)

에너지의 실체는 사람이 감지할 수 없기 때문에 그것의 절대적인 계량 방법은 없다. 그러나 실존하는 에너지의 형태별 등가(等價)변환은 가능하기 때문에 변환형태 간의 상관도를 측정함으로써 "전환계수"를 설정할 수가 있다.

에너지 측정의 가장 기초적인 단위는 칼로리(calorie)인데 이것은 1 g의 물을 15℃에서 16℃로 상승시키는 데 소요되는 열량으로 규정된다.

일(work)의 단위로는 국제적으로 줄(Joule)이 사용되고 있다. 1줄은 '일

= 힘(force) × 작동 거리'라는 등식에서, 1 Newton[2]의 힘이 1 m의 거리를 작동하는 가운데 이루어진 작업량을 말한다.

1줄 = 1 Newton ×1 m = 1와트(watt) × 초(second)

줄(Joule)이란 단위는 물리학적으로는 일이나 열의 측정단위로 공인되었지만 경제학에서는 거의 사용되지 않고 있다. 그 대신 watt/hour가 많이 사용되고 있다. 1와트란 작업율의 단위로서 1초 동안에 1줄의 일을 하는 작업량을 표시한 것이다. 예를 들면 '1와트 · 시간(watt · hour) = 3600줄(Joule)'에 해당된다.

여기서 칼로리, 줄, 와트의 세 가지 단위 사이의 환산율을 구해 보면 다음과 같다.

1백만 칼로리(Mcal) = 4.1855메가줄(MJoule)
= 1.16킬로와트(kwh)[3]

열과 일의 양을 합한 값은 일정하다. 에너지의 파괴나 창조는 불가능

---

[2] 1 Newton: 1 kg의 물체가 1초당 1 m의 거리를 움직이게 하는 힘.

[3] 10의 배승을 표시하는 방법은 SI(국제도량규격)에 의하면 다음과 같다.
10^3=kilo(K), 10^6=mega(M), 10^9=giga(G), 10^{12}=tera(T), 10^{15}=peta(P), 10^{18}=exa(E). 그리고 유럽에서는 10^6 cal를 1 Thermie라고 하기도 한다.
그러나 Thermie와 Therm은 구분되어야 한다. 1 therm=10^5 BTU(British Thermal Unit)이다.

하다는 열역학 제1법칙에 의하면 어떤 원천에서 발생한 에너지라도 상호 간의 변환관계만 파악하면 그것들 간의 대비가 가능하고 상호 변환계수를 추출해 낼 수 있게 된다.

예를 들어, 1톤의 석탄을 연소시켜 15℃의 물 6500 m^3을 16℃로 올릴 수 있다면 이 석탄의 유효 에너지 양은 6500 Mcal이다.

한편 1톤의 원유로써 10,000 m^3의 물을 15℃에서 16℃로 상승시킬 수 있을 때 원유의 유효 에너지 양은 10,000 Mcal에 해당된다. 따라서 유효 에너지 양을 기준으로 하면 원유 1톤은 석탄 1.5톤(10,000/6,500)에 해당되며, 역으로 석탄 1톤은 원유 0.65톤(6.500/10,000)에 해당된다. 또한 전력 1 kwh가 0.86 Mcal이라면, 1,000 kwh는 0.086 원유환산톤(TOE)에 해당된다.

따라서 이와 같은 에너지 간의 환산계수를 사용하여 다른 단위의 에너지 양과 비교할 수 있고, 또한 특징 단위로 환산하고, 집합시킬 수도 있다.

에너지의 비파괴성

열역학 제1법칙에 의하면, 에너지는 그 이용으로 파괴되거나 삭감되는 것이 아니라 다만 그것이 다른 형태로 변환될 뿐이다. 만약 전동기기를 사용하여 금속에 구멍을 뚫는 작업을 하는 데 10 kwh의 전력 에너지가 소비되었다면, 소비전력의 상당 부분이 구멍을 뚫는 과정에서 열의 형태로 대기 중에 확산되어 버리고 그 일부만이 유효 작업 에너지로 사용된다. 유효 작업 에너지도 나중에 결국은 대기 중으로 흡수되기 때문에 전력 10 kwh에 상당하는 8.6 Mcal(1 kwh=0.86 Mcal)은 전력 에너지에서 열에너지로 전환되어 대기 중에 그대로 존재하는 셈이다.

따라서 에너지의 사용은 에너지의 형태만을 변환시키는 과정이며, 궁극 에너지 양은 일정한 가운데 그림 2-1과 같은 상호변환체계가 유지된다.

경제학에서는 일반적으로 에너지의 소비를 에너지의 소멸이라는 개념으로 해석하고 있지만 엄격한 의미에서 볼 때 이것은 잘못된 것이다. 사용된 에너지는 경제체계의 관점에서는 사용 불가능한 상태로 변환된 것이지만, 그것은 대기 중에 배열, 배출된 화학입자, 방사능 등의 형태로 그대로 존재하고 있다.

경제학자들은 이와 같은 다양한 형태로 존재하는 사용된 에너지의 변환체들이 경제체계에 영향을 미치는(대부분 유해한) 상태까지 도달하지 않

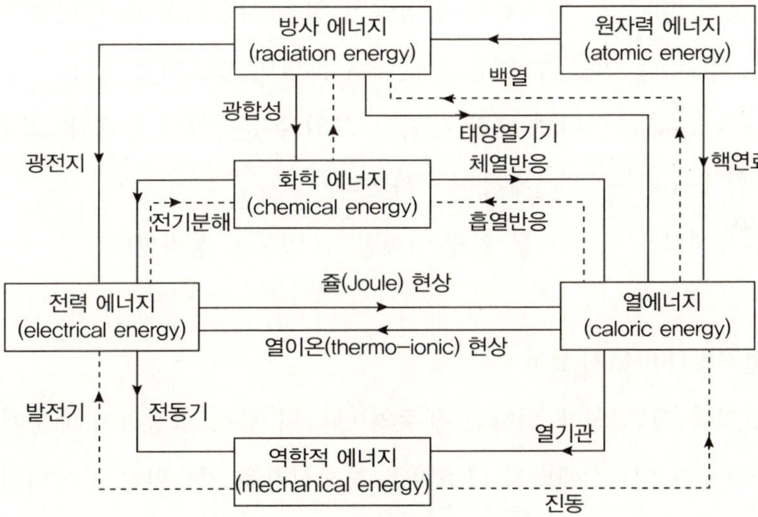

| 그림 2-2 | 에너지 변환 흐름

는 한 존재하지 않는 것으로 간주하고 무시해 버린다. 그러나 사용된 에너지의 변환체들의 존재가 경제체계에 유해한 상태에 도달하면 이를 사회적 비용(social cost)이라는 개념으로 인식하게 된다. 그러나 일반적으로 사회적 비용이라는 개념에 있어서는 소급불능의 기준에 대한 여러 가지 가설이 존재하므로, 사회적 비용의 정확한 실체를 제대로 파악하기에는 많은 어려움이 있다.

열역학 제2법칙(Carnot의 법칙)

열역학 제2법칙은 산업혁명 이후 증기기관의 열효율에 관한 연구에서 비롯되었다. 즉, 열기관이 일정량의 열을 사용했을 때 얼마만큼의 일(역학적 에너지)을 얻을 수 있는가에 대한 해답이 필요하였다. 1824년에 카르노(N.S. Carnot)는 이에 대한 해답을 그의 논문「열의 동력과 그 활용을 위한 기계에 관한 고찰」에서 제시하였다.

다음에서는 이 원리를 쉽게 이해할 수 있도록 정리한다.

열역학적 에너지 효율

열역학 제1법칙에 의하면 우주의 에너지 양은 일정하기 때문에 절대적인 한계가 있다. 에너지 다소비형 경제성장을 지속한다면 에너지 공급의 한계에 도달할 수밖에 없다. 그렇다면 인류는 결국 에너지의 공급한계에 따라 서서히 소멸될 수밖에 없는가? 이에 대한 열역학적 대답은 "그렇지 않다"이다. 적어도 이론적으로는 이미 사용한 에너지를 회수해서, 비록 그 양은 증대시키지 못하더라도, 적어도 일정 수준에서 지속할 수 있기 때문이다. 예를 들면, 전동드릴이 10 kwh의 전력 에너지를 소비하여 첫 번째 구멍을 뚫었다면, 이론적으로는 이 소비된 10 kwh를 회수해서 두 번째 구멍을 뚫기에 충분한 10 kwh를 확보할 수 있다. 그러나 이와 같은 현상은 실제로는 불가능하다. 이와 같은 이론과 실제 간의 차이를 설명하는 것이 카르노의 열역학 제2법칙이다.

카르노의 열역학 제2법칙은 "에너지의 양은 같아도 에너지의 질은 변할 수 있다"는 사실에서 출발한다. 운동 에너지(전력, 방사능, 역학 에너지 등)는 이론적으로 같은 양의 다른 에너지로 변환될 수 있지만 열은 그렇지 못하다. 예를 들면 1 kwh의 전력 에너지는 0.86 Mcal의 열을 발생할 수 있지만, 0.86 Mcal의 열로는 현존하는 어떠한 발전시스템을 통해서도 1 kwh의 전력을 생산할 수 없다.

이와 같이 열과 다른 에너지 간의 등량교환이 불가능한 이유는 열이 운동 에너지로 변하기 위해서는 동일한 계(system) 내의 두 점 사이에 온도 차이가 있어야 하기 때문이다. 두 에너지원 사이에 온도 차이가 발생하기 위해서는 동일한 계 외부로부터의 에너지 유입이 있어야 한다. 외부 에너지 유입 과정에서 열손실은 불가피하다. 열손실이 불가피하다는 점은 더운물을 찬물이 담겨 있는 그릇에 붓는 경우를 생각해 보면 알 수 있다. 더운물을 찬물이 담겨 있는 그릇에 붓는 경우, 우선 온도가 서로 다른 두

물(계) 간에 열의 이동이 발생하며 이 과정에서 물의 흐름(이동)이 생긴다. 그리고 온도 차이가 해소되면 물의 흐름은 중지된다. 만약 이와 같은 물의 이동을 다시 재개함으로서 찬물과 더운물을 분리하려면 어떤 형태로든 새로운 에너지의 유입이 있어야만 된다. 따라서 찬물과 더운물이 섞인 상태에 있는 그릇 내의 에너지 양은 온도 차이가 없어졌기 때문에 그것의 분리(흐름의 재개)를 위한 어떤 작용도 할 수 없다.

또한 경험적으로 보더라도 열이 낮은 온도에서 높은 온도로 흐를 수 없다는 사실과, 주위에서 열을 흡수해서 더 낮은 온도로 보내지 않고 그것을 그대로 일로 바꿀 수는 없다는 점도 기억해야 할 것이다.[4]

열이 일로 전환되는 과정에서 손실이 불가피하다는 점은 열기관의 효율이 항상 1보다 작다는 사실로써 증명될 수 있다.

이상에서 살펴본 열역학 제1법칙과 제2법칙을 연결시켜 정리해 보면, 제1법칙은 열과 일의 상호 변환과정에 있어서 그 에너지의 합계량이 보존된다는 양적인 관계를 규정한 데 반해, 제2법칙은 열과 일 사이에 일어날 수 있는 변화의 방향을 규정한 것이다. 특히 제2법칙은 열이 일을 할 수 있는 능력에 관한 정성적 접근으로서, 열이 일을 하는 과정에서 필수적으로 발생하는 유용하지 못한 에너지, 즉 에너지의 손실을 밝히고 있

[4] 만약 주위에서 열을 흡수해서 그대로 일로 전환시킬 수 있다면 바다의 해양 에너지를 이용해서 선박의 추진 에너지로 사용할 수 있다는 가정을 할 수 있다. 그러나 이는 현실적으로 불가능하다.

다. 독일의 과학자 클라우지우스(Clausius)는 이 열에너지의 손실량을 엔트로피(entropy)라고 정의하였다.

엔트로피, 즉 유용하지 못한 에너지 혹은 열에너지의 손실량은 인류가 에너지의 사용을 증가시킴에 따라 커지게 마련이다. 클라우지우스의 "우주의 엔트로피는 항상 증가한다"라는 지적처럼 에너지 자원은 유한하고 희귀해지고 있다. 이 때문에 사람들은 현재의 에너지 사용 구조가 미래의 부담이 되는 것을 우려하게 되었다. 따라서 엔트로피의 개념은 에너지 분야뿐 아니라 다른 학문 영역에까지 적용됨으로써 현재의 문명 체계를 비판하고, 그것의 궁극적인 방향을 제시하는 데 광범위하게 사용되고 있다.

에너지 효율의 실제

에너지는 그 변환과정에서 손실이 불가피하므로 실제의 에너지 효율은 앞에서 말한 열역학 이론에 의한 효율에 비해서 낮기 마련이다. 실제의 에너지 효율 R^t=사용(혹은 생산) 에너지 양/총 소비 에너지 양의 비율로 나타낼 수 있다. 물론 사용(생산) 에너지와 총 소비 에너지 양의 단위는 동일해야 한다.

중유발전소의 경우 1 kwh의 전력생산에 평균 220 g의 중유가 소비된다면, 이 발전소의 효율은 1 kwh=0.86 Mcal, 100 g 중유=1 Mcal이므로

$$R^t = \frac{0.86}{2.2} = 0.39$$

즉, 39%이다. 따라서 이 발전소의 효율인 39%는 열역학 이론에 의한 발전의 효율 65.6%에 비하면 상당히 낮은 수준이다. 소비된 중유 220 g 중 39%인 85.8 g만이 전력생산에 실제 사용되었으므로 유효 에너지(useful energy)라고 할 수 있고, 나머지 134.2 g의 중유는 손실(wasted)된 에너지라고 할 수 있다. 물론 이 손실된 에너지도 없어진 것이 아니라 사용되지 않은 것이다. 따라서 에너지를 미사용 에너지와 유효 사용 에너지로 구분해 볼 수가 있고, 또한 미사용 에너지도 회수하여 재사용할 수 있는 회수가능 에너지와 회수불가능 에너지로 구분해 보는 것도 의의가 있을 것이다. 실제로 에너지를 생산하는 기기들의 에너지 효율은 매우 낮은 수준이다.

표 2-1 에너지 생산 기기들의 효율 (단위 : %)

에너지 생산 형태	기기명	효율	손실률
열생산	기름보일러	70~80	20~30
	가스보일러	75~85	15~25
	석탄보일러	60~70	30~40
	태양열난방	50~70	30~50
	전기난방	100~95	0~5
전력생산	수력 발전	85~95	10~15
	중유 발전	40	60
	석탄 발전	35	65
	원자력 발전(PWR)	30	70
	태양열 발전	25	75
	태양전지	10	90
동력	증기기관	10~40	60~90
	디젤기관	30	70
	석유모터	25	75
	전동기	85	15
조명	백열등	5	95
	형광등	20	80

주) 실제의 에너지 효율은 출력 크기, 사용여건 등에 따라 상이하므로 여기에 인용한 수치는 특정 시점, 특정 공간의 평균값이라고 간주해야 한다.

에너지 효율을 비교할 때의 유의사항

에너지 효율을 에너지의 변환과정이 동일한 것끼리 비교하는 데에는 별 문제가 없지만 변환 과정이 서로 다른 에너지의 효율을 대비할 경우 많은 주의가 필요하다.

중유난방과 전기난방 시스템 간에 난방 에너지 효율을 비교하는 경우를 살펴보자. 앞의 표 2-1에서 제시된 에너지 생산 기기들의 효율에 의하면, 전기난방의 효율은 100퍼센트이고 중유난방의 효율은 최고 80퍼센트이기 때문에 전기난방의 효율이 훨씬 높은 것처럼 보일 것이다. 그러나 엄격한 의미에서 볼 때 이와 같은 분석은 잘못된 것이다. 왜냐하면, 두 난방 시스템의 효율측정에 사용된 에너지 단위가 틀리기 때문이다. 즉, 중유난방은 칼로리 단위로 측정되었지만 전기난방은 kwh 단위로 측정되었기 때문이다.

여기서 칼로리를 기본 단위로 해서 두 난방 시스템의 에너지 효율을 비교하기 위해서는 난방에 실제로 사용된 유효 에너지 한 단위(calorie)를 제공하기 위해서 소요된 중유나 전력 에너지가 몇 단위(calorie)였는지를 파악해야 한다.

전력으로부터 1 Mcal의 열량을 얻기 위해서는 1.16킬로와트가 필요하다.[5] 그러나 1킬로와트의 전력을 생산하기 위해서는 대략 2.2 Mcal가 필요하다. 이는 발전소의 성능에 한계가 있기 때문이다. 따라서 전력난방

---

[5] Mega Calorie(10^6cal)=4.1855 mega joule=1.16kwh

에서의 유효 에너지 1 Mcal의 생산을 위해서는 2.55(1.16×2.2) Mcal에 해당되는 에너지의 투입이 필요하다. 반면에, 중유난방에서는 1 Mcal의 유효 에너지를 생산하기 위해서는 대략 1.25(1÷0.8) Mcal의 에너지 투입만이 요구된다. 물론 이와 같은 계산에는 운송 및 배급 과정에서의 에너지 손실은 계산되지 않은 것이다.

그렇다면 우리는 전력난방의 효율을 39%(1÷2.55)로 보고, 중유보일러의 난방효율을 80%(1÷1.25)로 간주하는 경우, 중유난방이 전력 난방보다 열효율 면에서 우월하다고 할 수 있는가? 이에 대한 대답은 "꼭 그렇지만은 않다"이다. 왜냐하면, 위의 계산은 대비되는 두 변환과정 자체만을 비교하는 데 불과하고 실제 소비자의 이용조건에 대한 고려는 없었기 때문이다.

한 가지 실제의 사례를 통해서 이를 학습하여 보자. 80 m^2 규모의 아파트의 난방온도를 섭씨 20도로 유지하는 경우, 전력난방을 이용하면 1년 동안 14,270킬로와트의 전력이 소요되고, 중유난방을 이용하면 2.2톤의 중유가 소요된다고 가정하자.

따라서 같은 난방목적을 위해서 전력난방 사용자는 연간 12,300 Mcal (14,270 kwh÷1.16)의 에너지를 구입하였고, 중유난방 사용자는 22,000 Mcal의 에너지를 구입한 것이다.

이 경우 전력난방은 중유난방에 비해 훨씬 효율적(가격은 고려하지 않고서)이라 할 수 있는가? 에너지 효율만을 고려할 때 전력난방은 중유난방에 비해 78%나 효과적이라고 결론을 내리기가 쉽다. 그러나 이와 같은 결론도 역시 정확한 것이 되지 못한다. 왜냐하면 이것은 대체계수를 고려하지 않았기 때문이다.

대체계수(substitution coefficient)란 위의 전력난방과 중유난방의 경우에 있어서의 1.78이란 수치와 같은 것을 말한다. 이는 최종소비자의 입장에서 볼 때 같은 목적(난방)에서 같은 효용(일정한 온도의 유지)을 얻는 데 1 kwh의 전력은 중유로부터 생산된 1.78×10^6 kcal 열에너지와 같다는 것을 나타낸다. 그러나 전력의 중유에 대한 대체계수가 2.2(즉, 발전소의 전력생산 전환효율) 이하인 경우, 전력의 사용은 중유(혹은 다른 에너지)에 비해서 사회(혹은 국가) 전체적인 관점에서 에너지 물량의 낭비요인이 된다.

위의 아파트 난방의 경우, 최종소비자가 사용하는 12,300 Mcal의 전력은 사회 전체적으로 볼 때 $12,300 \times 2.2 = 27,060$ Mcal의 에너지 소비를 의미한다. 이는 중유난방의 경우 소요되는 22,000 Mcal에 비해 에너지 물량 면에서 바람직하지 못한 소비행태이다.

위에서 기술한 여러 가지 사례로부터도 알 수 있는 바와 같이, 에너지 효율의 비교는 그것의 정확한 평가기준이 없을 때에는 혼란을 가져오기 쉽다. 소비자, 생산자, 그리고 국가 전체의 입장에서 보는 평가기준들이 각각 서로 상이하다는 점을 정확히 이해해야 한다. 특히 전력 에너지는 발전과정에서 많은 양의 에너지 손실이 불가피하기 때문에 평가에 있어 신중을 기해야 한다.

참고로 국가의 에너지 수급통계를 작성하는 데 있어서 1 kwh의 전력에너지는 다음의 네 가지로 평가될 수 있다.

(1) 열역학 제1법칙을 기준으로 할 때:

1 kwh=0.86 $\times$ 10^6 kcal

(2) 전력생산에 투입되는 에너지를 기준으로 할 때:

1 kwh=2.2 $\times$ 10^6 kcal

(3) 최종소비자를 기준으로 할 때:

1 kwh=1.78 $\times$ 10^6 kcal(앞의 사례 참조)

(4) 사회 전체의 에너지 소비물량을 기준으로 할 때:

1 kwh=0.8 $\times$ 10^6 kcal(22,000/27,060=0.81, 앞의 사례 참조)

이들 중에서 과연 어떤 기준에 따라 전력 에너지를 평가할 것인가 하는 점은 에너지 경제의 연구, 특히 국가 에너지 정책의 수립에 있어서 주요 과제가 된다. 그리고 이와 같은 에너지 효율의 평가 문제는 다른 종류의 에너지원에 대해서도 같은 문제점을 제기한다.

에너지 소요량 분석 실태

1970년대의 에너지 파동 이후 에너지의 국민 경제적 역할은 크게 부각되었다. 그 중에서도 에너지의 효율적 이용을 위한 정책수립이나 관련 전략의 수립은 매우 중요한 과제로 등장하였다.

에너지 소비는 다양한 요인에 의해 결정된다. 규모별·산업부문별·제품별로 에너지 소비의 결정요인이 다른 점을 고려하여 공통적인 특성이나 경향을 추출해 내는 작업이 필요하다. 특히 자유 시장경제 체제하에서는 에너지 수요를 최소의 비용으로 충족시키는 방안을 마련해야 한다. 따라서 한 국민경제나 기업의 에너지 부담이나 소비행태는 다른 국민경제나 기업의 그것과 비교되어야 한다. 또한 에너지 제약요인이 강화될수록 일정 시점에서 경제단위가 소비하는 에너지의 효율성과 그것의 추가 절약 가능성에 대한 정보가 필요해진다.

이러한 필요성에 부응할 수 있는 비교지표 또는 기준으로서 최근에 가장 많이 사용되고 있는 것이 에너지원(原) 단위의 개념이다. 에너지원 단위란 어떤 경제주체가 1단위의 경제활동 결과를 창출해 내기 위하여 투입하는 에너지 양을 의미한다. 이는 경제활동을 위해 사용된 에너지 양을 그 경제활동의 결과로 나눔으로써 계산된다. 여기에서의 경제활동의 결과는 생산된 재화나 용역을 말하며 여러 가지 형태로 표시될 수 있다.

에너지 단위(소비량)에 대해서도 에너지원에 따라 다른 계측 단위가 사용되지만, 동일 에너지원 내부의 열량 차이를 보정하기 위해서는 통일된 단위[6]가 사용되어야 한다.

---

[6] 보통 석유환산 톤(TOE ; Ton of Oil Equivalent)이 사용된다. 그러나 석탄환산 톤(TCE) 석유제품환산 톤(TPE), Calorie 등 상호환산이 가능한 모든 단위가 사용될 수 있다.

에너지 소요량(원단위) 분석기법의 종류 및 내용

경제활동의 결과와 에너지 소비를 표시하는 방식이 다양하므로 에너지 소요량(원단위) 분석기법도 다양할 수밖에 없다.

최근 들어 일반적으로 많이 사용되는 기법은 부가가치 원단위, 생산액 원단위, 생산물 원단위의 3가지이다. 이 중에서 부가가치 원단위와 생산액 원단위는 거시적 분석기법에 속하고, 생산물 원단위는 미시적 분석기법에 속한다.

- 부가가치 원단위: 이는 부가가치 단위당 에너지 소요량을 표시하는 개념이다. 국민 경제적 분석을 위해서는 일차 에너지 총 소비량을 국내총생산(GDP)으로 나눈 에너지/GDP 비율을 주로 사용하고, 부문별 분석을 위해서는 GDP 대신 부문별 부가가치 생산액을 사용한다.

  그러나 이 기법은 부가가치 환산상의 여러 가지 문제점(환율, 생산구조, 기술수준, 생산성 등)을 해석하는 데 많은 주의를 기울이지 않으면 현실성이 없어진다. 그러므로 최근에는 산업관계분석기법을 사용하여 직접 및 간접 에너지의 중간투입량을 분석하는 경향이 증대되고 있다. 이 산업관계분석기법의 결과는 화폐 단위로만 표시되기 때문에 물량 단위와의 비교 및 환산에 신중을 기해야 한다.

- 생산액 원단위: 이는 생산액 단위당 에너지 소요량을 나타내는 지

표로서 보통 에너지/생산액 비율로 표시된다(우리나라의 경우 TOE/백만 원으로 표시). 생산액 원단위는 생산물의 가치를 반영하는 것이므로 유사제품 간 혹은 업체 간 에너지 소비수준을 평가·비교하는 데 유용하다. 그러나 생산액은 중간투입 에너지 양을 중복계산하고 있으므로, 국가 간의 비교에서와 같이 국민경제 전체를 한 단위로 보는 경우 생산액 원단위 기법을 적용하는 것에는 한계가 있다.

- 생산물 원단위: 이는 생산물 단위당 에너지 소요량을 표시하는 것으로서 특정제품의 생산에 소비된 에너지를 그 제품의 생산량으로 나눔으로써 계산된다. 따라서 그것의 단위는 제품의 계측단위에 따라 다양하게 표현될 수 있다.

  이 원단위는 물량 대 물량의 환산 단위로 표시되기 때문에, 화폐 단위가 개입되는 앞의 두 가지 원단위의 예에서 나타나는 가치평가에 기인한 왜곡현상을 배제할 수 있다. 따라서 기술수준 등 생산 여건에 의한 원단위 차이를 즉각 파악할 수 있는 장점을 가지고 있으므로 동질적인 제품 간의 비교에 적합하다. 그러나 현실적으로는 다양한 생산물 가운데 동질적인 제품 수는 극히 한정되어 있기 때문에, 전반적인 원단위 분석이나 업종별 비교, 국가 간 비교 등에는 부적합하다. 따라서 이 기법은 미시적 분석의 목적에만 국한되어야 할 것이다.

에너지 소요량(원단위) 분석시의 유의사항

에너지 원단위 분석을 행하는 데 있어서는 우선 사용할 기법의 선택이 중요하다. 앞에서도 언급하였지만 물량 대 물량 단위의 평가와 물량 대 금액 단위의 평가 간에는 차이가 있음을 인식하여 사용목적에 합당한 방법을 선택해야 한다.

또한 에너지 소요량은 직접 투입과 간접 투입으로 구분될 수 있기 때문에 에너지 소요량의 기준을 정확하게 설정하고, 금액 단위로 하는 경우에는 경상가격과 불변가격 중 어느 것을 기준으로 할 것인지를 미리 정해야 한다.

일반적으로 미시분석에는 생산물 원단위 개념을 쓰고, 유사제품이나 업체 간의 비교에는 생산액 원단위, 국가 간의 비교에는 부가가치 원단위를 사용한다. 그러나 원론적 관점에서 보면 에너지 소요량(energy content) 개념과 에너지 집적도(energy intensity) 개념만이 있다. 에너지 소요량은 물량 대 물량 단위로 표시되고, 에너지 집적도는 물량 대 금액 단위로 표시된다.

에너지 소요량 개념의 생산물 원단위는 기술진보에 따라 가격수준에 관계없이 저하되어 왔다. 특히 일차금속제조, 석유화학과 같은 속칭 에너지 다소비산업 분야에서 뚜렷한 저하현상을 보여 왔다. 그러나 같은 제품의 생산일지라도 공정에 따라서 생산물 원단위는 매우 큰 격차를 보이는 경우가 많다.

생산액 원단위는 앞에서 서술하였듯이 중간 투입 에너지 양이 중복 계산된다는 약점을 가지고 있기 때문에 그 한계를 정확히 알고서 사용해야 한다. 따라서 산업관계분석기법을 사용하여 중간투입 에너지 양을 직접 투입분과 간접 투입분으로 분류함으로써 이와 같은 약점을 보완할 수 있다. 이에 에너지 밸런스(Energy Balance) 표의 작성을 통한 에너지 I/O(Input–Output) 모형 개발이 각국에서 시도되고 있다. 그러나 산업관계분석에 기초를 둔 에너지 밸런스 표는 직접 조사방법이 아니기 때문에 현실성을 결여하기 쉽다는 문제가 있다. 또한 작업의 어려움 때문에 작업이 완전히 완결되기까지 너무 많은 시간이 소요된다는 약점도 있다.

부가가치 원단위 분석기법은 거시 경제적 지표로서 현재 가장 많이 사용되고 있다.

3

기술적-경제적 산업 에너지 체계

기술-경제적 에너지 체계의 분석 목적은 에너지의 생산, 전환, 소비의 전 과정에 걸친 기술적, 경제적, 사회적 행위의 상호관계를 총체적으로 파악하는 데 있다. 따라서 에너지의 흐름에 따라 일어나는 관련 기술 체계 분석이 필요하다. 또한 그 분석 과정에서는 미시 및 거시 경제적 효과를 파악함과 동시에 환경 및 사회적 제약 요인에 대한 고려 역시 필요하다.

그림 2-3에서는 에너지 기술 체계 사이의 상호관계를 나타내고 있다.

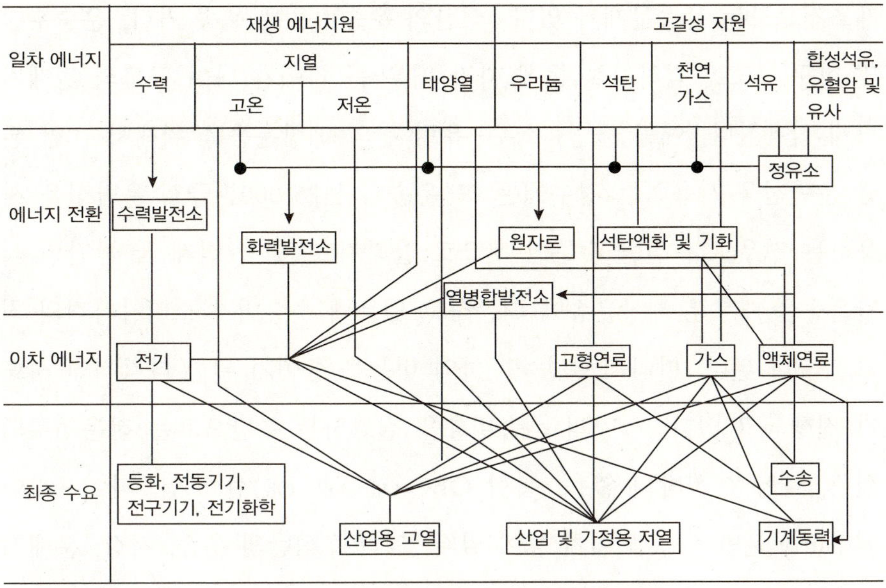

그림 2-3 에너지 공급의 기술 체계

에너지원별 기술 체계

석탄

– 채굴 및 운송

석탄의 채굴기술은 노천광 채굴과 지하 채굴의 두 가지로 크게 구별되고 있다. 물론 경제성이 큰 쪽은 기계화된 대규모 생산체제를 갖춘 노천광 채굴이다. 채굴된 석탄은 선탄, 세정단계를 거친 후 다시 운송 및 저장단계를 거치게 된다. 부피가 큰 고체연료인 석탄을 활용하기 위한 전제조건으로는 운송문제가 있다. 석탄의 운송비용은 운송 거리, 운송수단 및 항구, 도로, 적하시설 등에 따라 매우 큰 차이가 나며 규모의 경제가 크게 작용한다. 예를 들면, 호주-유럽 간의 해상운송을 위해서 10만 톤급 운반선을 사용하는 경우에는 그 운송비가 25,000톤급의 운반선을 사용하는 경우보다 절반 수준인 것으로 알려지고 있다. 현재 국제 간의 석탄운송은 대부분 해상운송에 의존하고 있는데 운송비가 소비자가격의 최고 75%나 된다. 따라서 운송 및 하역 비용을 줄이기 위한 다각적인 시도가 진행되고 있다. 석탄의 운송비용을 절감하는 수단으로는 전문부두의 설치, 대용량 선박의 활용, 복합 OBO(Oil-Bulk-Ore)선 도입, 파이프라인 및 Slurry 운반 시스템 설치 등이 있다. 그리고 석탄의 운송, 저장, 분배기능의 대단위화, 종합화를 위한 석탄 터미널(Coal Terminal)의 운용도 검토될 수 있다.

- 석탄의 활용현황 및 미래상

석탄 연소 방법은 급격히 변화되고 있다. 고체 상태 원탄 연소 대신 산업용 보일러와 발전소에서는 분말(가루) 형태의 석탄을 자동 충전하여 연소시키고, 석탄회도 자동배출하고 있다. 따라서 석탄 사용의 간편성과 조작의 용이성이 크게 증가되고 있다.

유동상 연소법(fluidized bed combustion)은 광물질로 구성된 연소상(800~1,000℃)에서의 연소 방법으로서 공해물질 배출을 극소화할 뿐 아니라 회처리도 간편한 최신 석탄 활용법이다. 그러나 석탄의 가스화 및 액화기술의 도입으로 석탄의 활용법에 근본적인 변화가 일어날 것으로 보인다. 매장량이 풍부한 석탄의 생산 및 활용 방법 발전에 따라 석탄자원의 활용도 역시 크게 높아질 것으로 보인다.

석탄의 지하채굴은 현재 공해 등 많은 사회비용을 유발하기 때문에 미래의 에너지원으로서는 부적합한 면이 많다. 그러나 이와 같은 문제점은 현장가스화(in situ gasification) 기술의 도입 등 인력에 의존하지 않는 채굴법의 개발로 해결될 수 있을 것이다.

또한 앞으로는 촉매반응에 의한 석탄으로부터 천연가스의 대체재인 메탄올 생산이 가능할 것으로 보고 있다. 장기적으로는 석탄액화를 통해서 석유나 천연가스의 대체 에너지원도 개발할 수 있을 것이다.

석유

석유의 기술 체계는 석유탐사작업의 고도화와 석유제품의 다기화로 다양한 영역의 기술을 포함하고 있으며, 복잡한 전환과정을 내포하고 있다.

– 석유탐사

석유탐사란 지하 지질구조를 최대한 정확하게 규명함으로써 저유층의 존재를 탐구하는 작업이다. 석유지질탐사는 지하의 구조를 추정하여 석유부존 여부를 판정할 수 있는 최대한의 자료를 마련하는 작업이다. 현재에는 인공위성을 이용한 지질조사나 토양 분석을 통한 지화학적 분석 방법이 많이 활용되고 있다.

석유지질조사 작업에 의하여 선정된 지역 내에 석유부존 가능성이 높다고 판정될 경우에는, 지구물리학을 이용한 물리탐사 작업이 시작된다. 물리탐사란 암석의 종류에 따라 탄성파의 전달속도나 전기저항치가 다르다는 특성을 이용하여 심부지하구조를 규명하는 작업이다.

시험(평가) 천공 작업은 경제성의 평가를 위해 매장량, 부존여건, 자원의 질 등에 관한 자료를 제공함으로써 생산계획 수립의 전제가 된다.

석유탐사기술은 날로 발전하여 그 정확도와 신뢰성이 높아지고 있으나 경제적인 면에서는 불확실성이 매우 크다. 따라서 석유탐사 분야에서 불확실성을 줄일 수 있는 기술개발이 활발하게 진행되고 있다.

– 석유의 채굴

석유의 채굴작업은 탐사작업 결과 원유부존에 관한 자료가 충분히 취득되고 경제성 평가와 사업 타당성 검토가 이루어진 다음에 수행된다. 암반구조, 석유층의 상태, 지압 등에 따라서 가장 효과적인 채굴 방법이 선정된다. 그러나 부존 상황에 대해서는 유전이 고갈될 때까지 정확히 알 수 없는 경우가 많다.

유전 내의 압력이 충분히 커서 자연적으로 원유를 지상까지 도달시킬 수 있는 경우의 석유생산을 1차 회수(primary recovery)라고 한다. 유전 내의 압력이 불충분할 경우에는 펌프를 사용하거나 가스나 압력수를 주입한 후 원유를 채굴하는데 이를 2차 회수(secondary recovery)라고 한다. 그리고 석유자원의 채취율을 높이기 위한 3차 회수기술도 개발되고 있다. 이는 가스나 수증기를 주입하거나 폴리머 등의 용매를 주입함으로써 기존의 방법으로는 생산이 불가능한 석유자원을 추가 생산하는 방법이다. 또한 최근에는 유정바닥에 부존된 원유의 일부분을 소각함으로써 미회수 석유를 가스화하여 채굴하려는 시도가 진행되고 있다. 이와 같은 방법들은 기존 유전의 수명을 연장하고, 석유매장량을 증대시키는 중요한 의미를 가지고 있지만 아직까지는 비용부담이 더 크다.

– 석유정제

석유정제란 소비자가 요구하는 석유제품을 생산하기 위해서 원유를 물성 및 물리화학적 특성에 따라 분리 · 처리하는 과정이다.

원유에서 나오는 석유제품은 ① 가스 및 석유액화가스(LPG), ② 연료유, ③ 중급 유분(난방유, 디젤유), ④ 중유 및 기타로 분류할 수도 있으며, ① 연료유(휘발유, 등유, 젯트유, 경유, 중유), ② 윤활유, ③ 그리스, ④ 공업용 석유제품(나프타, 용제 등), ⑤ 혼합가공유(절제유, 소입유 등), ⑥ 아스팔트, ⑦ 파라핀 왁스, ⑧ 가스류로 미세 분류할 수 있다.

일반적으로 원유로부터 나오는 제품의 80%가 에너지원인 연료이며, 나머지 20%가 원재료이다. 그러나 원유의 질에 따라서 정제공정과 제품 구성이 달라질 수 있다. 실제로 국가별로 정제공정은 상이하며 수요특성에 따라 그 조정이 가능하도록 되어 있다. 현재 세계적으로 경질석유제품의 수요가 급격히 신장함에 따라 중질제품을 경질화하기 위한 크랙킹(cracking) 설비의 증설이 요구되고 있다.

천연가스

천연가스는 석유와 같이 탄화수소 군에 속하는 에너지원으로서 그 주성분은 메탄(CH_4)으로 구성되어 있다. 따라서 천연가스의 성장 및 부존여건은 원유와 유사한 점이 많으며 탐사 및 개발 여건도 원유와 거의 같다. 천연가스 자원은 원유와 공존하는 속칭 수반가스(associate gas)와 순수하게 가스자원만이 부존하는 가스전으로 구분된다. 수반가스자원은 원유생산의 부산물로서 소각 처리되거나 2차 회수 등을 위해서 석유 내로 재주입되는 것이 지금까지의 관례였기 때문에 그 경제성에 대한 평가는 제한적으로 이루어지거나 아예 무시되기도 하여 왔으나 점차 독자 활용이 검토되고 있다.

– 운송 및 전환

가스 운송을 위해서는 석유나 석탄과는 달리 안정성 확보를 위한 전환 과정을 필요로 한다. 첫 단계로서 탄소, 질소, 부탄, 헬륨 및 유황 성분을 제거하는 정화 단계를 거친다.

그 후 소비지로 운송하는 데에는 가스 상태로 파이프라인을 통한 기체 상태(PNG: Pipeline Natural Gas) 운송과, 액화단계를 거친 후 액화천연가스(LNG: Liquefied Natural Gas) 상태로 운송선을 이용하는 운송의 두 가지 방법이 있다.

파이프라인을 통한 운송 방법은 형태전환을 요구하지 않는다는 장점이 있으나 적정운송물량을 지속적으로 확보해야 한다는 점과 초기투자비용이 매우 높다는 점이 제약요인으로 지적되고 있다. 특히 적정규모의 운송물량 확보 필요성은 가스 수요의 변동폭이 큰 경우에는 투자 경제성 결정이 어렵기 때문에 수요관리대책이 수립된 이후에 파이프라인을 건설해야 한다.

액화천연가스(LNG) 운송체계는 우선 압축과 단계적 냉각과정을 거쳐 영하 150도(섭씨)에서 가스가 액화되는 공정을 거친다. LNG는 보통 특수 운반선으로 운송되며 소비지에서의 LNG 기지(terminal)로 이송되어 저장되었다가 필요할 때 재기화 과정을 거쳐 소비자에게 배분된다.

LNG 터미널에서 재기화할 때는 물과 같은 액체를 용매로 사용하며 이때 발생하는 냉열은 식품저장, 특수소재가공 등에 사용될 수 있다.

가스수요는 가스관(파이프라인)을 통해 소비자에게 배급되는 과정에서 시간별, 계절별로 달라질 수 때문에 부하조절장치가 필요하다는 점에서 전력과 유사한 면이 있다. 그러나 공급자 측면에서는 저장이 가능하다는 점에서 전력보다는 유리하다.

원자력 발전

우라늄이나 플루토늄과 같은 무거운 물질 원자는 다른 중성자를 흡수할 경우 핵분열(fission) 반응을 일으키며 이 과정에서 아인슈타인이 규명한 $E=mc^2$에 해당하는 막대한 에너지를 방출한다.

– 우라늄

천연상태의 우라늄은 약 99.3%의 U–238과 0.7%의 U–235라는 두 가지 동위원소로 구성되어 있다. 그러나 자연 상태에서 핵분열이 가능한 유일한 물질(fissile material)은 U-235이다. 이에 반해 U-238은 다른 중성자의 포획에 의해서만 핵분열성 물질로 변환되며 자연 상태에서의 핵분열 능력은 없다. 그러나 U-238은 중성자의 포획과정을 통해서 U-239로 변환된 후 곧 플루토늄(Plutonium-239)으로 변환됨으로써 U-235와 마찬가지 성능의 핵분열성 물질로 바뀐다. Plutonium-239는 인공물질이며 핵증식로(breeder)의 개발과 운용의 기초가 된다.

– 원자로

현재 실용화된 원자로는 핵분열의 연쇄반응을 조절함으로써 적정 수준의 에너지를 얻는 방식을 취하고 있다.

연쇄반응(Nuclear Chain Reaction)이란 임계(critical) 상태의 핵분열 물질에서 방출되는 중성자 수가 초기(임계) 상태 이상으로 지속됨으로써 연속적인 핵분열이 일어나는 현상으로 단시간 내에 막대한 에너지가 방출될 수 있다. 그러므로 원자로에서는 붕소(boron)로 만들어진 제어봉을 사용하여 중성자를 흡수, 연쇄반응 속도를 조정하게 된다.

원자로에서 발생된 에너지는 노심을 통과하는 1차 냉각재(primary coolant)와 열교환기를 거쳐서 2차 회로의 물과 같은 액체에 전달됨으로써 터빈 발전기를 작동시켜 전력을 생산하게 된다. 1차 회로와 2차 회로 사이에 열교환기를 사용함으로써 방사능의 유출을 방지하는 점이 원자력 발전과 기존의 화력 발전이 서로 다른 점이다.

원자로는 사용하는 핵연료에 따라 천연우라늄 원자로와 농축우라늄 원자로로 그 형태를 구분할 수 있다.[7] 흑연(graphite)으로 만들어진 제어장치를 가지고 탄산가스와 같은 기체를 냉각재로 사용하는 천연우라늄 원자로에는 프랑스의 구형 원자로(graphite-gas reactor)와 영국의 Magnox형이 있으나 신규건설은 중단되어 있다. 또 다른 천연우라늄 원자로로는 캐나다의 Candu형이 있으며 냉각재로 중수(H_2O_2)를 사용한다. 천연우라늄 원자로는 고도의 기술과 많은 자본투자가 소요되는 우라늄 농축과정이 생략되기 때문에 원자력 상용화 초기에는 많이 보급되었으나 현재에는 미국식 농축우라늄 원자로가 보편화됨에 따라 점차 사라지고 있다.

농축우라늄을 사용하고 물로 냉각하는 원자로(경수로, LWR: light water reactor)는 현재 세계적으로 가동 혹은 건설 중인 원자로의 80퍼센트 이상을 차지하고 있다. 이 형태의 원자로는 냉각재로로서 경수를 사용하며, 사용하는 경수의 활용 상태에 따라 가압경수로(PWR: pressurized water reactor)와 비등수로(BWR: boiled water reactor)로 구분되고 있다.

LWR형 원자로는 농축우라늄 생산을 위한 복잡한 연료생산기반이 전제되어야 하는데 이를 핵연료주기(nuclear combustible cycle)라고 한다.

---

[7] 좀더 전문적인 관점에서의 원자료형 구분은 냉각재 및 감속재의 종류에 따라
1. 가스냉각로(graphite moderated-gas cooled reactor)
2. 중수로(heavy water reactor: HWR)
3. 경수로(light water reactor: LWR)로 구분되고 있다.

– 핵연료 주기

핵연료 주기란 우라늄 광산에서 핵폐기물의 영구저장까지의 핵연료의 변환가공, 활용, 처리 과정을 통틀어 말하는 것이다.

천연우라늄은 우선 산화우라늄(U_3O_8), 즉 yellow cake로 가공된 후 농축작업에 편리하도록 6불화우라늄(UF_6)이라는 기체상으로 전환된다. 농축이란 우라늄 성분 중 U-235의 비중을 높이는 과정으로서 보통 핵연료용으로는 U-235의 함유율이 3.25퍼센트 수준에 이른 것을 사용한다.

우라늄 농축에는 이 외에도 원심분리법, 노즐분출법 등 물리적인 방법과 이온교환법 등 화학적인 방법이 개발되고 있다.

핵연료주기는 순환적인 특성을 가지고 있으므로 사용 후 핵연료(손실우라늄)는 재처리되어서 또 다른 핵주기를 개시할 수 있다. 재처리 과정에서는 우라늄(평균 1퍼센트 U-235 함유)을 회수, 농축 과정[8]을 거침으로써 다시 핵연료로 사용할 수 있을 뿐 아니라, 플루토늄을 회수해서 고속증식로의 연료로 사용할 수도 있다.

원자로에서 꺼내어진 사용 후 핵연료는 발전소 내에 수중 저장하여 방사능위험도를 감소시킨 후 재처리 과정을 밟거나 영구저장단계에 들어간다.

---

8 현재 세계에서 상업적 목적의 재처리설비는 프랑스의 La Hague 공장과 Windscale이 있고, 미국의 Oak Ridge는 연방정부 관할 하에 있다. 또한 일본 등에서는 소규모 재처리설비를 가동하고 있다.

신·재생 에너지

우리나라의 신·재생 에너지는「신에너지 및 재생에너지 개발·이용·보급촉진법」제2조에 따라 “기존의 화석연료를 변환시켜 이용하거나 햇빛·물·열·강수·생물유기체 등을 포함하여 재생 가능한 에너지를 변환시켜 이용하는 에너지”로 정의하고 다음과 같이 12개 분야로 구분한다.

- 신에너지: 수소 에너지, 연료전지, 석탄액화가스화 및 중질잔사유 가스화(3개 분야)
- 재생 에너지: 태양광, 태양열, 바이오, 풍력, 수력, 해양, 폐기물, 지열, 수열(9개 분야)

– 태양광 에너지

태양광 발전은 태양광을 직접 전기 에너지로 변환시키는 기술로 햇빛을 받으면 광전효과에 의해 전기를 발생하는 태양전지를 이용한 발전 방식이다. 태양광 발전 시스템은 태양전지(solar cell)로 구성된 모듈(module)과 축전지 및 전력변환장치로 구성되어 있다.

태양전지에 의한 발전원리는 다음과 같다.

PN 접합에 의한 발전원리

- 태양전지는 실리콘으로 대표되는 반도체이며 반도체 기술의 발달과 반도체 특성에 의해 자연스럽게 개발되었다.

- 태양전지는 전기적 성질이 다른 N(negative)형의 반도체와 P(positive)형의 반도체를 접합시킨 구조를 하고 있으며 2개의 반도체 경계 부분을 PN 접합(PN−junction)이라고 한다.
- 이러한 태양전지에 태양빛이 닿으면 태양빛은 태양전지속으로 흡수되며, 흡수된 태양빛이 가지고 있는 에너지에 의해 반도체내에서 정공(正孔, hole) (+)과 전자(電子, electron) (−)의 전기를 갖는 입자(정공, 전자)가 발생하여 각각 자유롭게 태양전지 속에서 움직이지만, 전자(−)는 N형 반도체쪽으로, 정공(+)은 P형 반도체 쪽으로 모이게 되어 전위가 발생한다. 이 때문에 앞면과 뒷면에 붙여 만든 전극에 전구나 모터와 같은 부하를 연결하게 되면 전류가 흐르게 되는데 이것이 태양전지의 PN 접합에 의한 태양광발전의 원리이다.

태양광은 태양전지를 상용하여 직접 발전에 이용될 수 있다. 태양전지는 태양 에너지를 전기 에너지로 변환하는 기기로서 전기적 성질이 다른 N(negative)형의 반도체와 P(positive)형의 반도체를 접합시킨 구조를 하고 있으며 2개의 반도체 경계 부분을 PN 접합(PN−junction)이라고 한다. PN 접합에 빛을 받으면 광전효과에 의해 전기가 발생된다. 따라서 태양광 발전 시스템은 태양전지(solar cell)로 구성된 모듈(module)과 축전지 및 전력변환장치로 구성된다.

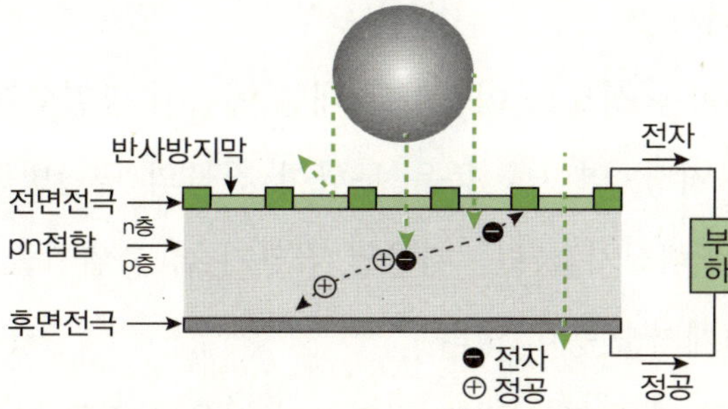

① 태양빛에 의해 태양전지(pn 반도체)내에 전자(electron)(–), 정공 (hole)(+) 쌍 생성
② pn 접합에서 발생한 전기장에 의해 전자(–)는 n형 반도체로 이동 하고 정공(+)은 p형 반도체로 이동
③ 각각의 표면에 있는 전극에서 수집되며 이때의 전위차에 의해 전류 생성

| 그림 2–4 | 태양전지 작동원리

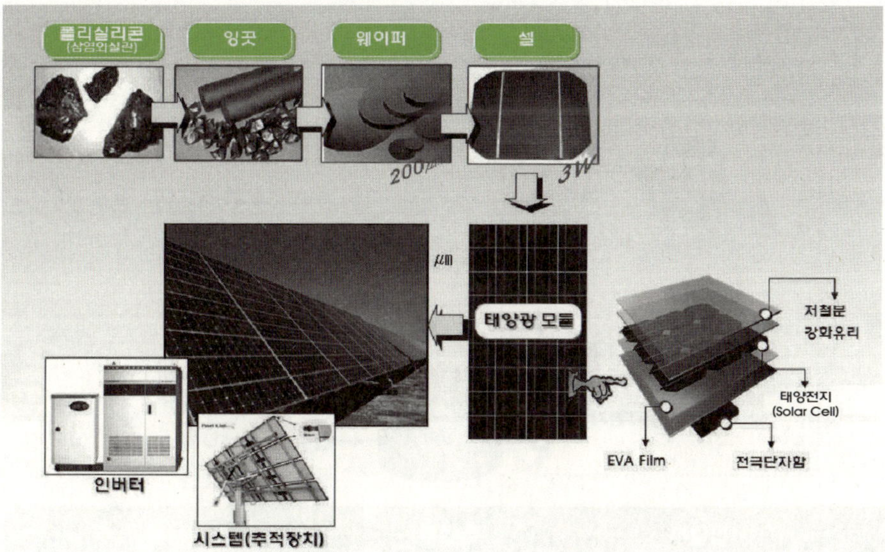

| 그림 2–5 | 태양전지 발전 시스템

– 태양열 에너지

태양광선의 파동 성질을 이용하는 태양 에너지 광열학적 이용 분야로 태양열의 흡수·저장·열변환 등을 통하여 건물의 냉난방 및 급탕 등에 활용하는 기술로 핵심기술로는 태양열 집열기술, 축열기술, 시스템 제어기술, 시스템 설계기술 등이 있다.

태양열의 시스템은 열 시점과 집열량이 이용 시점과 부하량에 일치하지 않기 때문에 필요한 일종의 버퍼 역할을 하는 열저장 탱크인 집열부, 태양열 축열조에 저장된 태양열을 효과적으로 공급하고 부족할 경우 보조열원에 의해 공급하는 이용부, 그리고 태양열을 효과적으로 집열 및 축열하고 공급, 태양열 시스템의 성능 및 신뢰성 등에 중요한 역할을 해주는 제어장치로 구성된다.

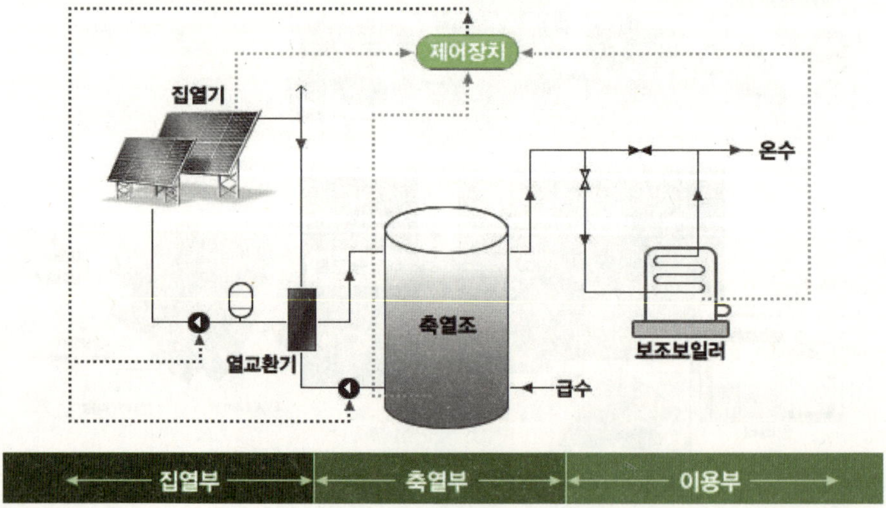

| 그림 2-6 | 태양열 시스템 구성

태양열 이용기술은 다음과 같이 분류된다. 태양열 시스템은 열매체의 구동장치 유무에 따라서 자연형(passive) 시스템과 설비형(active) 시스템으로 구분된다. 전자는 온실, 트롬월과 같이 남측의 창문이나 벽면 등 주로 건물 구조물을 활용하여 태양열을 집열하는 장치이며, 후자는 집열기를 별도로 설치하고 펌프와 같은 열매체 구동장치를 활용해서 태양열 집열하는 시스템으로 후자를 흔히 태양열 시스템이라고 한다.

이용분야를 중심으로 분류하면 태양열 온수급탕 시스템, 태양열 냉난방 시스템, 태양열 산업공정 시스템, 태양열 발전 시스템 등이 있다.

– 바이오매스 에너지

광합성 작용으로 식물에 축적된 태양 에너지를 총괄하여 바이오매스(biomass) 에너지라고 한다. 바이오매스 에너지는 수분 함유량에 따라 건바이오매스(수분함량 30% 이하)와 습바이오매스로 나뉜다.

건바이오매스 자원은 보통 단순 연료용으로 취사나 난방목적으로 상용되기 때문에 열화학적(thermochemistry)인 면에서 에너지 포텐셜이 평가된다. 또한 건바이오매스는 공기주입 조절이 가능한 가스로에서 기화될 수도 있으므로 열분해 화학 작용으로 탄화 과정을 거쳐 목탄(숯)을 제조하는데 이용될 수도 있다.

습바이오매스는 보통 발효 과정을 거쳐 유기가스를 생산하므로 특히 메탄가스의 제조에 많이 활용된다. 또한 당질함유 식물의 발효는 알콜(정확히는 에타놀) 제조를 통해 액체연료를 생산할 수 있다. 브라질 등지에서는 자동차나 내연기관의 연료로써 휘발유의 대용으로 사용하고 있다.

Ⅰ 표 2-2 Ⅰ 바이오에너지 기술의 분류

대분류	중분류	내용
바이오액체연료 생산기술	연료용 바이오 에탄올 생산 기술	당질계, 전분질계, 목질계
	바이오디젤 생산기술	바이오디젤 전환 및 엔진적용기술
	바이오매스 액화기술 (열적 전환)	바이오매스 액화, 연소, 엔진이용기술
바이오매스 가스화기술	혐기소화에 의한 메탄가스화 기술	유기성 폐수의 메탄가스화 기술 및 매립지 가스 이용기술 (LFG)
	바이오매스 가스화기술 (열적전환)	바이오매스 열분해, 가스화, 가스화발전 기술
	바이오 수소 생산기술	생물학적 바이오 수소 생산기술
바이오매스생산, 가공기술	에너지 작물 기술	에너지 작물 재배, 육종, 수집, 운반, 가공 기술
	생물학적 CO_2 고정화 기술	바이오매스 재배, 산림녹화, 미세조류 배양기술
	바이오 고형연료 생산, 이용기술	바이오 고형연료 생산 및 이용기술 (왕겨탄, 칩, RDF (폐기물연료) 등)

– 풍력 에너지

풍력 발전은 바람 에너지를 변환시켜 전기를 생산하는 발전 기술이다. 바람(풍력)은 지표에 대한 태양열의 입사가 시간대별로 달라짐에 따른 대기압차가 발생하여 생겨난다. 따라서 대기의 흐름에 기인한 동력 에너지인 풍력을 기계적인 장치에 의해 관개나 발전용으로 사용하고 있다.

풍력발전 시스템은 풍력이 가진 에너지를 흡수 · 변환하는 운동량 변환장치, 동력 전달장치, 동력 변환장치, 제어장치 등으로 구성되어 있다.

표 2-3 풍력 발전 시스템 분류

분구조상 분류 (회전축 방향)	수평축 풍력시스템 (HAWT): 프로펠러형
	수직축 풍력시스템 (VAWT): 다리우스형, 사보니우스형
운전방식	정속운전 (fixed roter speed type): 통상 Geared형
	가변속운전 (variable roter speed type): 통상 Gearless형
출력제어방식	Pitch (날개각) Control
	Stall (失速) Control
전력사용방식	계통연계 (유도발전기, 동기발전기)
	독립전원 (동기발전기, 직류발전기)

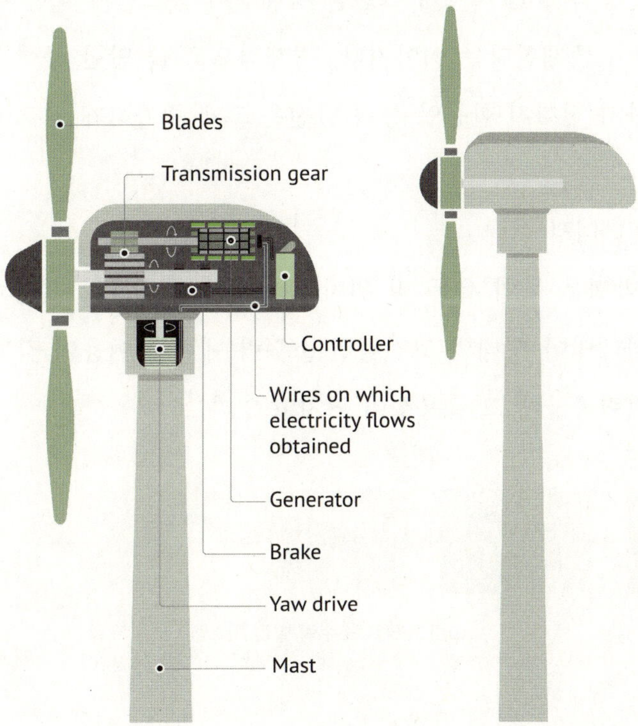

그림 2-7 풍력 발전기의 구조

가장 핵심부분인 풍력 발전기는 바람으로부터 회전력을 생산하는 회전날개(Blade), 회전축(Shaft)을 포함한 회전자(Rotor), 이를 적정 속도로 변환하는 증속기(Gearbox)와 기동·제동 및 운용 효율성 향상을 위한 Brake, Pitching & Yawing System 등의 제어장치부문으로 구성되어 있다.

최근 들어 풍력 발전 설비의 증가는 급속도로 성장해 왔다. 1996년에 전 세계 풍력 발전 설비는 기가와트(GW) 단위로 보면 6.1 GW이었지만 12년 후인 2008년에는 120 GW 수준으로까지 거의 20배 증가했다. 이와 같은 성장 속도는 풍력 발전 자체가 그만큼 경제성이 있으면서 또한 이용 가능한 에너지원이 존재한다는 이야기다. 경제적으로 쓸 만한 풍력 에너지원을 다 개발하기 전까지 한동안 풍력 발전은 크게 증가하게 될 것이다.

- 소수력 에너지

소수력 발전은 물의 유동 및 위치 에너지를 이용하여 발전하는 기술체계이다. 물레방아 형태의 고전적인 소수력 에너지 이용이 감퇴됨에 따라 원격지 전력공급에 그 유용성이 커지고 있다.

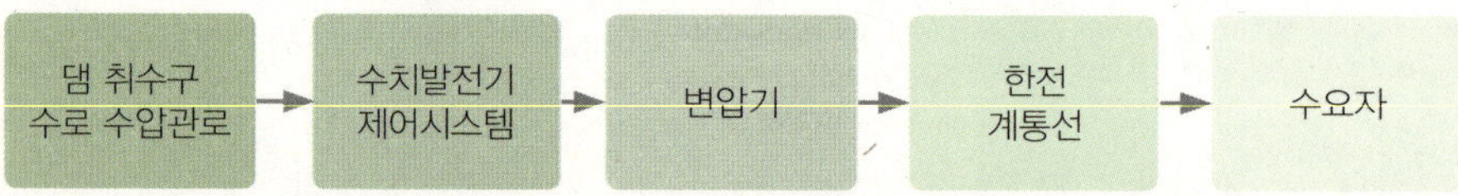

| 그림 2-8 | 소수력 발전 시스템

– 해양 에너지

해양의 에너지를 변환시켜 전기 또는 열을 생산하는 방식은 조력·파력·조류·온도차 발전 등이 있다. 조력발전은 조석간만의 차를 동력원으로 해수면의 상승하강운동을 이용하여 전기를 생산하는 기술이며, 파력발전은 연안 또는 심해의 파랑 에너지를 이용하여 전기를 생산하는 기술이다. 조류발전은 해수의 유동에 의한 운동 에너지를 이용하여 전기를 생산하는 발전기술이며, 온도차발전은 해양 표면층의 온수(예: 25~30℃)와 심해 500~1,000 m 정도의 냉수(예: 5~7℃)의 온도차를 이용하여 열에너지를 기계적 에너지로 변환시켜 발전하는 기술이다.

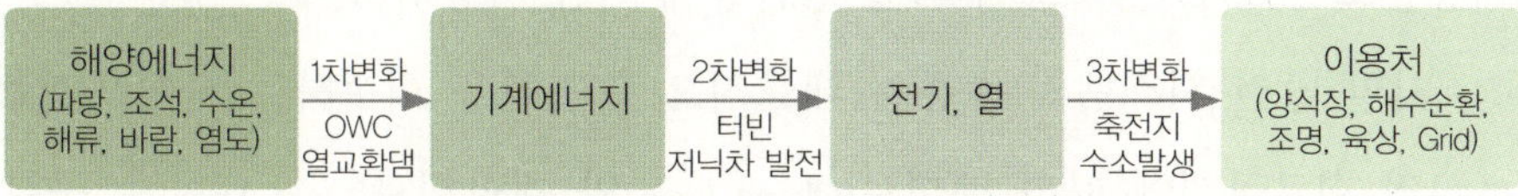

그림 2-9 해양 에너지 시스템 구성도

표 2-4 해양 에너지의 종류와 입지조건

구분	입지조건
조력발전	• 평균조차 : 3 m 이상 • 폐쇄된 만의 형태 • 해저의 지반이 강고 • 에너지 수요처와 근거리
파력발전	• 자원량이 풍부한 연안 • 육지에서 거리 30 ㎞ 미만 • 수심 300 m 미만의 해상 • 항해, 항만 기능에 방해되지 않을 것
조류발전	• 조류의 흐름이 2 m/s 이상인 곳 • 조류흐름의 특징이 분명한 곳
온도차발전	• 연중 표 · 심층수와 온도차가 17℃ 이상인 기간이 많을 것 • 어업 및 선박 항행에 방해되지 않을 것

이외에도 해류발전, 근해 풍력발전, 해양 생물자원의 에너지화 및 염도차발전 등이 있다.

- 지열 에너지

지열 에너지는 물, 지하수 및 지하의 열 등의 온도차를 이용하여 냉·난방에 활용하는 기술이다. 태양열의 약 47%가 지표면을 통해 지하에 저장되며, 이렇게 태양열을 흡수한 땅속의 온도는 지형에 따라 다르지만 지표면 가까운 땅속의 온도는 대략 10～20℃ 정도 유지하여 열펌프를 이용하는 냉난방 시스템에 이용하며, 우리나라 일부 지역의 심부(지중 1~2 km) 지중온도는 80℃ 정도로서 직접 냉난방에 이용 가능하다.

지열 발전 시스템의 종류는 대표적으로 지열을 회수하는 파이프(열교환기)의 회로구성에 따라 폐회로(Closed Loop)와 개방회로(Open Loop)로 구분된다.

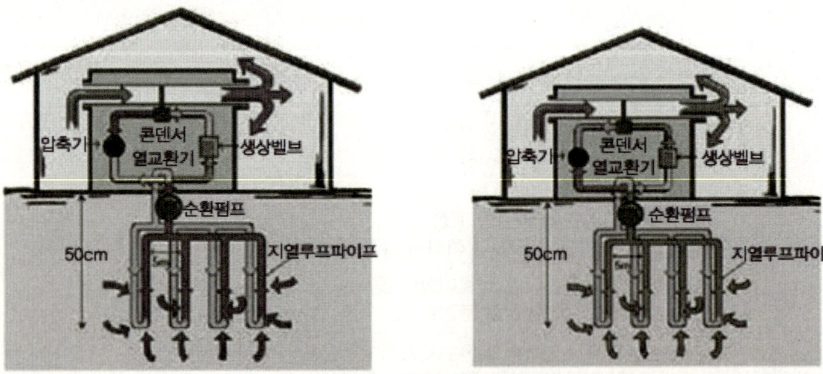

그림 2-10 지열 발전 기술

– 연료전지

연료전지는 수소와 산소의 화학 반응으로 생기는 화학 에너지를 직접 전기 에너지로 변환시키는 기술이다.

'$H_2 + 1/2O_2 \rightarrow H_2O$ + 전기'라는 반응을 활용하는데, 그 생산물은 전기와 순수한 물이기 때문에 공해유발이나 환경오염 우려가 없다. 또한 발전효율이 30~40%이고, 열효율이 40% 이상으로, 총 70~80%의 준수한 효율을 갖는 기술이다.

연료전지의 작동원리는 연료 중 수소와 공기 중 산소의 전기화학 반응으로 직접 발전하는 것이다. 우선 연료극(양극)에 공급된 수소는 수소

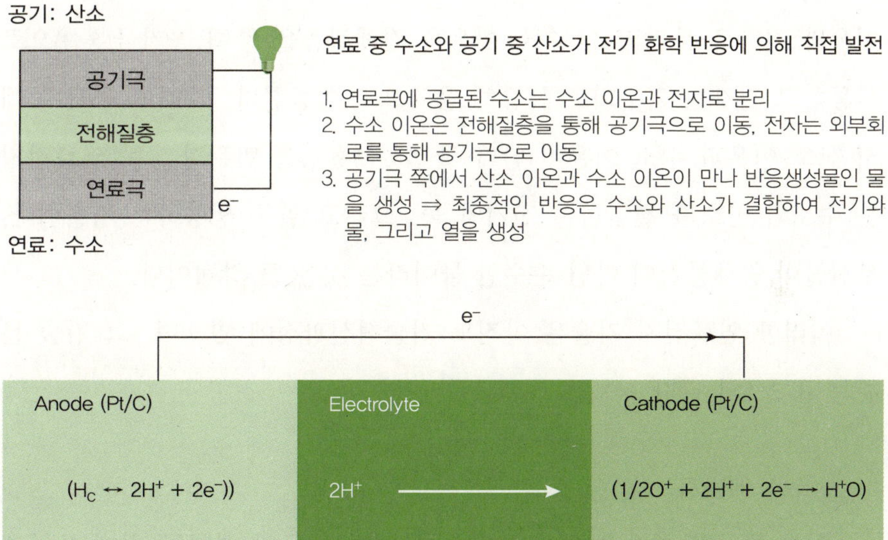

▮ 그림 2-11 ▮ 연료전지 발전원리(단위전지)

표 2-5 연료전지 기술의 분류

구분	전해질	동작온도(℃)	효율(%)	용도	특징
알칼리 (AFC)	알칼리	120 이하	85	우주발사체 전원	–
인산형 (PAFC)	인산염	250 이하	70	중형건물 (수십~수백 kW)	큰 CO 내구성 열병합 대응 가능
용융탄산염형 (MCFC)	탄산염	700 이하	80	중 · 대형건물 (100 kW~MW)	발전효율 높음, 내부개질 가능, 열병합대응 가능
고체산화물형 (SOFC)	세라믹	1,200 이하	85	소 · 중 · 대용량 발전(1 kW~MW)	발전효율 높음, 내부개질 가능, 복합발전 가능
고분자전해질형 (PEMFC)	이온교환막	100 이하	75	가정 · 상업용 (1~수십 kW)	저온작동 고출력밀도
직접메탄올형 (DMFC)	이온교환막	100 이하	40	소형이동 (1 kW 이하)	저온작동 고출력

이온과 전자로 분리되고, 수소 이온은 전해질층을 통해 공기극(음극)으로 이동하고 전자는 외부회로를 통해 음극으로 이동한다. 그리고 음극 쪽에서 산소 이온과 수소 이온이 만나 물(반응 생성물)을 만든다. 즉, 연료전지는 수소와 산소가 결합하여 전기와 물, 그리고 열을 생성하는 기술이다. 부산물이 공해물질이 아닌 순수한 물이라는 것은 큰 장점이다.

이러한 연료전지 기술은 아직도 기술혁신과정에 있으며, 그 기술 분류는 표 2-5와 같다.

– 수소 에너지

수소 에너지 기술은 물, 유기물, 화석연료 등의 화합물 형태로 존재하는 수소를 분리, 생산해서 이용하는 기술. 수소는 물의 전기분해로 가

표 2-6 수소 에너지의 활용

대분류	중분류	기술개발내용
제조	물로부터 수소 제조	전기분해(SPE, 태양광, 풍력 등 대체전원이용 등)
		저온열분해(산화물, 유황화합물, 염화물, 불화물, 요오드화물 등)
		광촉매(금속산화물, 페롭스카이트, 제올라이트 등)
		바이오(광합성 직 · 간접, 혐기발효, 광합성 발효 등)
	화석연료로부터 수소 제조	수증기개질
		플라즈마 개질(반응기, 플랜트 건설)
		고온열분해(이론정립, 촉매, 반응기)
	수소 정제	고순도 수소 제조(PSA, MH 이용 등)
저장	물리적 저장	기체저장
		액체저장(저장용기, 극저온 연구 등)
		고체저장(재료, 고용량저장, 무게 등)
		CNT(재료, 합성, 공정기술 등)
	화학적 저장	CO_2 이용 메탄올, 에탄올 합성
이용	이용	가정(전기, 열), 산업(반도체, 전자, 철강 등), 운송(자동차, 배, 비행기)

장 쉽게 제조할 수 있으나 입력 에너지(전기 에너지)에 비해 수소 에너지의 경제성이 너무 낮으므로 대체전원 또는 촉매를 이용한 제조기술을 연구개발 중에 있는 미래형 신기술이다.

수소는 가스나 액체로서 운송할 수 있으며 고압가스, 액체수소, 금속수소화물 등의 다양한 형태로 저장이 가능하다. 현재는 주로 기체 상태로 저장하고 있으나 단위 부피당 수소저장밀도가 너무 낮아 경제성과 안정성이 부족하여 액체 및 고체저장법을 연구개발 중에 있다.

– 석탄가스화 · 액화기술

가스화 복합발전기술(IGCC, Integrated Gasification Combined Cycle)은 석탄,

중질잔사유 등의 저급원료를 고온 · 고압의 가스화기에서 수증기와 함께 한정된 산소로 불완전연소 및 가스화시켜 일산화탄소와 수소가 주성분인 합성가스를 만들어 정제공정을 거친 후 가스터빈 및 증기터빈 등을 구동하여 발전하는 신기술이다.

또한, 석탄액화는 고체 연료인 석탄을 휘발유 및 디젤유 등의 액체연료로 전환시키는 기술로 고온 고압의 상태에서 용매를 사용하여 전환시키는 직접액화 방식과, 석탄가스화 후 촉매상에서 액체연료로 전환시키는 간접액화 기술이 있다.

이 기술체계는 고효율 발전을 하며, SOx를 95% 이상, NOx를 90%

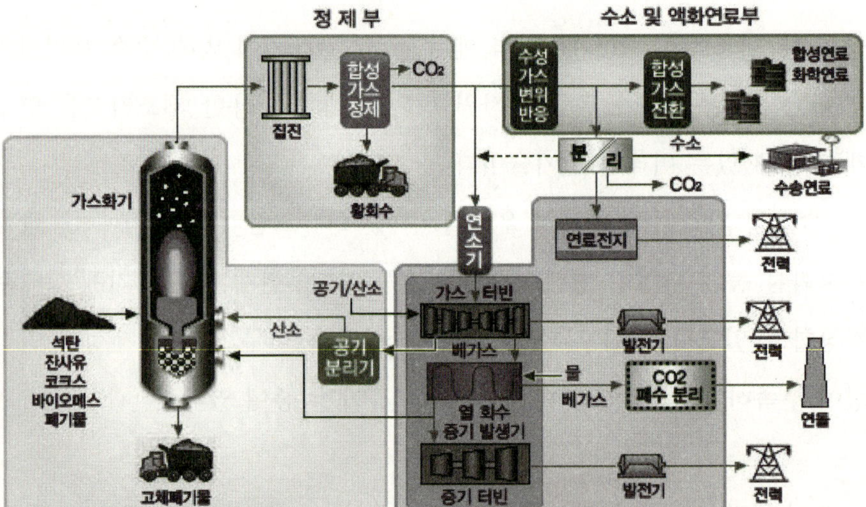

Ⅰ 그림 2-12 Ⅰ 석탄가스화 · 액화 시스템 구성도

이상 저감하는 환경친화기술이며, 다양한 저급연료(석탄, 중질잔사유, 폐기물 등)를 활용한 전기생산 가능, 화학플랜트 활용, 액화연료 생산 등 다양한 형태의 고부가가치의 에너지화하는 장점을 가지고 있다. 그러나 복합설비로 전체 설비의 구성과 제어가 복잡하여 연계 시스템의 최적화, 시스템 고효율화, 운영 안정화 및 저비용화가 요구되는 단점을 가지고 있다.

새로운 석탄가스화·액화기술은 아래 그림과 같이 가스화부, 가스정제부, 발전부 등 세 가지 주요 블록과 활용 에너지의 다변화를 위해 추가되는 수소 및 액화연료부 등으로 구성된다.

이상에서 살펴본 신·재생 에너지의 기술체계는 자연 상태의 신·재생 에너지원을 최종 에너지로 전환하는 데 중점을 두고 있다. 특히 신·재생 에너지가 국지적 에너지로서 그 배분이나 운송에 별다른 문제가 없고, 전력·가스 형태 등으로 전환된 신·재생 에너지 기술은 별도의 고려가 필요 없이 기존 기술체계에 편입되기 쉽다는 특성에 주목하고 있다.

4

에너지 가격 시스템

에너지 가격은 에너지의 부존 및 공급여건, 품질, 투자소요 등 직접 관련비용뿐 아니라 환경공해 비용 등 각종 사회비용에 근거를 두고 결정된다. 따라서 시간과 공간에 따라 상이한 수준을 나타낼 수 있다. 그러나 특정 시점에서 특정 시장가격 수준으로 나타나기 위해서는 그 조건에 부합되는 에너지 가치를 산정할 수 있는 에너지 가격 시스템이 존재해야 한다. 이에 에너지 가격 형성은 고갈성 자원을 대상으로 한다는 점에서 경제학에서 독특한 하나의 영역을 형성하고 있다.

렌트(Rent)

에너지를 포함하는 천연 자원산업이 다른 산업과 구분되는 가장 큰 특징은 한 번 생산하여 사용하면 다시는 또 쓸 수 없기 때문에 "확대 재생산이 거의 완전히 불가능하다"는 점이다. 따라서 자원생산은 엄격한 의미에서 보면 통상적 의미의 생산이 아니고 천연물을 채굴하는 것에 불과하다. 때문에 자연이 조성해 놓은 여건이 생산조건을 결정한다고 할 수 있다. 따라서 자원의 공급곡선은 그림 2-13과 같이 계단 형태를 취하게 된다. 계단형 공급곡선은 생산여건이 부존현황(예: 광맥별)에 따라 달라진다는 것을 의미한다. 즉 확대재생산이 불가능하기 때문에 생산자가 공급규모(특정가격 수준에 부합하는)를 임의로 조정할 수 없고, 계단별 공급행태의 변화방향(비용의 상승 혹은 하락)에 대해서도 영향을 미칠 수 없다는 것을 의미한다.

이 경우 시장에서 자원가격결정은 자연 상태에 의존하는 패턴을 보일까? 그렇지 않다. 이는 자원산업의 특징을 고려한다면 쉽게 이해할 수 있

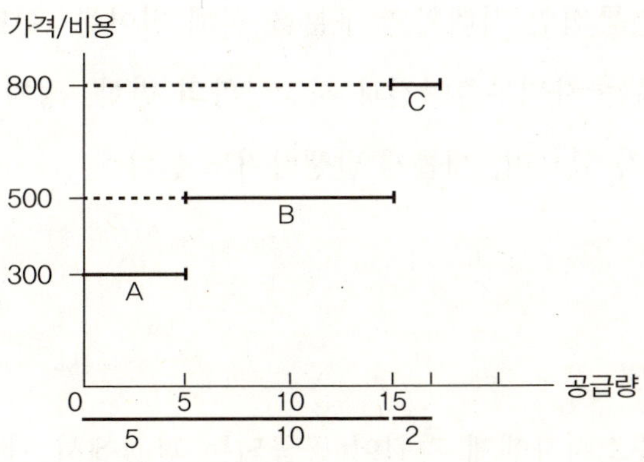

주: 가격은 높이로, 공급량은 길이로 표시됨.

그림 2-13 천연자원의 공급도

다. 모든 지하에 존재하는 자원의 궁극적 소유권은 국가에 있다. 따라서 생산자는 국가가 부여하는 특정 기간 동안의 독점적 생산권(통칭 광업권)만을 가진다. 또한 고갈성 자원인 경우 한 번 생산하면 다시는 생산하지 못한다. 따라서 자원 생산에 따라 생산자들이 기대하는 수익은 지금 생산하면 다시 생산하지 못하는 데 따른 기회비용을 감안한 수준일 것이다. 가산된 기회비용은 초과이윤이며 에너지·자원 경제학에서는 렌트(Rent)라고 한다.

렌트의 뜻은 원래 토지사용료 혹은 시설의 임대료라는 뜻이다. 토지사용료, 즉 지대(地代)라는 뜻은 곡물 가격의 변화에 따라 생산성이 가장 낮은 토지(marginal land)와 기준 토지의 생산성 차이에서 생긴다. 가장 낮은 토지를 빌린 사람은 더 높은 생산성을 가진 토지를 빌리기를 원하며, 이때 필요하다면 토지의 생산성 차이만큼을 더 많은 토지임대료를 지불할 수 있다. 그러나 현재 렌트라는 개념은 경제학에서 토지 이외의 여러 분야에서 생산요소의 사용료 중 전용수입을 초과하는 부분을 의미하기도 한다. 따라서 전통적인 지대와의 구분을 위해 원어를 그대로 사용한다.

렌트의 종류는 자원부존여건과 시장상황의 변화, 정치경제적 상황에 따라 여러 가지가 있으며, 새롭게 발생하기도 한다.

잉여(剩餘)

– 잉여의 개념

렌트는 최종소비자에게 자원이 공급되는 과정에서 관련된 당사자들(예: 광업권자, 생산업자, 유통업자 등)이 차지하는 수입(收入)의 총계이다. 그러나 여건 변화에 따라 각 당사자들이 얻는 수입의 내용은 달라진다.

자원공급 과정에서 관련된 당사자들이 얻는 수입이란 최종소비자가 지불하는 가격과 채굴 유통 전환 및 분배 과정에 소요되는 비용(정상이윤 포함)과의 차이이다. 이 차이가 양(+)의 값이면 잉여(surplus)라고 하며, 음(−)의 값이면 손실(deficit)이라고 한다.

현실적으로 가장 쉽게 이해될 수 있는 잉여는 자원의 생산 및 유통단계에서 소비자보다 앞선 단계(up−stream)에 있는 당사자들이 차지하는 마진(margin)과 지급받은 보조금의 합계로 표시될 수 있다. 따라서 소비자에게 자원(재화 및 서비스)을 공급하는 자들이 차지하는 잉여라는 의미에서 공급자잉여라고도 한다.

공급자잉여가 실제로 발생하는 단계별로 그 형태를 구분한다면, 광업권자(개인 혹은 국가)는 조광료, 개발 허가료, 광구사용료 등의 징수와 생산 장려금, 개발 보조금, 각종 세금의 감면혜택 등의 지원을 받는다. 생산업자(개인 혹은 국가)는 예기치 못한 초과이윤(wind−fall profit), 선점 프리미엄 등의 징수와 적자보전지원금 등의 수혜를 받는다. 또한 소비단계에서도 각종 세금, 공과금의 형태로 공급자잉여가 발생하고, 소비 장려금, 각종 부과금 감면, 프리미엄 공여 등의 형태로 지원금을 받기도 한다.

위에서 살펴본 바와 같이 잉여란 여러 가지 상이한 수입의 합계이다. 따라서 공급자의 입장에서는 그 구성내용에 관계없이 수입액은 극대화하고 손실액은 극소화하기를 바란다.

그러나 현실적으로 공급자의 실제잉여(화폐로 표시된 실수입액)는 이론적인 잉여(가능 렌트액의 합계)와 차이가 나기 마련이다. 실제잉여는 이론적인 잉여의 한 부분이며, 그 나머지는 소비자잉여의 형태로 나타난다. 소비자잉여란 소비자가 기꺼이 지불하고자 하는 금액과 그가 실제로 지불한 가격의 차액으로 정의된다. 에너지의 경우에는 소비자가 다른 에너지를 사용하지 않고 한 에너지를 사용함으로써 얻게 되는 여분의 만족으로 표시될 수 있다.

소비자잉여의 파악은 에너지가 한 종류뿐일 경우 판매가격과의 차이로부터 쉽게 산출할 수 있다. 그러나 두 종류의 에너지가 한 종류의 수요에 대하여 경쟁 및 대체 관계에 있을 때는 복잡한 산출 과정을 거쳐야 한다. 이는 다른 종류의 에너지 이용 조건을 비교할 때에는 정교한 파라미터들(parameters)의 작용이 가해지기 때문이다. 따라서 두 종류의 에너지 비교에서 가격차이란 소비자잉여를 산정하는 충분한 지표(indicator)가 될 수 없다.

– 잉여의 분배과 경제적 파라미터들의 역할

현실에 있어서는 잉여의 생성 및 분배 과정의 구조보다 분배대상자(생산자, 광업권자, 국가, 유통업자 등)들 간의 분배비율이 더욱 중요한 의미를 갖는 경우가 많다.

일반적으로 에너지 분야의 잉여에 대한 논의가 제기되면 우선 1970년대의 석유파동의 경험에 비추어 세계적 규모의 에너지 자원부존 및 개발이익에 관한 지정학적 대립관계나 다국적기업과 자원보유국 간의 협상 등을 떠올리게 된다. 따라서 국제 관계론적인 입장에서 에너지 문제, 특히 가격형성에 대한 분석이 효과적인 방법이 된다. 그러나 잊지 말아야 할 사항은, 에너지 문제에 대한 경제적 요인들의 영향은 장기적인 관점에서는 거의 절대적인 것이라는 점이다. 특히 장기한계비용과 시장균형가격은 에너지시장의 지배적 결정 요인이다. 지정학적, 국제 전략적 분석은 에너지 시장에서 잉여의 생성과정을 이해하는 데 있어서는 효율적이지만, 잉여의 분배는 시장균형이론과 장기한계비용의 변화 등에 관한 정교한 경제 분석에 의해서만 알 수 있다.

에너지 사용비용의 평가 방법

현실세계에서 통용되는 에너지 가격은 항상 완전한 것은 아니다. 최종 소비자의 입장에서 보는 에너지 가격이란 우리가 에너지의 사용으로부터 특정 만족(효용)을 얻기 위해서 기꺼이 지불할 만한 금액이다. 여기에는 생산, 운송, 배분과 전환에 관련된 비용, 기계의 에너지 효율 변화 등 가시적이고 계량이 가능한 비용과 함께, 소비자 개인의 가치관 변화, 특정 에너지 소비가 유발하는 환경오염 등 여러 사회적 비용과 같은 정성적인 측면이 강한 비용이 포함되어 있다. 이와 같은 모든 비용을 고려하였을 때 에너지 가격은 에너지 사용 비용(energy using cost)의 개념을 따른다. 따라서 이 경우의 에너지 가격체계는 지금까지 논의해 온 것과는 상당한 차이가 있을 것이다.

에너지 사용처별로 평가되는 사용비용은

$$U = I + \frac{C + \frac{P}{R}}{(I+i)^n}$$

여기서 P = 최종에너지의 구입가격(열량 기준으로 산정)
C = 에너지 사용에 수반되는 비에너지비용(열량 기준으로 산정)
I = 에너지 사용에 투입된 고정비용
i = 할인율, n = 기계의 내구년수 혹은 감가상각년수

이라는 등식으로 계량화될 수 있다. 이 식에서 U는 특정 용도의 에너지 사용 혹은 에너지 서비스 비용이며, R은 실질 에너지 사용효율로서

$$R = \frac{\text{실제 에너지 사용량}}{\text{에너지 소비량}}$$

의 등식으로 계산될 수 있다.

비교적 간단한 이 계산 방법은 에너지 가격이 에너지 사용에 필요한 총비용에서 차지하는 실제의 비중을 알려 준다는 장점이 있다. 물론 좀 더 정밀한 계산을 위해서는 통화가치의 변동 및 미래의 에너지 가격 전망을 포함해야 한다.

또한 이 방법은 정책변수 등 제도적 요인을 감안하지 않으며, 소비자가 투자여건, 예를 들어 신규설비인지 대체설비인지 등을 구분하지 않고 있으므로 특정한 투자 선택에 적용되기 위해서는 보다 세밀한 상황파악과 이해가 필요할 것이다.

그러나 이 방법은 일반적으로 에너지 소비 행태를 파악할 수 있을 것

이다. 특히 주목해야 할 사항은, 비에너지비용 $[I+C(1+i)^n]$의 비중이 높으면 높을수록 에너지 가격이 소비자의 행동결정에 미치는 영향력이 작아진다는 점이다. 따라서 에너지수요의 가격탄력성도 작아지게 된다.

이것의 가장 좋은 사례로는 자동차의 경우인데, 연료비용보다 차량구입 및 보험 등의 관리비의 비중이 크기 때문에 휘발유의 가격탄력성은 매우 낮다.

또한 소비자들의 에너지 선택에는 앞에서 말한 정성적 요소들이 결정적인 역할을 한다. 가격보다도 사용의 편리성, 조작의 간편성 등은 화폐로 표시되는 경제성 평가의 결과를 압도하는 영향력을 발휘하기도 하며, 그 시대의 욕구를 반영하는 유행하는 에너지 기기(예: 태양광 주택)의 이용도 경제적 타당성을 초월하는 면이 있다.

여기서 우리는 에너지 선택에 영향을 미치는 비계획적 요인의 존재를 인정하고 그 실체를 파악하는 것이 중요하다는 것을 알 수 있다.

– 에너지 사용비용 결정에 영향을 미치는 일반적 요인

에너지 사용비용의 결정에 영향을 주는 대표적 요인으로는 에너지 효율, 투자규모, 할인율을 들 수 있다. 다음으로는 이 세 가지 요인들이 작용하여 유발하는 에너지 사용비용과 소비자가 지불한 에너지 구입비용(즉, 에너지 가격)과의 격차, 나아가 에너지 상대가격의 변화 사례를 알아보자.

에너지 효율

다음 표 2-7과 같이 주택난방의 경우 전기난방기기의 효율은 100퍼센트에 달하는 데 비해 여타 난방기기의 효율은 평균 70퍼센트 선에 있다고 생각하자. 이는 에너지 구입가격(최종소비지도착가격)과 에너지 효율을 감안한 효율보정가격 간의 변화를 통해 에너지 가격과 에너지 사용비용의 관계를 유추하기 위한 것이다. 가장 특징적으로 알 수 있는 사항은 에너지원별 구입가격 간의 격차가 효율보정가격으로 산정함에 따라 줄어든다는 점이다.

따라서 에너지 가격만을 기준으로 할 때보다 효율보정가격을 기준으로 할 때 에너지원 간의 비용격차가 상대적으로 작아지기 때문에, 적절한 유인책이 주어진다면 에너지원 간의 대체가 쉽게 발생할 가능성이 있음을 보여주고 있다.

표 2-7 프랑스의 가정의 에너지 구입가격과 효율보정가격 (단위 : FF/백만㎈, %)

	소비지도착가격(A)	에너지 효율(B)	효율보정가격(A/B)
전력	48.24	100	48.24
난방유	32.46	70	46.37
천연가스	27.24	76	35.84
석탄	24.00	56	42.85

특히 전력난방의 보급 가능성과 가정에서의 석탄 사용회피 현상의 원인을 효율보정가격으로부터 알 수 있다. 그러므로 에너지원 간의 경쟁력 분석은 수요행태의 정밀분석과 사용실태의 파악에 근거해야 한다.

투자규모

에너지 사용을 위한 투자소요액은 에너지 사용행태에 큰 영향을 미친다. 신규로 건설된 단독주택의 난방기기 선택을 분석의 대상으로 할 때에는 에너지 효율과 에너지 가격 외에도 초기투자비까지 감안해야 한다.

투자소요액이라는 측면에서 보면, 우선 기기구입비용의 규모가 에너지선택에 큰 영향을 미칠 것이다. 예를 들면, 신규 주택의 건설 목적이 임대용이라면 초기투자비가 낮은 기기에 적합한 에너지원이 선택될 가능성이 매우 크다. 또한 저장비용도 투자비의 범주에 속하므로 에너지원의 선택에 영향을 미칠 수 있다. 난방유나 석탄의 경우에는 저장비용을 소비자가 별도로 부담하지만, 전력이나 가스의 경우에는 판매자가 부담하는데, 그것은 이미 판매가격 내에 포함되어 있다.

할인율

현재가치와 미래가치 간의 척도 역할을 하는 할인율은 에너지 투자에 영향을 미치며 결과적으로 에너지원 선택의 중요 결정요인이 되고 있다.

현재가치의 중요성이 높을수록 할인율 수준이 높아지고, 초기고정투자액이 적은 에너지원의 사용이 증대될 것이다. 따라서 할인율을 기준으로 볼 때, 할인율이 높을수록 최종소비자가 부담해야 할 초기투자비가 적은 전력난방과 같은 에너지원이 선호될 가능성이 많다.

그러나 여기서 주목해야 할 사항은, 할인율을 기준으로 한 경제적 타당성이 에너지의 합리적 활용을 뒷받침하는 열역학적 타당성과 배치될 가능성이 높다는 점이다. 그리하여 우리는 개별 소비자가 지불하는 에너지 비용의 극소화조치가 국가 전체의 에너지 비용 극소화로 연결되지 못하는 딜레마를 해결해야 하는 학문적 과제를 인식하게 된다.

따라서 에너지원별 소비자 가격체계는 실질 에너지 가격을 충분히 반영하지 못하는 불완전한 것이며, 에너지 사용여건의 다양성(특히 산업부문)은 에너지원 간의 대체를 제한하는 에너지 사용가격의 차별화현상을 야기하고 있다. 따라서 현재의 불완전한 가격체계는 특정 용도에는 특정 에너지가 거의 독점적으로 사용될 수밖에 없는 여건을 조성하고 있다.

에너지 가격 시스템의 해결과제

지금까지 에너지 시스템을 물리적, 기술적, 화폐로 표시된 가격체계적 관점에서 분석하여 보았다. 여기서 우리는 에너지체계의 올바른 이해를 위해서는 가격에 관한 사항 중 유효 에너지 가격 개념을 더욱 발전시킴으로써만 국가나 사회의 에너지 수급여건의 전개 방향을 정확하게 파악할 수 있다는 점에 유의해야 한다.

국가전체의 차원에서 볼 때에는 에너지원별 소비비중은 각 에너지원의 절대적인 가격수준에 의해 결정되는 것이 아니고 다른 에너지원과의 상대가격 수준에 의해 결정된다.

실제소비단계에서의 상대가격 수준은 유효 에너지(useful energy 혹은 used energy) 비용이라는 개념에서 파악되어야만 에너지원 간의 대체관계를 이해할 수 있다. 따라서 상대가격의 파악은 에너지 사용 실태분석(energy diagnosis)에 의해 뒷받침되어야 한다.

그러나 실제로는 유효 에너지 비용은 엄격한 의미의 시장가격이 아니라 일종의 잠재가격(shadow price) 범주에 속하는 것이다. 따라서 명목가격 체계 하의 현존 에너지 시스템을 유효 에너지 혹은 사용 에너지 개념으로 파악할 수 있는 기법의 개발이 요구되고 있다.

이외에도 소비자행동 양태를 심리학적 · 사회학적 방법으로 추적 · 분석하거나, 정치적 영향력의 효과 등에 관한 연구가 장기적인 관점에서 추가 · 보완되어야 할 것이다.

3장

기후변화 시스템

1

기후변화의 개요

기후변화 문제에 대한 새로운 접근

기후는 지구가 생성된 이래 계속 변해왔다. 기나긴 지구의 역사에서 보면 최근이라고 할 수 있는 지난 100만 년 동안에도 지구에서는 빙하기와 간빙기가 약 10만 년 주기로 반복되어 왔다. 지금 우리는 다행히 기후가 온난한 간빙기에 살고 있다. 그러나 과거의 기후변화는 자연적인 원인에 의해 발생했지만, 현재의 기후변화(지구온난화)는 인간의 활동이 또 다른 주요 원인이라는 점에서 과거와 다른 모습을 보이고 있다. 따라서 그에 맞는 대응책이 필요하다.

사실 기후는 자연과 사회경제의 모든 영역에 영향을 미친다. 특히 생태계의 상태와 재해발생 과정에 직접적인 영향을 미친다. 문제는 변화의 속도이다. 변화의 속도가 빠를수록 재해나 생태계에 대한 부정적인 영향이 커진다. 이러한 빠른 변화에 적응하지 못하는 생물종이나 인간사회는 멸종되거나 도태될 것이다. 그러므로 미래의 기후를 예측하고 이에 대비하는 것은 인간과 지구의 공존을 위해 필수불가결한 일이다. 따라서 우리는 기후 시스템과 인간과의 관계, 특히 인간이 활용하고 있는 문명 체계와 기후 시스템과의 연계성에 대한 지식축적을 강화하고 그 악순환 가능성을 최소화할 수 있는 방안을 마련하는 데 힘을 모아야 할 것이다.

사실 기후는 일정 기간(수개월~수십 년) 동안 발생한 기온, 강수, 바람의 평균과 변동수준으로 결정된다. 또한 기후 시스템 내부 역학적 연계관계와 외부인자(강제력)의 변화에 의해 영향을 받는다. 지구의 기후를 변화시키는 외부인자로는 태양 에너지의 변화, 화산폭발, 대기 구성성분의 변화 등이 있다.

태양의 복사 에너지는 기후를 결정하는 가장 중요한 외부 요인이다. 태양 에너지는 흑점과 같은 태양 활동의 변화 또는 지구의 공전궤도의 변화에 의해 영향을 받는다. 대기의 상부에서 태양 에너지는 약 1370 w/m^{2}으로 지구 전체에 대하여 평균값은 약 342 w/m^{2}가 된다. 지구계로 들어온 태양 에너지의 약 30%는 우주로 반사되고 나머지 70%(약 240 w/m^2) 정도는 기후 시스템에 의해 흡수되어 지구의 기후를 유지한다. 반사비율은 지표의 특성, 구름 분포, 식물의 생태, 에어로졸 분포 등에 의해 달라질 수 있다. 흡수된 태양 에너지는 장파(주로 적외선 파장) 복사의 형태로 우주

공간으로 방출된다. 방출 에너지의 총량은 흡수된 에너지의 총량과 균형을 이룬다. 그런데 지구의 공전궤도가 변하게 되면 지구에 도달하는 에너지량이 달라져서 기후가 변하게 되는데(밀란코비치 이론), 과거 빙하시대가 10만 년 주기로 반복된 것은 이 때문이다.

지표에서 방출되는 적외선 복사는 약 -19℃의 물체에서 방출하는 에너지와 같다. 그러나 지표의 평균기온은 약 14℃인 점을 감안하면 적외선 복사는 33℃ 정도 높은 온도를 유지하고 있다. 지표가 이렇게 따뜻한 이유는 대기의 온실효과 때문이다. 온실효과는 지표에서 방출하는 적외선 복사를 대기 중에서 흡수하여 재방출하기 때문에 지표 부근에 열이 축적되어 온도가 올라가게 하는 역할을 한다. 가장 중요한 온실가스는 수증기와 이산화탄소이며, 구름도 중요한 온실효과를 발휘한다. 인간은 산업혁명 이후 화석연료의 연소, 삼림 벌목 등을 통하여 대기 중의 이산화탄소 농도가 약 36% 증가하는 데 기여했으며, 이는 온실효과의 증가를 초래하였다. 온실효과는 1824년 푸리에(Joseph Fourier)에 의해 최초로 발견되었으며, 1896년 아레니우스(Svante Arrhenius)는 이를 정량적으로 조사하였다.

화산이 폭발하면 대기 중에 많은 양의 화산재를 분출하여 태양 에너지의 반사율이 높아진다. 미세한 화산재는 성층권까지 올라가서 2~3년간 잔류하는데, 이 기간에는 대류권의 기온이 낮아진다. 역사적으로 1815년 인도네시아의 탐보라 화산 폭발로 유럽과 북아메리카에서 1816년는 여름이 없던 해로 기록되었다. 최근에는 1991년 필리핀의 피나투보 화산 폭발 이후 온난화 추세가 약화된 사례가 있다.

지구의 기후시스템은 대기, 육지, 수권(해양, 육지의 물), 빙권(눈, 얼음) 및 생물권으로 구성되어 있다. 이들 구성요소들은 다양한 상호작용과 에너지, 물, 물질의 순환작용을 통해 매우 복잡한 양상을 보인다. 지구 기후시스템 내에서는 육지-대기, 토양-생태계, 대기-생태계, 얼음-해양 결합, 대기-얼음, 열 교환, 바람 응력, 강수-증발 등과 같은 기후 과정들이 서로 복잡하게 연계되어 발생하고 있다. 특히 최근에는 인위적인 영향도 지속적으로 작용하고 있어 더욱 복잡한 양상을 띄고 있다. 따라서 우리는 앞으로는 인위적 영향(특히 에너지)에 대해 더욱 주목해야 할 것이다.

알다시피 제1차 산업혁명 이후 지난 150여년 동안 급속하게 증가된 에너지 수요를 충족시키기 위해서 석탄, 석유와 같은 화석연료가 연소되어 발생한 이산화탄소 등 온실가스 증가로 인한 대기 구성성분의 변화가 기후변화(지구온난화)의 주요한 원인이 되고 있다.

UN 산하 IPCC(기후변화에 관한 정부간 협의체) 등 국제기구들과 관련 학계는 각종 연구결과들을 통해 "지구온난화는 논란의 여지가 없을 정도로 명백하게 인간 활동으로 인해 발생한 것"이라고 단정하였다. 특히 "온실가스 증가에 따라 20세기 중반 이후 점차 더욱 심각한 온난화 현상을 유발하였을 가능성이 매우 높다"라고 천명하였다.

지구평균기온은 지난 100년간(1906~2005년) 0.74℃ 증가하였다. 특히 북반구, 고위도, 육지에서 기온 상승이 크다. 더욱이 최근 온난화 추세가 더욱 빨라지고 있다. 최근 50년간 온난화 추세는 약 0.128 ℃/10년, 최근 25년간 추세는 0.177 ℃/10년으로 100년간 추세보다 2배 이상 급속히 진

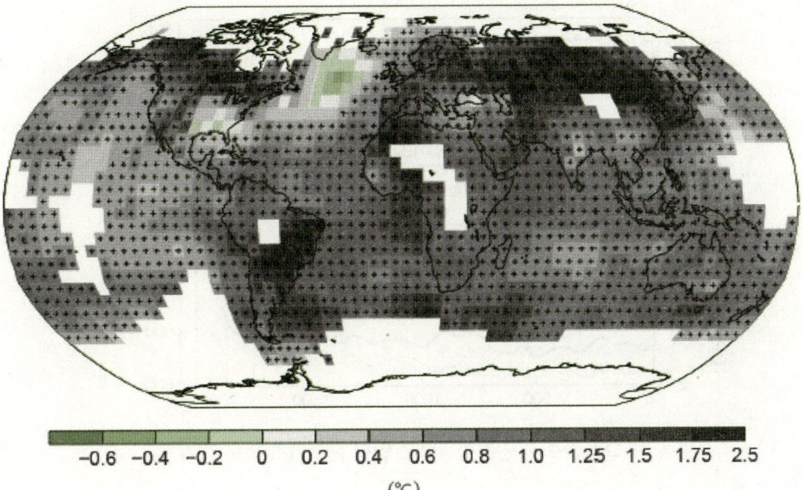

자료출처: ipcc 5차 보고서

그림 3-1 1901–2012년 관측된 지표온도 변화(℃)

행되고 있다.

이러한 지구 온난화의 원인을 조사, 분석한 결과 이산화 탄소(CO_2)를 비롯한 온실가스의 영향이 가장 크다는 것을 확인했다. 산업혁명 이후 에너지 수요가 급증하면서 석유, 석탄 등 화석연료 연소로 많은 양의 이산화 탄소가 공기 중으로 배출되었다. 최근 5년간(2005년 기준) 이산화 탄소는 매년 72억 톤씩 배출되고 있으며, 이로 인해 대기 중의 이산화 탄소 농도는 산업혁명 이전의 280 ppm(약 0.03%)에서 2005년에는 379 ppm(약 0.04%)으로 약 100 ppm이 증가하였는데, 이 중 약 20%는 최근 10년간 증가한 것이다. 온실가스의 농도 증가로 인한 온실효과로 지구는 약 2.6 w/m^2의 에너지를 추가적으로 얻게 되었다. 같은 기간 태양 에너지의 변

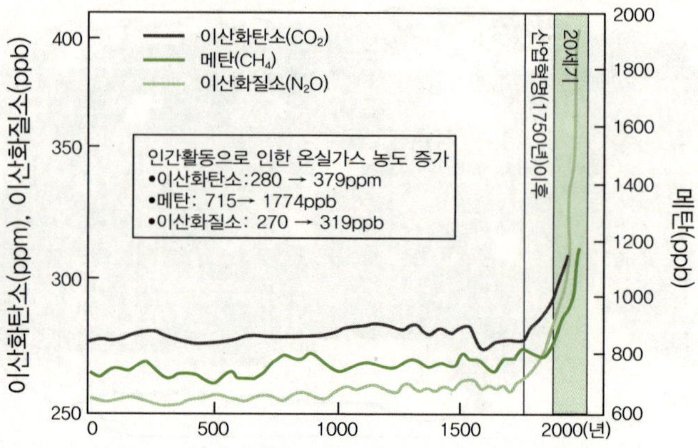

| 그림 3-2 | 인간활동으로 인한 온실가스 농도 증가

화가 약 0.12 w/m^2라는 것과 비교해 보면 그 값은 매우 크다.

이와 반대로 대기오염물질인 에어로졸은 대기 중에서 태양 에너지를 반사할 뿐만 아니라 구름 형성을 증가시켜 기후를 냉각시키는 역할을 한다. 에어로졸의 역할에 대한 과학적 분석결과는 온실가스에 비하여 아직도 불확실성이 크다.

이상의 여러 요인들은 기후변화를 일으키는 원인이 되지만, 그 내부에는 변화의 효과를 강화(양의 피드백) 또는 약화(음의 피드백)시킬 수 있는 피드백 메커니즘들이 있다. 예를 들면, 기온이 높아지면 눈과 빙하가 녹으면서 육지와 수면이 넓어지고, 이에 따라 태양 에너지가 더 많이 흡수되어 기온이 더 높아지는 얼음-반사율 피드백(Ice-albedo feedback)이 있다. 이와 같은 기후 시스템 내의 다양한 피드백을 정확하게 이해하는 것은 기후변화를 이해하는 데 매우 중요하다.

2

세계 기후변화의 현황

기후변화는 현재 지구상에 존재하는 모든 사람들이 가장 관심을 가지고 지켜보고 있는 인류공통 과제이다. 이는 기후변화가 우리 세대와 후손들의 미래를 결정하기 때문이다. 또한 많은 사람들이 기후변화 문제는 이제 해결과제 차원을 넘어 더 이상의 토론과 방황이 필요 없는 인류의 공동 선(善)이라고 생각하고 있다. 따라서 기후변화 실체를 정확히 파악하는 것은 시대적 소명이자 도덕적 책무이다.

세계 차원의 기후변화의 실체를 간명하고 종합적으로 밝힌 권위 있는 자료는 UN IPCC(기후변화에 관한 정부간 협의체: Intergovernmental Panel on Climate Change) 보고서이다. 다음으로는 현재 시점에서 활용이 가능한 가장 최신 자료인 IPCC 5차 보고서[1] 가운데 '정책당국자를 위한 기후변화 2014 종합보고서' 내용을 정리하여 소개한다.

관측된 변화와 그 원인

인간은 기후 시스템에 명백한 영향을 미치고 있다. 최근 배출된 인위적 온실가스의 양은 관측 이래 최고 수준이며, 기후변화는 최근 인간계와 자연계에 광범위한 영향을 주고 있다.

기후 시스템의 관측된 변화

기후 시스템이 온난해지고 있다는 것은 자명한 사실이며, 1950년대 이후 관측된 변화의 대부분은 수십 년에서 수천 년 내 전례 없던 것이다. 대기와 해양의 온도 및 해수면은 상승하고 있는 반면 눈과 빙하의 양은 감소하고 있다.

1850년대 이래 지구표면의 온난화는 지난 30년간 연속해서 심화되었다. 지난 1400년간의 지구표면 온도에 대한 평가가 가능한 북반구의 경

[1] IPCC 5차 보고서(기후변화 2014 종합보고서) 중 정책당국자를 위한 건의(SPM: Suggest for Policy Makers)를 중심으로 편집 및 전재, 대한민국 기상청 협조자료.
IPCC: 기후변화에 관한 정부간 협의체: Intergovernmental Panel on Climate Change

우, 1983~2012년의 30년은 지난 1400년 중 가장 따뜻한 기간이었을 가능성이 높다. 선형변화 경향(linear trend)을 사용하여 계산한 전 지구평균 육지-해양 표면온도 자료를 바탕으로 볼 때, 1880~2012년까지의 기간 동안 0.85℃의 지구 표면 온난화가 나타났음을 알 수 있다. 이처럼 수십 년 동안 이어진 강한 온난화와 함께, 전 지구 평균 표면 온도의 10년 및 매년간 변동성 또한 상당히 높게 나타난다.

자연적 변동성이 상당히 높기 때문에, 단기 자료에 근거한 경향분석일 경우 시작과 종료 일자에 매우 민감하게 반응하기 때문에 장기적인 기후 동향을 반영할 수 없다. 예를 들어, 강력한 엘니뇨와 함께 시작된 지난 15년 동안의 온난화 속도(1998~2012년, 10년당 0.05℃)는 1951년 이래의 변화 속도를 계산한 것보다 느리다.

대기는 기후 시스템에 저장된 에너지의 약 1%만을 차지하는 반면, 해양은 1971~2010년에 축적된 에너지의 90%를 차지하여, 기후 시스템에 저장된 에너지의 증가에 지배적인 영향을 주고 있다. 전 지구적인 규모에서 해양 온난화는 표면 근처에서 가장 높고 해양 상층부의 75 m에서는 1971~2010년에 10년당 0.11℃ 상승했다. 상층 해양(0~700 m)이 1971~2010년에 온난화된 것은 사실상 확실하고 1870년대와 1971년 사이에 서서히 온난화되었을 가능성이 매우 높다.

북반구 중위도 육지 지역의 평균 강수량은 1901년부터 증가했다. 기타 위도의 경우, 장기 지역 평균 강수량의 증가 혹은 감소 경향에 대한 신뢰도는 낮다. 해양 표면 염분에서도 변화가 관측되었는데, 이는 해양을 걸친 전 지구의 물 순환에 변화가 일어나고 있다는 간접적 증거로 볼 수 있다. 1950년대 이후, 염도가 높은 지역에서는 증발량이 증가하면서 염도가 더 높아진 반면, 염도가 낮은 지역에서는 강수량이 증가하면서 더욱 담수화되었을 가능성이 매우 높다.

산업화 시대 이후, 해양은 계속해서 이산화 탄소를 흡수하기 시작하였고, 이로 인한 해양의 산성화 또한 점진적으로 진행되었다. 해양 표층수의 pH는 0.1 감소했는데, 이는 26%의 산도(수소 이온 농도로 측정) 증가에 상응하는 수준이다.

1992~2011년에 그린란드와 남극 빙상의 질량은 점차 줄어들었는데, 2002~2011년에 감소율이 가장 높았을 것이다. 빙하는 전 세계적으로 점차 축소되어 왔다. 북반구 내 봄철 적설 면적 규모는 지속적으로 감소했다. 표면 온도가 상승하고 적설 면적이 변화함에 따라, 영구 동토층의 온도 또한 1980년대 초 이래로 대다수 지역에서 증가하고 있다. 북극의 연평균 해양빙(sea-ice) 면적은 1979~2012년 기간 동안 10년당 3.5~4.1% 범위의 속도로 감소해왔을 가능성이 매우 높다. 1979년 이후 북극의 해양빙 면적은 모든 계절과 모든 연속한 10년에 걸쳐 감소하였고, 특히 여름철의 10년 평균 면적이 가장 급속하게 감소했다. 남극의 연평균 해양빙 면적은 1979~2012년에 10년당 1.2~1.8% 범위에서 증가해왔을 가능성이 매우 높다. 그러나 남극의 경우, 면적이 증가한 지역도 있고 감소한 지역도 있는 등 해양빙 면적에서 지역적 차이가 크다.

1901~2010년에 전지구 평균 해수면은 0.19[0.17~0.21] m 상승했다.

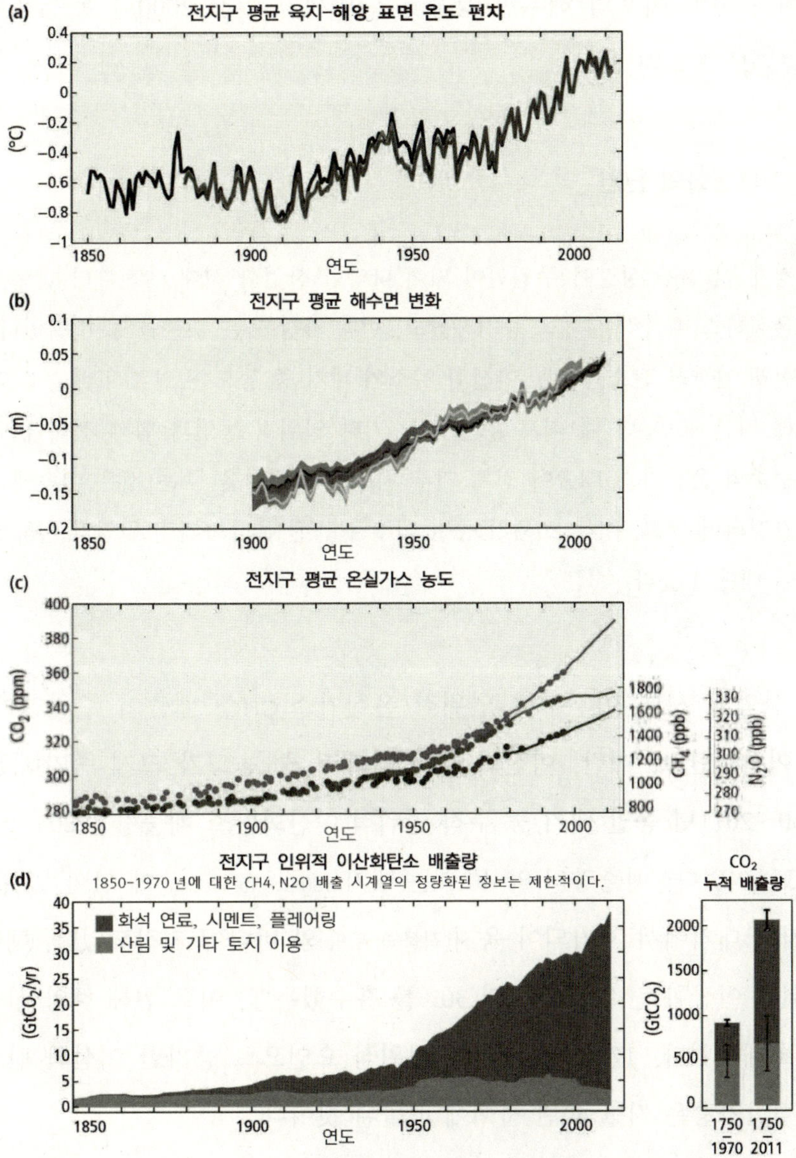

| 그림 3-3 | 세계 기후변화 현황과 인위적 이산화 탄소 배출량

19세기 중반 이후의 해수면 상승률은 19세기 이전 2000년 동안의 평균 상승률보다 크다.

기후변화의 원인

경제 및 인구 성장이 주원인이 되어 나타난 산업화 시대 이전부터 인위적 온실가스 배출량은 계속 증가해왔고, 현재 가장 높은 수준을 보이고 있다. 현재 이산화 탄소, 메탄, 아산화 질소의 대기 중 농도는 인위적 배출로 인해 지난 80만 년 내 최고 수준이다. 기타 인위적 동인과 함께 전례 없던 수준의 온실가스 배출이 전체 기후 시스템에 영향을 주는 것은 계속해서 탐지되어 왔고, 이는 20세기 중반 이후 관측된 온난화의 주원인일 가능성이 대단히 높다.

산업화 시대 이전부터 인위적 온실가스(GHG) 배출이 주원인이 되어 이산화탄소, 메탄, 아산화 질소의 대기 중 농도가 크게 증가하였다. 1750~2011년 동안 대기 중 누적 인위적 이산화탄소 배출량은 2040±310 $GtCO_2$이었다. 배출량의 약 40 %는 대기(880 ± 35 $GtCO_2$)에 남아 있다. 나머지는 대기에서 제거되어 육지(식물과 토양)와 바다에 저장되었다. 해양은 인위적 이산화 탄소 배출량의 30%를 흡수했는데, 이로 인해 해양 산성화가 초래되었다. 1750~2011년의 인위적 요인으로 증가한 이산화 탄소량 중 절반가량은 지난 40년 사이에 배출된 것이다.

기후변화 완화 정책이 점차 마련되고, 추진되고 있음에도 불구하고,

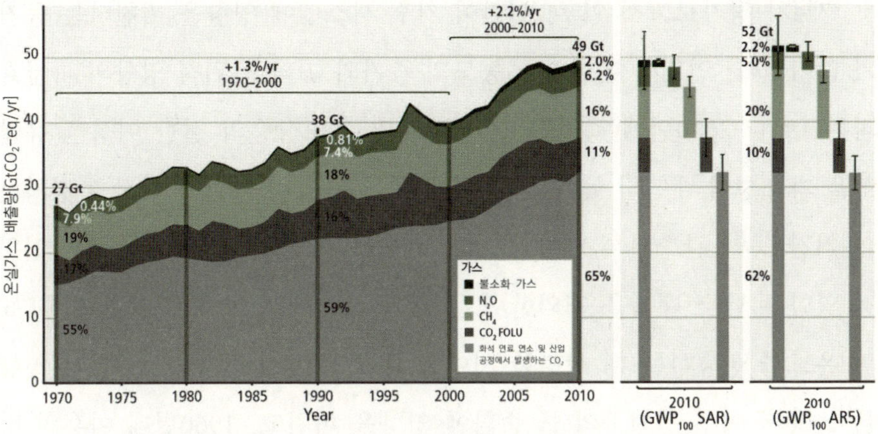

| 그림 3-4 | 1970–2010년 연간 총 인위적 온실가스(GHG) 배출량

총 인위적 온실가스 배출량은 2000~2010년 기간에도 크게 증가하였고 1970~2010년에도 계속해서 증가하였다. 2010년 인위적 온실가스 배출량은 49(± 4.5) Gt CO_2−eq/yr에 달했다. 화석연료의 연소와 산업 공정에서 발생하는 이산화 탄소의 배출량은 2000~2010년 증가폭과 비슷한 비율로 1970~2010년 전체 온실가스 배출량 증가의 약 78%를 차지했다. 전 세계 경제 성장과 인구 증가는 화석연료의 연소에 의한 이산화 탄소 배출의 증가를 가장 주도적으로 이끈 근본적인 원인이다. 이산화 탄소 배출에 대한 경제 성장의 기여도는 2000~2010년 기간 중에 급격히 증가한 반면, 동 기간 인구 성장의 기여도는 이전의 30년과 거의 비슷한 수준이다. 전 세계 에너지 공급 패턴은 점진적으로 탈(脫)탄소화 추세(예. 에너지 함유 탄소농도 감소)를 띄고 있지만, 석탄 사용 증가는 이러한 추세 반전 위험성을 제시하고 있다.

제4차 평가보고서 이후, 인간이 기후 시스템에 영향을 미친다는 증거가 많아졌다. 인위적 온실가스 농도의 증가와 기타 인위적 영향의 파급효과는 1951~2010년에 측정된 전 지구표면 온도상승의 절반 이상을 유발했을 가능성이 대단히 높다. 온난화에 대한 인위적 기여의 최적 추정치는 이 기간 동안 관측된 온난화와 거의 비슷하다. 인간 활동이 유발한 인위적 영향은 남극 대륙을 제외한 모든 대륙 지역에서 20세기 중반 이후 표면 온도가 상승하는 데 상당한 기여를 했을 가능성이 높다. 인위적 영향은 1960년 이후 전지구의 물 순환에 영향을 미치고, 1960년대 이후의 빙하 후퇴와 1993년 이후 그린란드 빙상 표면이 녹아가는 현상증가에 기여했을 가능성이 높다. 인위적 영향은 1979년 이후 북극 해양빙의 감소에 기여하고, 해양상층(0~700 m) 열용량 증가와 1970년대 이후 관측된 전체 지구 평균 해수면 상승에 상당한 기여를 했을 가능성이 매우 높다.

기후변화의 영향

> 전 대륙과 해양에 걸쳐 최근 수십 년 동안 기후변화가 일어나 자연계 및 인간계가 영향을 받아왔다. 그 원인이 무엇이든지 간에 지금까지 관측된 기후변화가 이러한 영향을 초래했으며, 기후가 변함에 따라 자연계 및 인간계가 민감하게 반응하는 현상은 지속될 것이다.

현재까지 관측된 기후변화 영향의 증거는 자연계에 대해 가장 포괄적이고 강력하게 영향을 미치고 있다. 구체적으로, 기후변화는 다수의 지역에서 강수량의 변화를 가져왔고, 눈과 빙하를 녹여 녹지로 변화시키면서 수문 시스템에도 변화를 가져옴으로서 결과적으로 수자원의 양과 질에 영향을 주었다. 기후변화가 계속해서 나타남에 따라 육상, 담수 및 해양종 다수의 지리적 범위, 계절 활동, 이주 패턴, 개체 수, 종의 상호작용에도 변화가 일어났다. 기후변화는 인간계에도 일부 크고 작은 영향을 주었는데, 인간계에 대한 다른 영향들과는 차이를 보인다. 다양한 지역과 작물을 주제로 한 많은 연구들은 기후변화가 작물 수확량에 상당히 부정적인 영향을 줄 것이라고 평가하였다. 해양 산성화는 인위적 요인에서 일부 기인하였는데, 이는 해양 생물에 대한 영향으로 이어지고 있다.

극한 현상

1950년 이래로 다수의 극한 기상 및 기후변화가 관측되었다. 이러한 변화들 중 일부는 인간 활동과 관련된 것으로 생각된다. 그러한 극한 현상의 사례로는 극한 저온 현상 감소, 극한 고온 현상과 극한 해수면 증가 및 많은 지역에서의 호우 빈도 증가를 들 수 있다

지구 차원에서 추운 낮과 밤의 빈도는 감소하고 따뜻한 낮과 밤의 빈도는 증가할 가능성이 매우 높다. 유럽, 아시아, 오스트레일리아의 대부분 지역에서는 폭염의 빈도가 증가할 가능성이 높다. 20세기 중반 이후 전 지구적으로 관측된 일부 극한 기온 현상의 강도와 빈도의 변화에 인간

활동이 영향을 주었을 가능성이 매우 높다. 일부 지역에서 1950년 이래로 다수의 극한 기상 및 기후 현상에서 변화가 관측되었다. 폭염의 발생 가능성은 인간의 영향으로 인해 두 배 이상 증가하였을 가능성이 높다. 관측된 온난화는 일부 지역에서 폭염 관련 사망률을 증가시키는 반면 한파 관련 사망률은 감소시켰다.

호우 빈도가 감소하는 육지 지역보다 증가하는 육지 지역이 더욱 많아질 가능성이 높다. 최근 관측된 극한 호우 현상과 일부 저수지의 유출 증가 경향은 지역적 규모에서 홍수의 위험이 더 커졌음을 의미한다. 최근 발생하고 있는 폭염, 가뭄, 홍수, 사이클론, 산불과 같은 극한 기후 현상으로 인한 영향은 일부 생태계와 다수의 인간계가 현재 기후변동성에 상당히 취약하고 심각하게 노출되어 있다는 것을 보여 준다.

미래의 기후변화와 위험, 영향

미래 기후의 주요 원인

이산화탄소 누적 배출량은 21세기 후반과 그 이후의 평균 지구 표면 온난화에 상당한 영향을 미칠 것으로 전망된다. 미래 온실가스 배출량은 사회경제적 개발과 기후 정책에 따라서 매우 다를 것으로 전망되고 있다.

온실가스(Green House Gas, GHG) 배출을 발생시키는 주요 인위적 요인으로는 인구 규모, 경제 활동, 생활 방식, 에너지 사용, 토지사용 패턴, 기술 및 기후정책이 있다. 대표적 농도변화 경로(Representative Concentration Pathways, RCP)는 대기 오염물질 및 토지 이용 변화 등과 같은 요인들을 바탕으로 향후 GHG 배출량과 대기 중 농도가 2100년까지 어떻게 전개될지 나타내는 4가지 경로를 설명하고 있다. 4가지 RCP 시나리오에는 엄격한 완화 시나리오(RCP 2.6), 중간(intermediate) 시나리오(RCP 4.5 및 RCP 6.0) 2가지와 매우 높은 GHG 배출량 시나리오(RCP 8.5)가 있다. GHG 배출량 감축을 위한 어떠한 노력도 이루어지지 않은 경우의 시나리오인 베이스라인(baseline) 시나리오의 경로는 RCP 6.0과 RCP 8.5 사이에 존재한다. RCP 2.6은 전지구 온난화 수준이 산업화 시대 이전 기온 대비 2℃ 이하 상승 정도로 유지될 수 있는 가능성을 높이는 것을 목표로 하는 시나리오이다.

종합연구 시나리오뿐만 아니라 좀 더 넓은 범위인 제3 실무그룹의 완화 시나리오 세트가 전망한 2100년까지의 지구기온 변화 수준과 누적 이산화탄소 배출량 간에는 거의 선형에 가까울 정도로 강력하고 일관적인 상관관계가 존재한다는 것을 다양한 증거를 통해 알 수 있다. 주어진 모든 수준의 온난화는 다양한 범위의 누적 CO_2 배출량과 관련되므로 초반 수십 년간의 배출량이 높다는 것은 후반 배출량이 낮다는 것을 의미한다.

1861~1880년 기간과 비교하여 인위적 요인에 의한 총 온난화 수준을 66% 이상의 확률에서 2℃ 이하로 제한하기 위해서는 모든 인위적 요인에

의한 1870년대 이후의 총 누적 이산화 탄소 배출량을 약 2900 Gt CO_2 이하로 유지해야 하는데, 2011년까지 약 1900 Gt CO_2가 이미 배출되었다.

기후 시스템의 변화 전망

> 본 보고서에서 평가한 모든 배출 시나리오에서 예측, 제시되는 지구표면 온도는 21세기 전반에 걸쳐 상승할 것으로 전망된다. 다수의 지역에서 폭염의 발생 빈도 및 지속 기간뿐만 아니라 극한 강수 현상의 발생 빈도 및 강도 또한 증가할 가능성이 매우 높다. 해양에서는 온난화와 산성화가 지속될 것이며 전지구 평균 해수면은 계속해서 상승할 것이다.

별다른 언급이 없는 한, 여기서 제시하는 변화 전망은 1986~2005년 대비 2081~2100년에 예상되는 변화이다. 미래의 기후는 과거의 인위적 배출로 인해 초래된 온난화뿐만 아니라, 미래 인위적 배출량과 기후 내부적 변동성에 따라 결정된다. 1986~2005년과 비교하여, 2016~2035년 중 평균 지표 온도 변화는 4가지 농도변화 시나리오에서 비슷하게 나타나며, 0.3~0.7℃의 범위가 될 가능성이 높다. 이러한 전망은 주요 화산 폭발 사건이 없고 일부 자연적 배출원(예: CH_4와 N_2O)이나 총 일사량에서 변화가 없을 것이라는 가정을 바탕으로 한 것이다. 21세기 중반부터는, 전망되는 기후변화의 정도가 배출 시나리오에 따라 현저히 달라지기 시작한다.

1850~1900년 대비, 2081~2100년의 지표 온도 변화는 여러 시나리오 결과에서 1.5℃를 초과할 가능성이 높을 것으로 전망된다. 심지어 2

개의 시나리오에서는 온난화의 수준이 2℃를 초과할 가능성이 높다. 1986~2005년을 기준으로 예측한 바에 의하면 21세기 후반(2081~2100년)

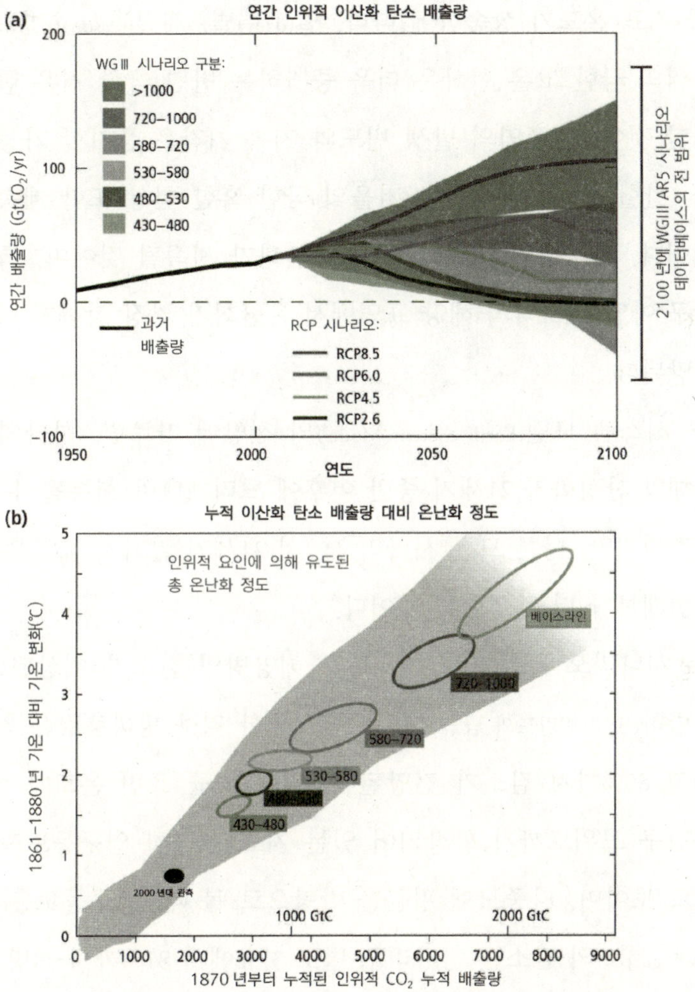

그림 3–5 인위적 이산화 탄소 배출량과 온난화 정도

지구 평균 표면 온도는 시나리오 상승범위가 다양하게 제시되고 있다. 북극 지역의 온난화는 지속될 것이며, 그 속도는 지구 평균 온난화 속도보다 더 빠를 것이다.

평균 지표 온도가 상승함에 따라, 일(daily)별, 계절(seasonal)별로 대다수 육지 지역의 극한 고온 현상은 더욱 증가하는 반면 극한 저온 현상은 더욱 감소할 것이다. 폭염의 발생 빈도와 지속 기간은 증가할 가능성이 매우 높다. 간헐적으로 발생하는 겨울의 극한 혹한 현상 또한 계속해서 나타날 것이다. 지구 전체의 해양에서 온난화가 지속될 것이며, 특히 열대 및 북반구 아열대 지역의 해양 표면에서 온난화가 가장 강하게 나타날 것으로 전망된다.

지구 시스템 모델(Earth System Model)의 전망에 따르면, 하나의 시나리오에서 해양 산성화가 21세기 중반 이후에 느리게나마 회복될 수 있을 것으로 예측되지만, 다른 모든 시나리오에서 21세기 말까지 해양은 전 지구적으로 현재보다 더 산성화될 것이다.

모든 시나리오에서 연차적인 북극 해양빙의 감소가 예상된다. 남극 대륙의 빙하(및 그린란드와 남극의 빙상)를 제외한 지구 빙하총량은 최저 15%에서 최고 85%까지 감소가 전망된다. 지구 평균 표면 온도가 상승함에 따라 북반구 고위도까지 확장되어 있는 지표면 근처 영구동토층이 감소할 것으로 보이며, 다중모델 평균을 바탕으로 볼 때, 영구동토층(지표면 근처 상층 3.5 m까지)의 감소는 시나리오 별로 37%에서 81%까지 전망된다.

최근 해수면 변화의 전망 신빙성이 상당 부분 개선되었다. 지구 평균 해수면 상승은 21세기에 지속될 것이며, 1971~2010년 사이 관측된 수준보다 더욱 빠른 속도로 진행될 가능성이 매우 높다. 1986~2005년과 비교하여 2081~2100년의 해수면 상승 범위는 시나리오 별로 최저 0.26 m에서 최고 0.82 m가 될 가능성이 높다. 해수면이 전 지역에 걸쳐 일정하게 상승하지는 않을 것이다. 21세기 말까지 해양 면적의 약 95% 이상에서 해수면 상승이 나타나고, 전 세계 해안선의 약 70%에서 해수면 상승은 지구 평균의 20% 이내에서 나타날 가능성이 매우 높다.

기후변화에 의한 미래 위험 및 영향

기후변화는 기존의 위험을 증폭시킬 뿐만 아니라 자연과 인간계에 새로운 위험을 가져올 것이다. 위험은 균일하게 나타나지 않으며, 개발 수준을 막론하고 모든 국가에서 취약 계층 및 지역사회가 상대적으로 더 큰 위험에 노출된다.

기후 관련 영향의 위험(risk)은 기후 관련 위해(hazard) 요소를 증가시키는 사건발생과 인간 및 자연계의 노출, 취약성 및 적응 수준과의 상호작용에 따라 발생한다. 온난화의 속도와 규모가 증가하고 해양 산성화가 심화되며 기후 시스템에서 여러 변화가 나타남에 따라, 위험의 강도 및 범위가 커지고 있으며, 비가역적이고 치명적인 영향이 발생하고 있다. 특정 지역에서만 제한적인 위험과 함께 전 세계적으로 나타나는 위험도 있다. 해양 산성화를 포함하여 기후변화의 속도 및 규모를 제한한다면, 기후변화 영향으로 인해 향후 발생할 수 있는 전반적 위험을 줄일 수 있다. 갑작스럽고 비가역적인 변화를 촉발시키기 충분한 기후변화의 정확한 수준이 무엇인지 아직 확실히 알 수 없지만, 기온이 상승함에 따라 임계점(threshold)을 넘어서는 위험은 증가할 것이다. 위험을 평가할 때는, 발생확률은 낮지만 대규모 피해가 예상되는 결과를 포함하여, 최대한 광범위하게 영향을 판단하는 것이 중요하다.

기후변화가 진행됨에 따라 21세기 중·후반에 많은 생물 종들이 멸종위기에 처할 것이며, 특히 기타 스트레스 요인들과 기후변화 간 상호작용이 일어날 경우 종 멸종의 위험은 더욱 커질 것이다. 대다수 식물 종들이 현재 혹은 앞으로 전망되는 빠른 기후변화 속도에 맞추어 자연적으로 자신의 지리적 범위를 옮기기에는 역부족일 것이다. 과거 수백만 년 동안 자연적 지구 기후변화는 현재의 인위적 기후변화보다 훨씬 느리게 진행되었음에도 종의 멸종을 포함하여 상당한 수준의 생태계 변화를 가져온 것이 관측된 바 있으므로, 미래의 위험 수준은 높을 것으로 전망된다. 해양생물은 점차 용존산소 감소, 해양 산성화 속도 및 크기 증가와 함께 해양 극한 수온의 심화에 따른 위험에 처할 것이다. 특히 산호초 및 북극 생태계의 취약성이 높다. 해수면 상승은 연안 시스템에 및 저지대 지역에 대한 위험 요소로 작용하는데, 지구 평균 기온이 안정화된다고 할지라도 해수면 상승은 수세기 동안 지속될 것이다.

기후변화는 미래 식량 안보에도 부정적인 영향을 미칠 것이 예상된

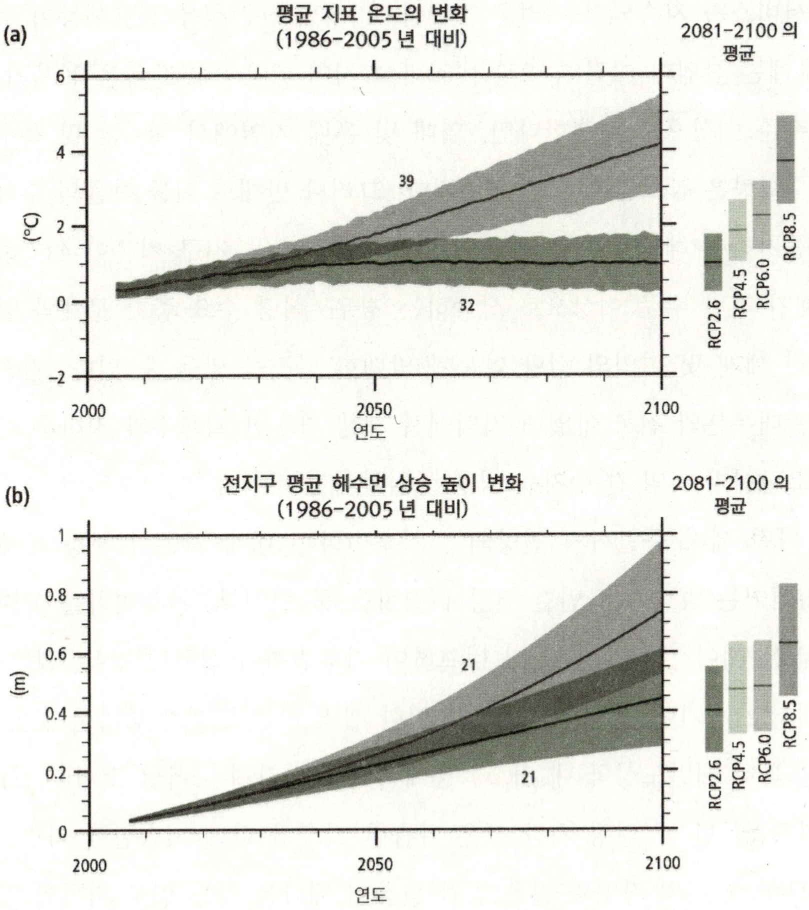

그림 3-6 기후변화가 환경에 미치는 영향

다. 21세기 중후반에도 전망된 수준으로 기후변화가 진행될 경우, 전 지구적으로 해양종이 재분포될 것이며 기후변화에 민감하게 반응하는 지역에서는 해양의 생물다양성이 감소하여, 해양의 어업 생산성 및 기타 생태계 서비스가 지속되기 어려울 것이다. 기후변화에 적응하는 행동이 없는 경우에는 산업화 이전 수준과 비교하여 지역 기온이 2℃ 혹은 20세기 후반 수준 이상으로 상승한다면, 열대 및 온대 지역에서 밀, 쌀 및 옥수수의 수확량은 감소할 것으로 전망된다. 그러나 반대로 이들 작물의 수확량이 증가하여 혜택을 보는 지역이 있을 수도 있다. 지구 기온이 4℃ 혹은 20세기 후반 수준 이상으로 상승하는 경우, 식량 수요 증가 문제와 맞물려 전 세계 및 지역의 식량 안보가 막대한 타격을 받을 수 있다. 기후변화는 대부분의 건조 아열대 지역에서 재생 가능한 지표수와 지하수 자원을 고갈시켜 지역 간 수자원 경쟁을 심화시킬 것이다.

이번 세기 중반까지 전망되는 기후변화는 대개 기존의 건강 문제를 악화시키는 방식으로 인간 건강에 영향을 줄 것이다. 기후변화를 고려하지 않은 베이스라인(baseline)과 비교하여 기후변화가 심화될 경우, 많은 지역에서 21세기에 걸쳐 기후변화로 인한 질병 관련 문제가 증가할 것이며, 이는 특히 개발도상국 내 저소득층에서 두드러지게 나타날 것이다. 2100년까지 일 년 중 일정 기간 고온 다습한 기후가 함께 지속함에 따라, 식량 재배 및 야외 작업과 같은 인간 활동이 제약을 받는 일부 지역이 있을 것으로 예상된다.

도시 지역에서 기후변화로 인한 위험이 증가할 것으로 전망된다. 기후변화는 폭염 스트레스, 폭우, 내륙과 연안 지역의 범람, 산사태, 대기오염, 가뭄과 물 부족, 해수면 상승 및 폭풍 해일 등을 통해 도시 지역의 주민, 자산, 경제 및 생태계에 위험을 초래한다. 필수적 사회 기반시설과 공공서비스가 갖추어지지 않았거나 기후변화에 대한 노출 정도가 높은 도시의 경우 이러한 위험은 더욱 심각하게 나타난다. 도시 이외의 지역에서 기후변화의 영향에 가장 민감한 부문은 수자원 가용성 및 공급, 식량 안보, 기반시설, 농촌수익(예: 전 세계 식량 및 비-식량 농작 지역의 변화) 부문이다.

기온이 상승함에 따라 경제 부문의 총 손실은 급격히 증가할 것이지만, 현재 기후변화가 전 세계 경제에 미치는 영향을 추정하기는 쉽지 않다. 그러나 기후변화는 전 세계 빈곤 수준에도 영향을 준다는 점은 거의 확실하다. 기후변화의 영향은 경제성장과 빈곤퇴치를 더디게 하고, 식량 안보를 해치며, 새로운 빈곤의 덫을 놓게 되는데, 후자는 특히 도시 지역과 심각한 기아 문제를 보이는 신흥 개발도상국에서 발생할 것이다. 지역적인 규모에서 기후변화가 초래할 위험을 극복하기 위해서는 무역 및 국가 간 관계 등과 같은 국제적 측면 또한 충분히 고려해야 한다.

기후변화로 인해, 인구 이동(displacement)이 증가할 것으로 예상된다. 이주비용이 부족하여 이주하지 못하는 인구는 극단적 기상현상에 높은 수준으로 노출되며, 특히 개발도상국의 저소득 계층은 더 큰 고통을 받을 것이다. 기후변화는 빈곤 및 경제적 충격 같이 이미 확고히 자리 잡은 갈등유발동인을 악화시킴으로써 폭력적 갈등 위험을 간접적으로 증가시킬 수 있다.

2100년 이후의 기후변화—비가역적이고 갑작스러운 변화

인위적 온실가스가 더 이상 배출되지 않는다 할지라도, 다양하게 나타나는 기후변화와 그 영향은 앞으로 수세기에 걸쳐 계속될 것이다. 온난화가 심화됨에 따라, 갑작스럽게 나타나거나 비가역적인 변화의 위험은 증가할 것이다.

2100년 이후에도 거의 모든 시나리오 아래에서 온난화는 계속 진행될 것이다. 인위적 이산화 탄소의 순 배출량(net emission)이 0(제로)으로 수렴한 후일지라도, 지구 표면 온도는 수세기에 걸쳐 현재의 상승 수준을 거의 일정하게 유지할 것이다. 앞으로 수년 안에 대기 중의 이산화탄소를 광범위한 수준에서 온전히 제거하는 경우가 아니라면, 이산화 탄소 배출로 인해 초래된 인위적 기후변화는 대개 수백 년에서 수천 년이 지나도 회복될 수 없는 비가역적 성격을 지닐 것이다.

또한 평균 지표 온도를 향후 안정화시킨다고 해서, 기후 시스템의 모든 측면을 안정화시킬 수 있는 것도 아니다. 기후변화로 인한 생물 군계, 토양 탄소, 빙하, 해양 기온 및 해수면의 변화는, 그 본질적 특성상 오랜 기간 지속되기 때문에, 지구 지표면의 기온이 안정화된 후에도 수백 년 혹은 수천 년까지 남아있을 것이다. 이산화 탄소 배출이 지속될 경우, 해양 산성화는 향후 수세기 동안 더욱 심화되어 해양 생태계가 심각한 타격을 받을 것이라는 주장이 제기되고 있다. 2100년 이후 수세기에 걸쳐 지

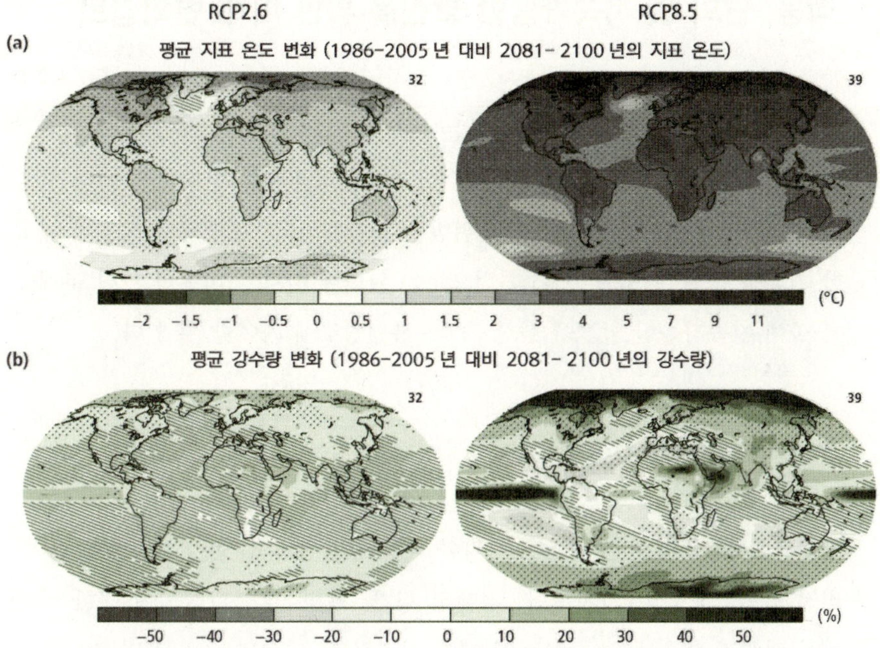

| 그림 3-7 | 기후변화 시나리오

구 평균 해수면이 지속적으로 상승할 것은 사실상 확실하며, 해수면 상승 정도는 미래 배출량 수준에 따라 달라질 것이다. 천년 혹은 그 이상의 기간에 걸쳐 그린란드 빙상의 손실을 유도하고, 결과적으로 최대 7 m의 해수면 상승을 초래할 임계값은 산업화 이전의 기온 대비 1℃보다는 높고 4℃보다는 낮은 온난화 수준이다. 남극 빙상에서 빙하의 손실은 갑작스럽고 비가역적으로 나타날 수 있지만, 이를 양적으로 평가하는 데 필요한 관련 증거 및 정보가 현재 부족한 상황이다.

적응, 완화 및 지속가능한 발전을 위한 미래 변화경로

적응(Adaptation應)과 완화(Mitigation)는 기후변화의 위험을 줄이고 관리하기 위한 상호 보완적 전략이다. 향후 수십 년 내 배출량을 현저히 줄인다면, 21 세기부터 나타나고 있는 기후 위험을 저감시키고, 효과적인 적응에 대한 기대를 높일 수 있으며, 장기적으로는 완화에 따르는 비용과 관련 문제를 줄여 지속가능한 발전을 향한 기후-복원경로에 기여할 수 있다.

기후변화 정책 결정의 기반

기후변화와 그 영향을 제한하기 위한 효과적인 정책 결정은 거버넌스, 윤리적 측면, 형평성, 가치판단, 경제성 평가, 위험 및 불확실성에 대한 다양한 인식과 대응 등의 중요성에 대해 인지하고, 예상되는 위험 및 편익을 평가하기 위한 광범위한 분석적인 방법을 통해 마련될 수 있다.

기후 정책을 평가할 때 지속가능한 발전과 형평성은 가장 기본이 되는 개념이다. 지속가능한 발전과 형평성(예: 빈곤퇴치) 관련 목표를 달성하기 위해서는 반드시 기후변화로 인한 영향을 제한해야 한다. 과거 및 미래의 대기 중 온실가스 축적량에 대한 기여 정도는 국가마다 다르며, 직면한 문제 및 상황이나 완화 및 적응을 다룰 수 있는 역량 또한 국가마다 다르다. 완화 및 적응과 관련하여 형평성, 정의 및 공정성의 문제가 불거지고 있는데, 이는 기후변화 영향에 가장 취약한 사람들 중 대부분이 온실가스 배출량에 기여했던 바, 혹은 기여하고 있는 바가 매우 적은 이들이기 때문이다. 완화 행동을 미루는 것은 현재 세대가 부담해야 할 책임을 미래 세대에 전가하는 것이며, 기후변화에 의해 발생하고 있는 영향에 충분하게 적응 및 대응하지 못할 경우 지속가능한 발전 기반은 약화될 수밖에 없다. 이미 이러한 우려는 현실로 나타나고 있다. 적응과 완화에서 기대 혹은 발생할 수 있는 부수적 이익 및 부정적인 효과뿐만 아니라 위험 요인을 함께 고려함으로써 지속가능한 발전에 부합하는 종합적인 기후변화 대응 전략을 마련할 수 있다.

개인과 조직이 위험 요인과 불확실성을 어떻게 인식하고 고려하느냐에 따라 기후 정책이 다르게 설계될 수 있다. 경제, 사회 및 윤리적 분석을 바탕으로 한 평가 수단들은 기후 관련 정책 결정을 지원할 수 있다. 이러한 수단들은 "발생 확률은 낮지만 중대한 결과를 동반할 수 있는 영향을 포함하여, 넓은 범위에서 발생할 수 있는 모든 가능한 영향"을 고려할 수 있기 때문이다. 하지만 이들도 완화, 적응 그리고 잔류 기후영향(residual climate impacts) 사이에 존재하는 단 하나의 최적 밸런스(best balance)가 무엇인지는 식별할 수는 없다.

기후변화는 전 지구 차원에서 해결해야 하는 문제이다. 시간이 경과함에 따라 온실가스가 대기 중에 누적되고, 지구전체로 확산되며, 각 경제 주체(예: 개인, 지역 사회, 기업, 국가)의 배출행위는 선량한 제3자의 경제활동이나 생활에 영향을 미치기 때문이다. 각각의 기관이 독단적으로 해당 기관의 이익만을 고려한다면 기후변화를 효과적으로 완화시킬 수 없다. 따라서 온실가스 배출량을 효과적으로 완화시키고 기타 기후변화 문제를 해결하기 위해서는 국제 협력 등의 협력적인 대응이 요구된다. 효과적인 적응 역시 국가 간의 협력을 포함한 다양한 수준의 상호간 협력 활동이 필요하다. 문제 해결 방식의 공평성을 높일 경우, 협력의 효율성 또한 높아진다.

적응 및 완화를 통한 기후변화 위험 감소

지금보다 더 강화된 추가적인 완화 노력이 이루어지지 않는다면, 적응노력이 추진된다고 할지라도 온난화로 인해 21세기 말까지 높음에서 매우 높은 수준의 비가역적이고, 광범위하며 심각한 영향이 전체 지구에 나타날 것이다. 완화는 단기 완화노력으로 인한 편익을 증대시키는 여러 수준의 부수적 이익과 부정적인 역효과를 동반한다. 하지만 이에 동반되는 위험은 기후변화로 인한 위험처럼 광범위하고 돌이킬 수 없는 심각한 영향이 발생할 가능성과 같지 않다.

완화와 적응은 서로 다른 시간 범위(scale)에서 기후변화 영향의 위험을 저감하기 위한 상호보완적인 전략이다. 이를 통해 21세기 전반의 단기적인 완화뿐 아니라 21세기 후반과 그 이후에 발생할 수 있는 기후변화의 영향을 실질적으로 줄일 수 있다. 적응전략에 따른 편익은 현재 위험대처 과정에서 이미 나타나지만, 미래의 위험대처에도 도움이 될 것이다.

다섯 가지의 우려 요인(RFC)은 모든 종류의 온난화와 적응 한계가 인간, 경제 및 생태계에 미치는 영향과 위험을 종합한 것이다. 여기서 다섯 가지 우려 요인은 다음과 같다.

(1) 위협받는 고유한 시스템

(2) 극단적 기상현상

(3) 영향의 분포

(4) 전 지구적 총 영향

(5) 대규모의 재난 융합현상

지금보다 강력한 추가완화 노력이 이루어지지 않는다면 21세기 말까지 온난화는 지구 전체로 확산되어 "높은"에서 "매우 높은" 수준의 돌이킬 수 없는 심각한 결과를 초래할 것이다. 추가적인 완화노력이 없는 대부분의 시나리오(2100년도의 대기 중 농도가 CO_2 환산 1,000 ppm을 초과하는 경우)에서는 온난화 수준이 2100년까지 산업화 이전 수준 대비 4℃를 초과할 가능성이 높다. 온도가 4℃ 이상 상승할 경우 예상되는 위험에는 심각한 수준의 생명 종 멸종, 세계 및 지역적 식량 불안정, 인간의 활동제약 및 일부 지역에서의 적응 잠재력 한계가 올 가능성이 있다. 고유의 생물체계를 위협하는 위험과 극한 기상 현상을 야기하는 위험 등 일부 기후변화 위험은 산업화 이전 수준 대비 1~2℃ 높은 기온조건에서도 보통–높은 수준의 영향을 가져올 수도 있다.

향후 수십 년 동안 온난화를 제한하여 온실가스 배출량을 상당 수준

감축시킨다면 21세기 후반의 기후변화 위험을 현저히 줄일 수 있다. 이산화 탄소 누적 배출량은 21세기 후반과 그 이후의 평균 지구 표면 온난화에 상당한 영향을 미칠 수 있다. 모든 위험을 제한·억제한다는 것은 결국 누적 이산화 탄소 배출량 제한을 통해서만 이루어진다. 즉, 전 세계 이산화 탄소 순 배출량을 결국 0(zero)으로 수렴시키고 향후 수십 년 동안 연간 배출량을 제한하는 것이 필요하다. 하지만 완화와 적응이 마련된다 해도 기후 피해를 피할 수 없는 일부 위험은 존재한다.

완화에는 여러 수준의 부수적 이익뿐만 아니라 부정적인 역효과로 인한 위험 또한 수반될 수 있다. 이러한 소급 불가능한 심각한 영향이 광범위하게 발생할 가능성은 기후변화로 인한 직접 영향과 완전히 동일하지 않다. 경제 체제와 기후 시스템은 고착화된 경향(타성)을 보이며, 기후변화가 돌이킬 수 없는 영향을 초래할 가능성이 존재하기 때문에, 단기적인 완화 노력의 편익은 크다. 그러나 추가적인 완화 행동을 미루거나 완화 기술 옵션을 제약할 경우, 기후변화 위험을 특정 수준 내로 유지시키는 데 필요한 장기 완화 비용은 높아진다.

적응 경로의 특성

적응을 통해 기후변화 영향의 위험을 줄일 수 있지만, 기후변화의 규모가 커지고 진행 속도가 빨라질 경우 그 효과성은 제한될 수 있다. 지속가능한 발전의 맥락에서 좀 더 장기적인 관점으로 본다면, 보다 즉각적 적응 행동을 할 가능성이 높아질 경우 미래의 선택권과 준비성을 향상시킬 것이다.

적응은 현재와 미래의 인류 복지 및 자산을 보장하고 생태계 재화, 기능 및 서비스를 유지할 수 있도록 지원한다. 적응은 장소 및 상황별로 다양한 성격을 지닌다. 현재 나타나고 있는 기후 변동성에 대한 인간 및 자연의 취약성과 노출을 줄이는 것은 미래 기후변화에 적응하기 위한 첫 단계이다. 전략설계 등의 정책 계획과 정책 결정에 적응 문제를 통합시킬 경우, 적응과 개발과 간의 시너지 효과를 증대시키고 재해 위험 또한 저감시킬 수 있다. 적응 역량을 구축하는 것은 적응 방안을 효과적으로 선택 및 이행하기 위한 핵심요건이다.

개인에서부터 정부까지 다양한 주체가 상호 협력하여 적응의 계획 및 이행 효과를 강화할 수 있다

중앙정부는 지자체 및 하위 국가 정부의 적응 활동을 지원할 수 있다. 예를 들어 취약 계층을 보호하고, 경제적 다양성을 지원하며 정보, 정책 및 법적 체계를 알림으로써 적응 활동을 조정해야 한다. 적응 과정 전반에 걸쳐 지역 정부 및 민간 부문의 역할은 핵심적인 것으로서 점차 부각되고 있다. 이는 이들이 위험 정보와 재정을 관리할 뿐만 아니라 지역사회, 가정 및 시민 사회의 적응을 장려하기 때문이다.

거버넌스(Governance)의 모든 수준에서 적응 계획과 이행은 사회적 가치 및 목표나 위험에 대한 사회적 인식에 따라 크게 달라진다. 따라서 의사결정 과정에서는 관심사, 상황, 사회-문화적 배경, 요구 등이 다양하다는 것을 인식해야 한다. 또한 기후변화 적응에서 해당 지역에 고유하게 존재하는 고유한 지식체계와 사례를 고려해야 하지만, 이러한 지식들은

기존의 적응 노력에 꾸준히 반영되지 못했다. 따라서 이러한 유형의 지식을 기존의 사례에 통합시켜 적응의 효율성을 높이는 것이 필요하다.

적응 이행에 대한 공통된 제약 요인은 다음과 같다.

> 재정 및 인적 자원 부족, 거버넌스 통합 및 조정 한계, 영향 전망의 불확실성, 위험에 대한 인식 차이, 가치 경쟁, 주요 적응과정에서의 지도자 및 지지자의 부재, 그리고 적응의 효과성을 모니터링 도구의 부족 등

기후변화의 속도와 규모가 증가할수록 적응한계에 직면할 가능성도 증가 한다. 적응한계는 생물, 물리적 혹은 사회경제적인 제약이 기후변화와 상호 작용하면서 나타난다. 또한, 단기적인 결과를 지나치게 중요시하거나 적응 결과를 충분히 예상하지 못해 적응 계획 및 이행이 부적절하게 이루어진다면, 미래 세대의 취약성이나 노출, 또는 기타 지역이나 부문의 취약성이 높아지는 부적응이 발생할 수 있다. 더 나아가 하나의 사회적 과정인 적응이 지니는 복잡성을 과소평가할 경우, 비현실적인 예측을 할 수 밖에 없다.

완화와 적응 사이뿐만 아니라 각기 다른 적응 대응들 사이에도 부수적 이익, 시너지 효과 및 트레이드-오프(trade-off)가 존재하며, 이러한 상호 작용은 지역 내와 지역 간 모두에서 발생한다. 완화 및 적응 노력이 증대될수록 이들 사이에 존재하는 상호작용 관계는 더욱 복잡해지며, 수자원, 에너지, 토지 이용 그리고 생물 다양성 간의 관계도 더욱 복잡해진다. 그

러나 이러한 상호 관계의 이해를 평가하는 수단은 여전히 부족하다.

부수적 이익에는 다음과 같은 결과들이 포함된다.

(1) 건강을 위협하는 대기오염물질의 배출을 고효율 에너지와 청정 에너지 자원을 통해 저감
(2) 도시 녹지 확대 및 수자원 재활용을 통해 도시 지역의 에너지 및 수자원 소비를 감소
(3) 지속가능한 농업 및 임업 육성
(4) 탄소 저장과 기타 생태계 보호를 통한 생태계 서비스 유지

결국 경제, 사회, 기술 및 정치적 의사결정과 행동을 변형시켜 적응을 강화시키고 지속가능한 발전을 촉진시킬 수 있다. 국가 수준의 변화는 각국의 상황과 우선순위에 따라 지속가능한 발전을 향한 국가의 비전 및 접근방식을 반영할 때 가장 효과적인 것으로 간주된다. 혁신적 변형을 추구하지 않고, 기존의 시스템과 구조를 단지 점진적으로만 변화시키는 제한적인 적응 방안을 추진한다면, 적응 비용과 손실이 커질 수 있으며, 관련 기회를 충분히 활용할 수 없다. 소극적 적응을 계획하고 이행하기 위해서는 관련 패러다임을 강화, 변경 및 조정해야 한다. 또한 평등의 실현 가능성 및 윤리적 의의 등과 같은 사항을 다루고 미래에 대한 각기 다른 목표 및 비전을 조화시키기 위해서는 거버넌스 구조에 변화를 가져오거나 새로운 구조를 만들어야 할 필요성이 높아진다. 적응경로는 반복 학습

과, 심사숙고 과정 및 혁신을 통해 개선할 수 있다.

완화(Mitigation) 경로의 특성

온난화를 산업화 이전 수준 대비 2℃ 이내로 제한하기 위한 다양한 완화 경로가 존재한다. 이러한 경로들을 실현하기 위해서는 향후 수십 년 내 배출량을 상당 수준 감축해야 하며, 이산화 탄소 순 배출량을 0에 가깝게 수렴시키고, 대기에 잔류하는 시간이 긴 온실가스들을 이번 세기 말까지 줄여야 한다. 이렇게 감축하는 것은 부수적인 기술적, 경제적, 사회적 및 제도적 문제를 유발시킬 수 있으며, 관련 핵심 기술을 사용할 수 없거나 추가적인 완화가 지연될 경우 이 문제는 증가한다. 온난화를 좀 더 낮은 혹은 높은 수준으로 제한할 때도 비슷한 문제들이 나타나지만, 시간 범위는 다르다

온실가스 배출 감축에 대한 현재 수준 이상의 추가적인 노력 없이, 세계 인구증가와 경제활동으로 인해 지구배출량은 계속해서 높아질 것이 예상된다. 추가적인 완화가 이루어지지 않을 경우, 베이스라인 시나리오에서 지구평균 표면온도는 2100년에 중간 기후 반응에 대해서 1850~1900년 평균보다 3.7~4.8℃ 높아진다. 기후불확실성을 고려한 경우에는 2.5~7.8℃ 높아진다.

2100년에 약 CO_2 환산 농도 450 ppm 이하로 유지할 경우, 21세기까지의 온난화가 산업화 이전 수준 대비 2℃ 이하로 유지될 가능성이 높다. 이러한 시나리오에서는 2050년까지 세계 인위적 온실가스 배출량이 2010

년 대비 40~70%까지 감축되어야 하며, 배출 수준은 2100년까지 약 0(제로) 수준 부근 혹은 그 이하까지 감소하는 것이 특징이다. 2100년까지 온실가스 농도 수준이 약 CO_2 환산 500 ppm에 도달하는 완화 시나리오에서는 기온 변화가 2℃ 이하로 제한되지 못할 가능성보다 제한될 가능성이 높다. CO_2 환산 500 ppm 시나리오에서는 2050년까지의 세계 배출량 수준이 2010년 대비 25~ 55% 정도 낮아야 한다. 2050년의 배출량이 더 높은 시나리오는 이번 세기 중반을 넘어 이산화 탄소 제거(CDR) 기술의 역할이 커다는 특징이 있다. 산업화 이전 수준 대비 3℃ 이하로 온난화를 제한할 가능성이 높은 시나리오에서는 온난화를 2℃로 제한하는 경우보다. 배출량 감축 속도가 느리다.

2100년까지 온난화를 1.5℃로 제한하는 시나리오에서는 온실가스농도를 2100년까지 CO_2 환산 430 ppm 이하로 줄이고, 2050년도 배출량이 2010년 대비 70%에서 95% 줄여야 한다.

추가적인 완화조치를 2030년까지 미룬다면, 21세기 중 산업화 이전 수준 대비 2℃ 이하로 온난화를 제한하는 것은 불가능할 수 있다. 따라서 이를 위해서는 2030년부터 2050년까지 상당히 빠른 속도로 배출량 감축과 저탄소 에너지 확산이 필요하다.

완화에 소요되는 총 경제적 비용은 예측 방법론에 따라 매우 다르게 나타나지만, 대개 완화의 강도가 셀수록 증가한다. 세계 모든 국가가 즉각적인 완화조치를 시작하고, 단일 탄소 가격과 모든 주요 기술적용을 동시 추진할 경우 효과적으로 비용을 사용할 수 있을 것이다.

적응 및 완화 방안에 대한 결론

기후변화 대처를 위한 많은 적응과 완화 방안들이 있지만, 하나의 방안만을 사용할 경우 그 효과가 충분히 나타날 수 없다. 이들 방안을 효율적으로 이행하기 위해서는 규모를 막론하고 모든 유형의 관련 정책과 협력을 유도하는 것이 중요하며, 적응 및 완화를 다른 사회적 목표와 연계하는 통합적 대응을 통해 그 효과성을 향상시킬 수 있다.

적응 및 완화 대응전략의 공동장려요인의 장점과 제약요인

적응과 완화 대응을 모두 강화시킬 수 있는 요인을 공동 장려요인이라고 한다. 여기에는 효율적인 제도 및 거버넌스 설정, 환경 친화적인 기술 도입, 기반시설 혁신과 투자, 지속가능한 생활 및 행동양식과 라이프스타일의 선택 등이 있다.

기존 사회-경제 체제의 여러 측면에서 보였던 고착화된 경향(타성)은 적응 및 완화 방안을 제약하는 요인으로 작용할 수 있다. 반면에 친환경 기반시설과 기술 혁신에 투자할 경우 온실가스 배출을 줄이고 기후변화에 대한 회복력을 높일 수 있다.

생활양식, 라이프스타일, 행동양식 및 문화는 기후변화 취약성, 온실가스 배출량 및 적응과 완화 역량에 상당한 영향을 미친다. 또한 특정 기후정책에 대한 사회적 수용도와 정책의 효율성은 지역적 생활양식이나 행동양식의 적합한 변화에 해당 정책이 이익이 되는지 혹은 영향을 받는지에 따라 달라진다.

다수의 지역과 부문에서 적응 및 완화 능력을 높이는 것은 기후변화 위험관리의 필수 기반을 강화하기 위한 것이다. 적응, 완화 그리고 재해위험을 저감하고자 할 때 나타나는 지역별 제약 및 문제들은 관련 제도를 개선하고 거버넌스 구조에서 협력과 조정을 유도함으로써 어느 정도 해결할 수 있다.

적응 방안

적응 방안은 모든 부문에서 가능하지만 적응의 이행과 기후 관련위험을 줄이는 잠재력 측면에서는 지역과 부문별로 다르게 나타난다. 일부 적응 과정에서 부수적 이익, 시너지 그리고 트레이드 오프(trade-off)를 수반한다. 기후변화가 심해질 경우 많은 적응 방안을 시행하기 어려워질 것이다.

다수의 지역 및 사회에 걸쳐 공공·민간 부문의 적응경험이 축적되고 있으며, 사회(지역사회 및 토착사회), 제도 및 생태계 기반의 적응 수단이 지니는 가치와 제약 범위에 대한 대중의 인식 또한 높아지고 있다. 적응과정은 점차 통합되고 있는 추세이나, 실질적으로 이행되는 경우는 드물다. 그러나 기후변화문제가 점차 증가함에 따라, 적응에 대한 요구 또한 높아질 것으로 예상된다. 모든 부문 및 지역에 적응방안이 존재하며, 취약성 저감, 재해위험 관리 또는 사전 적응 계획 등 적응 유형에 따라 적응 잠재력과 접근법이 달라진다. 적응 전략 및 행동의 효율성을 높이기 위해서는 보다 광범위한 전략목표를 세운 후 부수적 이익 및 관련 기회에 대하여 고려해야 한다.

완화 방안

모든 주요 부문에서 완화 방안이 존재한다. 에너지 사용과 최종 소비과정에서 온실가스 원단위를 감소시키고, 에너지 공급의 탈탄소화를 유도하며, 온실가스 순 배출량을 줄이고, 토지의 탄소 흡수를 늘리기 위한 대책들을 결합한 통합적인 접근법을 사용할 경우 보다 비용 효과적이 될 수 있다

완화전략을 단일 기술이나 특정 부문에 초점을 두고 설계하는 것이 아니라, 체계적으로 모든 부문을 함께 고려하는 방식으로 설계하여 한 부문에서의 완화 효과가 다른 부문으로 이어지도록 하는 것이 비용 효과적이다. 완화 대책은 사회 목표와 상호 연계하여 긍정적 효과(부수적 이익) 혹은 부정적 역효과를 발생시킬 수 있다. 이러한 상호관계를 적절히 관리할 경우 기후변화 대응 기반을 강화할 수 있다.

가까운 미래에 에너지 수요를 줄이는 것은 비용 효과적인 완화전략이다. 이는 에너지 공급 부문의 원단위를 유연하게 낮추고, 공급 측면에서 발생하는 위험에 대비하게 한다. 또한 높은 탄소배출 기반시설이 고착화되는 현상을 예방함과 동시에 기타 부수적 이익을 가져온다.

산림 부문에서 가장 비용 효과적인 완화방안으로는 신규조림, 지속

가능한 산림 경영 및 산림전용의 방지 등이 있으나 지역 특성에 따라 달라질 수 있다. 농업 부문에서 가장 비용 효과적인 완화 방안은 경작지 관리, 방목지 관리와 유기 토양 복원이다.

우리 인간의 행동양식, 생활방식 그리고 문화는 에너지 사용 및 이에 따른 온실가스 배출에 크게 영향을 미치며 일부에서는 상당한 완화 잠재력을 지닌다. 특히 기술 및 산업구조상의 변화가 있을 경우 더욱 그러하다. 이외에도 소비행태의 변화, 에너지 절약제도 도입, 식이습관 변화 및 음식물 쓰레기 절감을 통해 온실가스 배출량을 크게 줄일 수 있다.

IPCC(기후변화에 관한 정부간 협의체) 인천 총회 결과

2018년 10월 8일 대한민국 인천에서 개최된 제48차 IPCC 총회에서 UN과 각국 정상들이 요청한 '특별보고서 요약본'이 만장일치로 채택되었다. 그 주요 내용은 파리협정의 명시적 목표인 '산업화 이전 대비 온도 상승 섭씨 2℃ 이내 억제'를 지속 추구하는 것보다 1.5℃ 이하로 변경하는 것이 인류에 훨씬 유익할 뿐 아니라 긴급한 글로벌 과제라는 것으로 요약된다.

또한 전문가들의 검토 결과 "1.5℃ 목표가 불가능한 것은 아니지만, 이를 이루려면 전 지구적으로 우리가 그동안 경험하지 못한 변화를 실행해야 한다"라고 강조하였다. 물론 목표 변경에 따른 여러 혜택이 발생하지만 기술선택, 재원조달, 국가 간 합의 등에 많은 제약도 있음을 특별보고서가 인정하였다.

현재 지구 평균 온도는 이미 산업화 이전보다 약 1℃ 상승했다. 2006~2015년 평균 온도는 1850~1900년 평균보다 약 0.87℃ 올랐다. 국제사회는 2015년 파리기후협약에서 "이번 세기말(2100년)까지 지구 평균 온도가 산업화 이전보다 2℃ 이상 상승하지 않도록 하고, 1.5℃ 선을 넘지 않도록 노력한다"라고 합의한 바 있다.

유엔기후변화협약(UNFCCC) 당사국 총회는 '1.5℃ 목표'의 과학적 근거 마련을 위해 IPCC에 특별보고서 작성을 요청했으며 그 주요 내용은 다음과 같다.

지구온난화의 현황과 영향, 위험, 전망

이산화 탄소 배출 등 최근의 인위적 온난화로 인한 온도 상승 추세는 10년당 0.2℃이다. 이 같은 지구온난화 추세가 유지되면 2030~2052년 사이에 산업화 이전보다 1.5℃ 이상 오를 전망이다.

그동안 인간으로 인해 이미 1℃ 오른 상태이며 앞으로 인간이 어떤 노력도 기울이지 않으면 2100년에는 (산업화 이전보다) 4~6℃나 올라 있을 가능성이 있다.

지구 평균 온도가 일시적으로라도 산업화 이전보다 1.5℃ 이상 오르면 지구온난화가 점진적으로 이뤄져 1.5℃ 수준에서 안정화할 때보다 인류에 미치는 피해가 더 클 것으로 보인다.

1.5℃ 온난화가 생태계와 인류의 건강, 경제에 미치는 영향.

2100년 지구 평균 온도가 산업화 이전보다 1.5℃ 상승할 때와 2℃ 상승할 때의 차이는 확고(robust)하다. 그 차이를 세분하면 다음과 같다.

우선 지구 평균 온도가 1.5℃ 오를 경우 2℃ 오를 때보다 해수면 상승은 10 ㎝ 낮아진다. 이에 따라 1천만 명의 인간이 해수면 상승의 위험에서 벗어난다. 2℃ 상승할 때에는 육지의 동 · 식물이 서식지를 잃을 확률은 1.5℃ 상승 시의 2배에 이른다. 기온이 2℃ 오르면 영구 동토층이 녹아 온실가스가 대기에 방출될 수도 있다. 또한 2℃ 온난화에서는 10년에 한 번 빈도로 여름에 북극 얼음이 완전히 녹을 수 있지만, 1.5℃ 온난화에서는 100년에 한 번 빈도로 완전히 녹을 것으로 분석됐다. 그리고 2℃ 온난화에서는 전 세계 산호의 99% 이상이 소멸할 전망이지만, 1.5℃ 온난화의 경우 70～90% 소멸할 것으로 예상된다.

특히 지구온난화는 빈곤 계층과 사회적 약자에 더 큰 악영향을 미칠 것이라는 점에 주목해야 한다.

1.5℃ 온난화를 위한 에너지, 산업, 건물, 수송 등 여러 분야 시스템 전환 필요성

지구온난화를 1.5℃ 이하로 묶어 두려면 2030년까지 이산화 탄소 배출량을 2010년 대비 최소 45% 줄여야 한다. 그리고 2050년까지 '순 제로' 배출을 달성해야 한다. 이는 이산화 탄소의 인위적 배출량과 흡수량이 같아야 한다는 의미다. 2100년까지 흡수할 수 있는 것으로 평가된 이산화 탄소는 1천억～1조 톤이다.

1.5℃를 달성하기 위한 비용은 2도에 비해 3~4배인 것으로 조사됐다. 2015~2050년 에너지 부문 투자 규모 증가분은 연간 9천억 달러다. 이 기간에 저탄소 기술과 에너지 효율 분야 투자는 5배 증가해야 하지만, 화석 연료 생산 · 전환 투자는 60% 감소해야 한다.

기후변화와 관련한 지속가능한 발전과 빈곤 퇴치강화 방법

1.5℃ 온난화를 이루기 위한 시스템 전환 과정에서 필요한 2016~2035년 연간 총 투자는 2조4천억 달러에 이를 것으로 추정된다. 참여 전문가들은 1.5℃ 온난화 목표 달성이 긍정적이고 각종 제도적 장치는 마련할 수 있으나 각국 정부의 참여수준이 문제인 것으로 평가하였다.

물론 전문가들은 지구온난화 억제는 인간이 입는 피해가 줄어들어 경제 성장 등의 편익이 뒤따를 것이라고 강조하지만 현실세계에서 얼마나 실현될지가 여전히 관건이다.

이상에서 언급한 모든 특별 보고서 내용은 2018년 12월 폴란드에서 열리는 제24차 유엔기후변화협약 당사국 총회(COP24)에서 기후변화와 관련한 과학적 근거로 활용된다.

3

기후변화 문제 해결을 위한 인류의 노력

개요

최근 기상이변이 잦아지고 이에 따른 경제적, 사회적 손실이 커지며 미레에 대한 불안이 커지고 있다. 미항공우주국(NASA)은 2017년 지구 온도가 평년(1951~1980년)보다 0.9도 높아져 역대 2위를 기록했다고 발표했다. 1965년 이후 지구가 15번에 걸쳐 최고 온도 기록을 갈아치우는 동안 엘니뇨가 일어나지 않은 해는 3번뿐이었다. 엘니뇨는 적도 동태평양 바닷물이 평소보다 따뜻해지는 현상을 말하는데, 그렇기 때문에 가뜩이나 온난화에 시달리는 지구를 더 열 받게 만든다.

지구를 덥게 만드는 대표적인 것이 바로 온실가스다. 2016년 현재 대기 속 이산화 탄소는 402.9 ppm인데 30만 년 전 현생인류인 호모 사피엔스가 지구에 등장한 이래 지금처럼 이산화 탄소가 많았던 적은 없다. 온실가스가 골칫덩이인 건 분명하지만 인간의 힘으로 어쩔 도리가 없는 거대한 힘이 여기서 등장한다. 그 중 대표적인 것이 10년 주기 태평양 온도 변동이다. 이는 인간의 산업 활동과 무관하게 원래부터 존재하는 자연 현상이다. 산업화 이후 지구 온도는 꾸준히 상승했지만, 오름세가 늘 일정했던 건 아니다. 특히 1990년대 후반 들어 상승세가 줄더니 2001년부터 2014년까지는 온난화가 멈춘 게 아닐까 싶을 정도로 둔화됐다. 그래서 이 시기를 온난화 휴지기(hiatus)라고 부른다. 그런데 이 기간은 태평양이 시원했던 때와 정확히 일치한다. 태평양 온도가 오름세로 돌아서기 무섭게 가장 더운 해(2016년)와 엘니뇨 없이 가장 더운 해(2017년)가 기록됐다.

바다는 태양으로부터 쏟아지는 열의 90% 이상을 흡수한다. 그리고

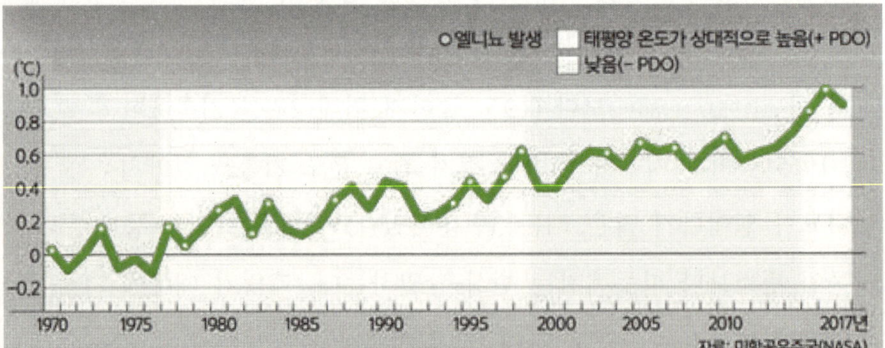

| 그림 3-8 | 지구 평균온도 추이(평년값과의 차이)

지구온난화로 인해 불필요하게 남아도는 열을 대부분 흡수하는 것 또한 바다이다. 2016년 '네이처 기후변화'에 실린 논문에 따르면 1997년 이후 18년 만에 바다의 열용량이 두 배로 늘어났다. 그런데도 우리가 지금까지 버틸 수 있는 건 바다가 느긋한 성정을 타고난 덕이다. 바닷물이 열대 지방에서 극지방으로, 표층에서 심해로 순환하려면 수십 년에서 수천 년이 걸린다. 열이 고루고루 퍼지려면 오랜 시간이 걸린다는 뜻이다. 그러나 바다의 온도 유지에도 한계가 있다. 바다에 갇힌 열은 어떤 식으로든 다시 방출될 수밖에 없는데, 바다는 쉽게 변하지 않지만 한 번 문턱을 넘으면 그 다음부터는 걷잡을 수 없다는 사실이다. 이것이 우리 인류 문명에 대한 거대한 위협의 중요한 실체이다. 기후변화에 관한 정부 간 협의체(IPCC) 5차 보고서에 따르면 1901~2010년 전 지구 평균 해수면은 매년 1.7 mm 상승했다. 특히 최근 약 20년(1993~2010년) 사이에는 매년 3.2 mm씩 상승했다. 매우 느린 속도라고 생각할 수도 있지만 누적되면 무서

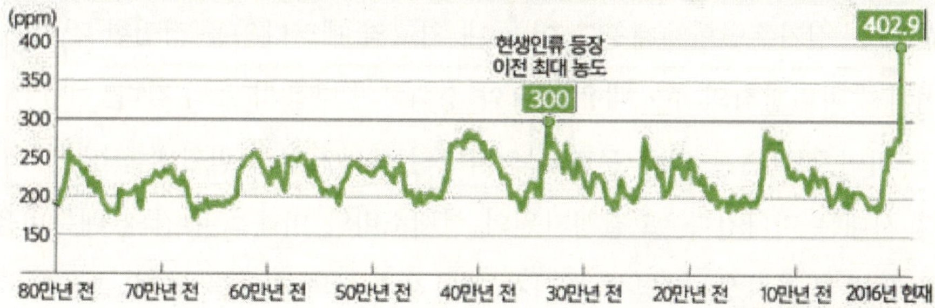

그림 3-9 대기 중 이산화 탄소 추이

운 효과를 낳는다. 지금은 영하 20℃의 혹한과 영상 40℃의 폭염을 기상이변이라고 하지만, 20년쯤 뒤에는 "그때가 좋았다"라고 말할지도 모른다. 이에 기후변화방지는 인류공동의 과제이자 절대적 선(善)의 개념으로 정착하고 있다. 따라서 지구온도 상승을 섭씨 2도 이하로 반드시 유지하기 위해 기후변화협약이 국제적 강제규범으로 시행될 것이다. 파리협정은 2020년 만료되는 교토의정서를 대체하기 위해 2015년 말 프랑스 파리에서 열린 제21차 UN 기후변화협약 당사국총회(COP21)에서 채택된 지구온난화 등 기후변화 대응을 위한 국제협약이다. 이 협약의 골자는 선진국과 개발도상국이 모두 참여하여 2100년까지 지구 평균온도의 상승폭을 산업화 이전 대비 섭씨 2도보다 적게 제한하되, 가능하면 그 상승폭을 섭씨 1.5도로 제한하기 위해 적극적인 국제공조 노력하기로 한 것이다. 특히 선진국만이 온실가스 배출 감축의무를 가진 교토협정과는 달리 세계 모든 국가들이 자발적으로 참여하고 인류의 공동해결과제인 기후변화문제 해결을 위해 자신들이 할 수 있는 최선의 기여를 하도록 합의되었다. 한마디로 기후변화 방지를 현시점에서의 인류 공동선으로 누구도 거부할 수 없는 신기후변화체재라는 이 시대 최고의 패러다임을 정립한 것이다. 여기서 파리협정의 주요내용을 요약 정리하면 다음의 표와 같다.

바야흐로 현존 인류 문명의 밑바탕인 에너지의 소비확대를 당연시하던 시대는 지나갔다. 고갈성자원의 현재소비와 미래소비 간의 배분비율을 둘러싼 공정성, 형평성 논리가 에너지 부문의 미래를 크게 결정할 것이다. 투자효율성이니 투자비회수기간, 그리고 시장균형 같은 우리에게

| 표 3-1 | 파리협정 주요내용 요약정리

장기목표	• 지구평균기온 상승을 산업화 이전 대비 섭씨 2도보다 상당히 낮은 수준 유지 • 온도상승을 섭씨 1.5도 이하로 제한하기 위한 노력 추구
온실가스 감축	• 스스로 정한 국가별 기여방안(NDC)인정 • 5년마다 상향된 목표 및 이행방안 제출 의무화 • 모든 회원국에 장기 저탄소 개발전략 수립요청
탄소시장 매커니즘	• 유엔이 인정한 시장 외 당사국 간 자발적 협력도 인정 • 다양한 형태의 국제탄소시장 매커니즘 설립 합의
기후변화 적응	• 기후변화로 인한 손실과 피해 대응의 중요성 인정
재원마련 및 기술지원	• 개도국 지원을 위한 선진국의 재원 공급 의무규정 (1,000억 달러 규모) • 기술협력 확대를 위한 선진국의 정보제공 의무규정 • 기술개발 및 이전촉진을 위한 기술 프레임워크 수립

익숙한 논리들이 지속가능한 성장과 같은 새로운 가치평가기준보다 하위 개념으로 치부될 것이다. 자연에의 도전을 바탕으로 한 인류의 문명사는 이제 근본적으로 변화되어야 한다.

어느 순간부터 투입증대를 통한 산출의 극대화라는 성장의 기본개념이 도전받고 있다. 좀 더 구체적으로는 천연자원의 활용이 비록 그 남용의 범위에 속하더라도 단기적, 미시적 관점에서 유익하다면 허용되던 시대가 지나가고 있다는 것이다. 아마 머지않아 인류의 공동선 개념이 지금까지와는 다르게 바뀔 수도 있다. 이러한 시대에 가장 큰 기존 가치체계의 변화를 겪게 될 분야가 에너지 부문이다. 에너지 부문이 기후변화요인의 80% 정도를 차지하고 있기 때문이다.

따라서 에너지 부문의 모든 가치 판단기준들이 급격히 변화해야 한다. 이제는 환경오염 등 에너지 사용의 귀찮은 부수효과를 새로운 가치 평가기준으로 수용해야 한다. 이에 에너지 부문이 직면하게 될 가장 큰 문제는 고갈성 에너지, 자원의 수급 안정 등 기존 과제와 함께 지속가능한 개발(sustainable development)이라는 새로운 과제를 동시에 대처할 수 있는 능력을 마련해야 한다는 것이다. 여기서 말하는 능력은 경제적, 기술적 능력과 함께 가치체계, 도덕적 기반, 윤리구조 등의 변화에 대응한 사회 통합 능력을 포함하고 있다.

지속가능한 개발과 기후변화 대처를 위한 국제적 노력

현재 큰 관심을 받고 있는 기후변화 문제에 대한 인류의 대처노력은 지속가능한 개발(Sustainable Development, SD)에 대한 국제적 논의에서 시작되었다. 이러한 노력은 2015년 파리협정 체결로 구속력 있는 지구차원(global)의 정책목표 달성 경로가 밝혀진 상태이다. 그러나 국제협약과 지구 차원의 노력은 항상 많은 불확실성을 가지고 있다.

이에 향후 불확실성 제거를 위해서는 장기간에 걸친 국제적 노력의 의미와 가치를 정확히 이해하고, 학습하여 미래 의사결정의 바탕을 구축해야 한다.

여기서는 에너지 부문에 적용 가능한 지속가능한 개발의 개념 정립을 위해서 유엔 기후변화기본협약(UNFCCC), 지속가능개발회의(UNCSD), 기후변화에 관한 국가간위원회(IPCC) 활동 등 최근 진행되고 있는 몇 가지 국제 동향을 파악하는 것이 필요하다.

온실가스와 기후변화, 그리고 국제적 논의의 진행과정

– 개요

세계기후회의(World Climate Conference)는 1979년 제네바에서 개최된 이래 온실효과(greenhouse effects)에 대한 과학적 연구를 주제로 다양한 국제논의가 열렸다.

온실효과는 태양 복사 에너지가 대기권에 갇혀서 나타나는 현상으로 과학자들 사이에서는 이미 1세기 이전부터 잘 알려져 있다. 또한 온실효과의 원인을 제공하는 기체들을 온실가스라고 한다.

긴 시간대에서 보면 지구 표면의 기온은 여러 자연적 요인들에 의해서 상당한 변이를 나타낸다. 자연계에는 대기권에 대량으로 열과 이산화탄소를 방출하거나 흡수하는 메커니즘들이 존재한다. 태양광의 세기는 주기적으로 변화하며, 대기 중의 수증기와 구름의 양도 증감을 되풀이한다. 또 화산활동과 공기 중 광물성 미립자(aerosol)들은 지구의 기온을 일시적으로 떨어뜨리는 역할을 한다. 메탄가스는 인위적으로도 발생할 뿐만 아니라 자연에서도 발생한다. 이런 모든 상황들이 자연적인 원인이라면 대기권 내 이산화 탄소 농도 증가는 인위적인 공급원이 가장 중요한 원인이라는 과학적 논거가 밝혀지고 있다.

이산화탄소의 대기권 농도는 산업혁명의 초창기였던 1780년에는 그 부피비로 따져서 280 ppmv(즉 백만분의 280)이었는데, 1965년에는 320 ppmv가 되었고 1999년에는 367 ppmv까지 상승했다. 메탄가스의 대기권 농도는 1780년에 700 ppbv(즉 10억분의 700)이었지만, 현재는 1,750 ppbv에 이르고 있다. 수증기를 제외한 그 밖의 온실기체들은 모두 인공적인 것으로서 그들은 주로 1930년대부터 대기권에 유입되었다. 이산화 탄소를 제외한 다른 모든 온실기체들은 단위 부피당 지구온난화에 미치는 영향이 이산화 탄소와 비교했을 때 훨씬 더 크다. 또한 그들이 대기권 속에서 머무는 시간을 고려해서 100년을 단위로 계산해 보면 메탄가스는 지구온난화에 미치는 영향이 이산화 탄소보다 21배 크고 아산화 질소(nitrous oxide)는 310배, 육불화황(sulphur hexafluoride)은 23,900배, 그리고 프레온가스의 성분인 HFCs와 PFCs는 각각 150배 및 11,700배에 이른다. 이런 지구온난화에 미치는 영향력을 지구온난화 잠재력(global warming potential)이라고 한다.

– 유엔 기후변화기본협약(UNFCCC)

1988년에 기후변화에 관한 정부간 협의체(IPCC, Intergovernmental Panel on Climate Change)가 구성되고 1991년부터 1994년 사이에 일련의 국제협상위원회(INC, International Negotiating Committee)가 활동을 하게 된 것은 지구온난화 문제에 관해서 국제적 관심이 증폭되었기 때문이다. IPCC의 활동에는 유엔 기후변화기본협약(UN Framework Convention on Climatic Change)의 초안도 포함되었다. 이 협약은 1992년 5월에 뉴욕에서 채택되어 그 다음 달에 개최된 리우 환경정상회담에서는 전 세계 154개국이 서명하였다. 이를 UNFCCC(또는 줄여서 기후협약이라고도 한다)라고 하며, 1994년 3월부터 발효되었다.

UNFCCC의 중요한 내용은 다음과 같다.

- 이 협약의 목적은 범지구적인 기후 시스템에 위험한 수준까지 인간 간섭이 가해지지 않도록 예방하기 위해서 대기권의 온실기체 농도를 안정화시키는 데에 두며,
- 기후변화의 예측에 있어서는 많은 불확실성이 존재하는데 특히 시간 예측, 강도 예측, 지역적 패턴의 예측 등에 있어서 그러하다는 점을 강조하며,
- 가능한 한 최대로 제반 예방조치들을 취하며 충분한 과학적 증거의 결여가 이러한 조치들의 시행을 지연시키는 빌미로 사용되지 않도록 노력하고,
- 모든 예방적 조치들은 가장 적은 비용을 투여해서 범지구적인 혜택 확보를 도모하고,
- 기후변화와 그것이 미치는 악영향들을 저감시키는 데에 있어서 선진국들이 앞장서야 하며 이러한 노력에는 서기 2000년까지 이산화탄소 방출의 수준을 1990년 수준까지 되돌리는 조치를 포함한다.
- 기후변화의 방지는 동등성의 원칙 하에서 세계 각국이 공동으로 추진하지만 각 나라에 따라 차별화된 책임과 역량을 분담해서 노력

하며 (따라서 선진국들이 앞장을 서는 것이 당연)

- 개발도상국들이 처한 특별한 환경과 그들이 필요한 특별한 요구에 최상의 고려가 제공되어야 한다. 특히 기후변화에 취약한 나라들과 그 영향이 크게 나타날 수 있는 나라들에 대해 그러하다. 이런 나라들에는 극빈국, 작은 도서국가들, 건조한 기후대에 속하는 나라들이나 해발고도가 낮은 나라들, 화석연료의 생산과 수출에서 발생하는 수입에 경제가 크게 의존하는 나라 등이 포함된다.
- 무역규제가 없고 지속가능한 경제성장을 유도하는 개방적 국제 경제 시스템을 지지하고,
- 협약에 가입한 모든 당사국들은 지속가능한 개발을 추구할 권리를 가지며,
- 경제적 사회적 발전과 가난의 퇴치는 개발도상국들이 추진해야 하는 무엇보다도 중요한 과업이라는 점을 인식하고,
- 환경적으로 건전한 기술과 지식의 이전, 특히 선진국들에서 개발도상국들로의 이전이 가능하도록 격려와 재정 지원에 특별한 노력이 가해져야 하며,
- 선진국들은 온실기체의 방출을 제한하고 또 그것의 흡수를 증진시키는 정책과 대안들을 채택해야 하며 이런 노력은 (협약의 당사국들인) 다른 나라들과 협력해서 추진되어야 한다.
- 1999년 연말까지 180개국 이상의 국가들이 UNFCCC를 비준하였다.

그러나 이 협약은 미국 등 주요 국가들의 탈퇴와 협약 비준국가들에게 대한 강제적 목표이행 조치가 없음에 따라 그 효과는 매우 저조한 것으로 평가되었다.

– 당사국총회

UNFCC 협약에 따라 제1차 당사국총회(Conferences of the Parties), COP–1은 1995년 3~4월 베를린에서 개최되었고, 제2차 총회는 1996년 7월 제네바에서 개최되었다. 그러나 실질적인 진전은 1997년 교토에서 열린 제3차 당사국총회(COP–3)이었다. 이때 유명한 교토의정서를 타결지었다.

이 의정서는 선진국 및 EC 38개국을 '부속서B 국가군(Annex B)'으로 분류하고, 이들 국가군에 대해 서기 2008년부터 2012년 사이에 온실기체 6가지에 대해서 그것들의 방출 수준을 1990년 수준(이산화 탄소, 메탄가스 및 아산화 질소의 경우)이나 1995년 수준(HFCs, PFCs, SF6의 경우)으로 강제적으로 감축하도록 규정하고 있다. 1999년 말까지 80개국 이상이 교토의정서에 서명했으며 16개국이 비준하였다. 교토의정서에 명시된 기타 주요 목표들은 다음과 같다.

- 지난 200년 동안 관찰된 온실기체 방출 증가추세를 역전시키기 위해서 선진국들은 향후 10년 이내에 1990년 대비 총계 50%까지 그 방출량을 감축하며,

- 에너지 효율을 향상시키고 신에너지와 재생 가능한 에너지의 개발과 이용, 탄소 흡수-고정기술의 개발 등에 대해서 보다 많은 투자를 하고,
- UNFCCC의 목적에 반해서 운영되는 온실기체 방출 관련 모든 산업 분야에 대해서 국가의 지원을 단계적으로 축소시키며 시장 기능의 적용을 꾀하고,
- 선진국들은 자신들의 과거 행동에 의해서 개발도상국들에 미칠 수 있는 사회적, 환경적, 경제적 악영향들을 최소화할 수 있도록 자금의 지원이나 기술의 이전, 보험 등을 포함하는 제반 대응책을 강구하고,
- 온실기체 감축 목표를 할당받은 선진국들은 개발도상국을 도와서 온실기체의 방출감축을 꾀할 수 있는 청정개발체제(clean development mechanism)를 활용이 가능하다. 이렇게 해서 개발도상국에서 감축된 부분은 선진개발국의 온실기체 감축분으로 간주될 수 있다.
- 부속서B 국가군들 사이에서 이루어지는 배출권 거래에는 일정한 조건이 따른다.

사실 1997년 채택된 교토의정서(2005년 발효)는 온실가스 감축과 관련한 첫 국제협약이지만 선진국에만 감축의무를 규정하고, 목표도 하향식으로 할당하여 국가 간 갈등이 컸다. 그 결과 미국은 애초부터 의정서 참여를 거부하고, 일본·캐나다·러시아·뉴질랜드 등이 잇따라 교토의정서를 탈퇴했다. 세계 최대 온실가스 배출국인 중국과 인도(3위) 등 개도국들

에는 감축의무가 부과되지 않아 실효성이 떨어진다는 비판도 제기된 채로 2020년 종료될 것으로 예상된다.

이러한 교토의정서의 한계를 보완한 것이 2015년 발효된 파리협정이다. 파리협정은 2020년 만료 예정인 교토의정서 체제를 대체하는 것을 넘어 다양한 국제적 합의와 지속가능한 인류 문명체재 구축을 위한 염원을 담은 것으로 평가된다. 유럽 등 선진국에 대해서만 감축의무를 부과한 교토의정서의 한계를 극복하는 과정에서, 선진국의 선도적 역할을 강조하는 가운데 개도국도 참여하도록 합의하였다. 2020년부터 정식 발효되는 파리협정은 기후온난화 등에 대응해야 할 의무를 세계 모든 나라에 지우고 이를 실천할 새로운 규범(신기후체제)을 담았다. 특히 주요 온실가스 배출국인 미국과 중국 등이 포함되어 실질적인 국제 체계를 형성할 수 있을 것이라는 기대가 있었다.

감축방식으로는 국가별 의무감축분을 하향식으로 할당했던 과거 방식에서 벗어나 각국이 스스로 감축목표를 결정할 수 있도록 허용하는 유연한 접근방식을 채택했다. 교토 체제의 한계를 극복하기 위해 모든 국가가 참여할 수 있는 장치를 마련한 것으로 신기후체재 출범을 공식화한 셈이다. 교토의정서가 온실가스 감축만을 중심으로 한 체제였다면, 신(新)기후체제는 국제사회의 기후변화 대응을 강화하기 위해 감축, 적응, 재정, 기술, 역량강화, 투명성 등을 보다 폭넓게 다룬다. 개도국에 대한 선진국의 재정 및 기술 지원 방안도 담아 해당 국가의 반감을 줄였다. 따라서 우리는 앞으로 신기후체재에 대한 학습과 논의에 집중해야 할 것이다.

그런데 벌써 파리협정의 효과에 대한 비관적 견해가 속출하고 있다. 각국 정부가 제시한 자발적 온실가스 감축목표를 집계한 결과로는 섭씨 2도 이하 억제가 불가능하기 때문이다. 사실 파리협정은 강제이행 수단이 없을 뿐 아니라 미국의 파리협정 탈퇴 등 이기적인 행동에 대한 규제도 없다. 더욱이 지금껏 체결된 모든 기후협약도 큰 효과가 없었다. 선진국에 강제감축 목표가 부과된 1997년 교토협약 체결 이후 20년간 세계 온실가스 배출속도는 체결 전 20년에 비해 빨라졌다. 세계 경제의 탄소배출 강도 역시 더 높아졌다. 이에 기후학자들이 미래 예측이 가능한 과학적 연구방법론을 활용하지 않았다는 합리적 의심이 가능하다. 단순선형(線型 · Linear) 예측 모델 활용이 대표적이다. 이 경우 기술혁신에 의한 2도 이하 유지가 불가능하다. S자 커브 형태인 기술혁신 과정에 혁신속도가 격감하는 변곡점이 있기 때문이다. 신재생 에너지 기술의 경우 그 공급비중 20% 수준이 변곡점으로 보인다. 이때부터 온실가스 감축량이 점차 줄어들기 때문이다. 이에 따라 감축목표 달성을 위해서는 신기술 출현으로 기존 기술과 산업이 일시에 폐기되는 빅뱅(Big-Bang) 전략 도입이 요구된다. 그러나 이를 위해서는 2차 세계대전 수준의 글로벌 동원체제가 요구된다. 당연히 빅뱅 가능성은 거의 없다. 따라서 차선의 선택으로 기후변화 위험을 일정 부분 수용하는 적응(適應) 전략 도입이 필요하다. 불확실한 기술혁신 위주에서 벗어나 사회구성원 간 신뢰를 바탕으로 기후변화 위험을 탄력적으로 수용하면서도 삶의 질을 유지하는 전략이다. 에너지 자립 소규모 지역공동체 건설, 도심 바람통로 확보, 자연 순환 에너지 확대 등이 대표적이다. 지난 20여년 사이에 온실가스 배출 증가에도 불구하고 세계 경제의 지속적인 성장은 시장경제 논리가 이끈 적응 전략의 효과인 것이다. 이에 정치논리로 무장한 온실가스 감축 노력만이 기후변화를 방지할 수 있다는 관념은 많은 수정이 필요하다. 또한 효율적인 신기후체재 도입과 활용을 위한 국제적 합의가 필요하다.

기후변화에 관한 정부간 협의체(IPCC)

기후변화에 관한 정부간 협의체(IPCC, Intergovernmental Panel on Climate Change)는 1988년 UN 총회 결의에 따라 유엔환경계획(UNEP) 및 세계기상기구(WMO)가 공동으로 설립한 기구이다. 이 기구는 기후변화에 대한 과학적 분석 및 영향 등에 대한 분석을 실시하고 1990년부터 5~7년 간격으로 기후변화 평가보고서(AR)를 발간하여 기후변화에 관한 국제적 논의과정에서 독보적인 전문성을 발휘하고 있다.

또한 이런 IPCC 활동들은 기후변화에 대한 폭넓은 이해를 구하는 데에 아주 유용한 도움이 되고 있다. 참고로 보고서 발간과 그 후속 국제협의내용을 정리하면 다음과 같다.

- 제1차 보고서(FAR, 1990): 지구가 더워진다. → UNFCCC 체결 (1992)
- 제2차 보고서(SAR, 1995): 인간 책임이다. → Kyoto Protocol 채택 (1997)
- 제3, 4차 보고서(TAR(2001), AR4(2007)): 감축해야 한다. → Bali Road

Map (2007)

- 제5차 보고서(AR5, 2014): 감축 가능하다/적응해야 한다. → Post-2020 신기후체제

특히 IPCC는 1995년에 발간된 제2차 평가보고서에서 "여러 증거들을 균형 잡힌 시각에서 평가한 결과 인류가 기후변화에 뚜렷한 영향을 미친다고 판단된다"라고 어느 정도 확고한 표현을 사용한 이래 산업혁명 이후 기후변화에 미치는 인위적인 요인을 기후변화의 주요 요인으로 지목하는 보고서를 공표하여 주목을 끌고 있다.

- 제1차 평가보고서(1990): 명료한 인간의 책임구분이 향후 10년 이내 어렵다(unequivocal detection not likely for a decade).
- 제2차 평가보고서(1995): 인간 활동으로 인한 영향이 구분가능하다(balance of evidence suggests discernible human influence).
- 제3차 평가보고서(2001): 인간 활동에 기인할 가능성이 67% 정도이다(most of the warming of the past 50years is likely (odds 2 out of 3) due to human activities).
- 제4차 평가보고서(2007): 온실가스가 온난화 원인일 가능성은 90% 정도이다(most of the warming is very likely (odds 9 out of 10) due to greenhouse gases).
- 제5차 평가보고서(2013): 20세기 중반 이래 인간의 영향이 지구온

난화를 유발하였을 가능성은 95% 정도이다(It is extremely likely (95%) that human influence has been the dominant cause of the observed warming since the mid–20th century).

특히 제5차 보고서의 내용은 매우 중요한 의미를 가지며, 이를 요약하면 다음과 같다.

- 기후변화에 대한 인류의 영향은 명확하며 점차 증가하고 있다.
- 이대로 방치한다면, 기후변화는 심화되어 그로 인한 위험은 심각해지고 돌이킬 수 없는 상태에 이를 것이다.
- 그러나 아직도 인류에게 기후변화를 억제할 수 있는 방법이 있는 것 같다.
- 따라서 기후변화로 인한 피해를 줄이기 위해 빠른 결단과 행동이 필요하다.

신(新)기후변화시대라는 새로운 세계 질서

당분간 국제 에너지–자원여건은 유가의 불안정성과 지구온난화 방지를 위한 파리협정 체결이라는 두 가지 대형요인에 의해 결정될 것이다. 너무 중대한 이 두 요인들이 한꺼번에 출현한 결과 에너지는 경제의 투입요소로서의 역할을 벗어나 경제–사회 패러다임의 변화를 초래할 것으로 보인다. 어쩌면 인류 문명에 있어 중대한 변화를 이끌어낼 수도 있을 것이다.

기후변화 대처에 대한 인류 공동대처체재 도입을 계기로 물질이라는 경제생산의 투입요소보다 인간의 상상력, 화폐단위로 표시되는 자본보다는 사회 구성원 간의 신뢰가 더 중요한 미래 패러다임이 도래할 것이라는 의견이 많다. 가변적인 요소가 너무 많아서 단기간 내 본격도입은 불투명할 것 같았던 새로운 패러다임은 놀랍게도 파리협정의 추진과정은 각국이 인류 문명의 지속가능성을 보장한다는 식의 대의명분에 합의함으로서 큰 진전을 이루었다.

그러나 파리협정이 실제 발효되는 과정에서 패러다임 변화에 대응하는 국가 간 이해충돌이 불가피할 것이라는 예상은 현실화되고 있다. 미국 트럼프 정부가 파리협정 탈퇴를 선언한 것이 대표적인 사례이다. 이 결과로 교토의정서의 실패 원인으로 지목되고 있는 국가이기주의의 위험성을 배제할 수 없다. 이러한 가변적인 글로벌 패러다임 변화가 단기적으로나마 글로벌 경제위기와 가세하는 경우 미래성장기반을 급격히, 그리고 되돌릴 수 없을 정도로 약화시킬 우려가 있다. 특히 새로운 기후변화시대 도래에 대비하기 위해 가장 필요한 청정 에너지, 신재생 에너지 기술개발이 저유가 추세지속에 따라 한계에 직면할 가능성이 크다. 이런 경우에 우리나라와 같은 선진국 진입단계 국가에게는 더 높은 불확실성으로 작용할 수 있다. 특히 선진국들과 4차 산업혁명 등 새로운 패러다임 형성을 위한 경쟁에 돌입해야 하는데, 불행히도 그 경쟁에서 우리가 우위에 설 수 있을지 여전히 불명확한 상태이다. 이에 지금 우리나라는 긴 호흡 아래 장기적이고 냉철한 전략구성이 필요한 시점이다.

장기 전략 구성을 위해서는 우선 과거를 냉철하게 분석해야 한다. 이를 위해 인류 문명의 발전단계를 요약하면 다음과 같다.

증기기관 등 동력 기계가 인간의 근육과 동물의 힘을 대신했던 제1차 산업혁명, 전기 에너지를 사용하여 동력을 얻고, 균일하고 반복적인 생산체제를 구축하여 대량생산을 가능하게 했던 제2차 산업혁명 시대가 있었다. 이후 컴퓨터의 발달로 자동생산이 가능해졌고, 대량의 데이터를 신속하게 처리하여 예측, 진단이 보편화되고, 보다 나은 프로세스를 구현하는 이른바 정보혁명이라고도 하는 제3차 산업혁명이 이어졌다. 최근에는 거의 모든 제조기술과 정보통신기술(ICT)을 융합하여 작업 경쟁력을 높일 뿐 아니라 나노기술, 인공두뇌연구, 3D 프린팅, 모바일 네트워크, 초고속 컴퓨팅 등이 상호작용을 일으켜 이전엔 상상할 수 없었던 경제사회체계를 탄생시키는 제4차 산업혁명이 본격화되고 있다.

앞으로 다가 올 제4차 산업혁명 사회는 거의 모든 사물이 지능을 가지고 서로 소통하는 사물지능사회가 될 가능성이 크다. 이런 대격변이 우리나라와 같은 선진국 진입 사회에게도 좋을 것인지는 아직 알 수 없다. 따라서 장기 전략 구성을 위해서는 지금까지와 차원이 다른 현실적 제약들을 어떻게 극복할 수 있을지에 대한 고민이 필요하다.

유가 불안정성과 파리협정 실행가능성

유가 100달러 이상 고유가시대가 장기간 지속되지 않을 것이라는 점만은 분명한 것 같다. 우선 석유가격은 석유수출국기구의 유연한 전략적 선택과 세계 장기석유수요의 정체 내지 감소(특히 중국 등 신흥 산업국), 그리고 셰일석유·가스의 공급지속 등으로 가격상승 동력이 약화되고 있다. 지난 일정 기간 국제유가 상승이 너무 급격하여 심각한 시장조정을 걱정하는 의견도 많다. 여기에다 석탄, 천연가스, 철광석 등 주요 에너지 및 천연자원가격도 원유가격 변화추이를 따르고 있다. 그러나 IMF(국제통화기금)는 관련 보고서에서 향후 석유 및 자원가격 전망을 "상당히 오랫동안 저가격 유지(Low for Long)"라고 요약하고 있다. 또한 탈(脫)석유시대, 화석 에너지 제로사회가 오기 전까지, 적어도 금세기말까지는, 석유 등 화석 에너지가 주종 에너지원으로 남아 있을 것으로 예측된다. 그러나 유가와 주요 자원가격의 단-중기적 급변 가능성을 완전히 배제할 수는 없다. 이에 경제생산의 주요 투입요소인 석유와 에너지 자원의 시장변화가 경제사회에 미치는 영향을 최소화할 수단을 찾아야 할 것이다. 원론적인 관점에서는 기술혁신을 통한 투입-산출구조 개편이 대안이지만 에너지 부문에 국한한다면 에너지 구조의 전환(Transition)이 그 해답일 것이다. 자원(에너지)절약형기술, 대체에너지기술, 소비효율제고기술, 그리고 우리 국토 전체 인프라를 자원절약형으로 개편하는 거대 지오(Geo) 기술 등이 에너지 전환의 실행 수단으로 활용될 것이다.

여기에다 "파리협정" 이행의 두 가지 기술적 방안인 배출량 자체를 줄이는 감축(Reduction)과 경제-사회-기술활용 행동양태 변화를 통해 온난화에 대응하는 적응(Adaptation) 전략 중 어느 것을 선택해야 하는지에 대

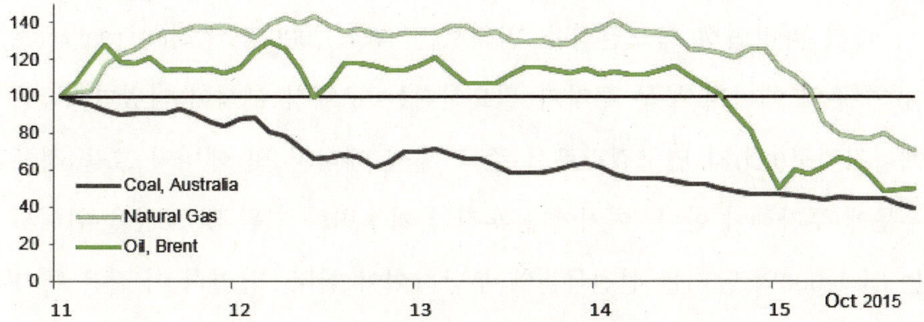

▮ 그림 3-10 ▮ 국제유가 및 주요자원 실질가격 변화추이(2011년 1월 = 100)

한 평가가 요구된다. 학계에서는 아직 감축전략 위주의 대응을 요구하지만 사회적 합의를 통한 적응 전략이 중단기적으로는 월등하며 궁극적 절감기술개발의 시간적 여유를 벌어주는 길이라는 의견도 있다. 그러나 여기에도 다양한 적응 과정에서의 불편비용축소 방안을 제시하고 평가되어야 한다.

기후변화협정 추진에서 가장 중요한 현실적 제약은 자금조달이다.

우선 글로벌 협력체재 유지를 위해서는 1) 개발도상국 지원을 위한 선진국의 재원 공급 의무규정(1,000억 달러 규모)을 충족해야 하고 2) 기술협력 확대를 위한 선진국의 정보제공 의무규정이 충실히 이행되어야 하며 3) 기술개발 및 이전 촉진을 위한 기술 프레임워크가 수립되어야 한다. 여기에다 도서국, 일부 개발도상국들을 포함한 기후변화로 인한 손실과 피해 보상 책임이 선진국을 비롯한 모든 국가들에 있다. 아직은 1,000억 달러 각출에 대한 명확한 합의과정도 없다. 더욱이 연 1,000억 달러 지원을 요구하는 개도국 요구를 충족시킬 국제적 합의도 분명하지 않다.

특히 파리협정 목표달성을 위해서는 16조5,000억 달러(약 1경9,490조 원) 수준의 에너지 부문 투자가 필요하다는 구체적 분석이 나왔다. 국제에너지기구(IEA)의 연구결과로서 주로 재생 에너지 및 에너지 효율 정책 부문에 투자해야 한다. 여기에다 후진국 기후변화 지원 및 보상을 위해서는 연 1,000억 달러를 선진국들이 부담하여야 한다. 당연히 이 같은 투자 재원 조달 가능성에 대한 회의론이 대두된다. 화석연료 제로시대를 주장하는 이들도 있지만 그 가능성 또한 당분간 제로일 것이다. 이러한 장애를 극복할 가장 현실적인 대안은 신재생 에너지, 에너지효율 증대, 이산화 탄소 흡수저장 등 온실가스 감축기술개발과 탄소세 도입 등 경제적 유인책 두 가지로 요약된다. 당연히 기술개발이 온실가스 감축의 주요 수단이지만 지금 현재로서는 기술체계 간 경쟁력이나 실현가능성이 불확실한 면이 많다. 그래서 비교적 간결하고 단기간 내 실현가능한 탄소세 도입은 당연히 석유와 가스의 소비자가격을 올릴 것이다. 이럴 경우 세계 유효 석탄매장량의 80%, 가스매장량의 절반, 석유의 가채매장량 1/3이 활용되지 못하고 땅 속에서 버려질 것이다. 석기시대가 끝난 것은 돌이 부족하여 그런 것이 아니라는 속설이 현실화되는 것이다.

이런 의미에서 지금 우리가 기후협정에 관련하여 가장 주목할 사항은 미국의 파리협정 탈퇴와 지금까지 소극적이었던 중국의 적극적인 참여이다. 교토의정서에 대해서는 개발도상국 일원으로 온실가스 감축의무가 없었던 중국은 항상 선진국들의 우선책임론을 강조하고 자국은 당분간 감축의무를 질 수 없다고 하였다. 그러나 이제 석탄사용 제한, 천연가스 등 청정연료 도입확대. 태양광, 풍력 등 신재생 에너지 비중 20% 확대와 같은 획기적인 조치들을 실행하고 있다. 한 마디로 중국은 저탄소 경제체재 도입을 통해 새로운 발전과 성장의 계기를 마련하겠다는 중대 선언을 한 셈이다. 미국 트럼프 정부는 파리협정을 탈퇴하여 미국 우선주의라는 고립정책을 추구하고 있다. 그러나 탈퇴의 공과에 대한 논란이 점차 커지고 있으며, 복귀 가능성도 제기되고 있다. 물론 미국의 파리협정 복귀는 현재로선 불투명하다. 그러나 제4차 산업혁명 등 인류문화의 중대한 변화가 일어나고 있는 지금 세계질서 주도국으로서 기후변화와 같은 인류공통의 과제 해결에 앞장서지 않을 수 없을 것이다. 결국 미국과 중국이 세계질서 선도경쟁 과정에서 기후변화문제 해결 주도권을 다투게 될 것이다. 그러나 냉정하게 현 상황을 평가한다면 기후협정이 인류의 미래를 결정할 수 있는 여건에는 도달하지 못하고 있다. 예컨대 일부 환경론자들은 파리협정을 계기로 화석연료 제로시대가 온다고 하지만 그럴 것 같지는 않다. 이럴 경우 인류의 지속적인 복지창출과 현존 문명지속을 결정적으로 방해하는 결과를 낳을 수가 있다. 따라서 지금으로서는 화석연료 제로시대가 당장은 오지 않겠지만 인류 문명의 지속가능성을 증대시키기 위해서 화석연료 비중축소 전략을 사용할 수는 있다. 이에 우리는 이러한 여건 변화에 필요한 기술혁신과 가치창출 문화를 지금부터 준비해야 한다.

기후변화협정과 에너지원(源) 간 경쟁력

그렇다면 기후변화협정이 화석연료 시장에 미치는 파급효과는 구체적으로 어떠할 것인가? 이전에는 당분간 큰 영향이 없을 것이라는 의견이 지배적이었지만, 지금은 중-장기 차원에서 석유, 석탄 등 화석연료시대의 종말에 점차 대비해야 한다는 의견이 대두되고 있다. 이는 청정에너지의 상징인 신재생 에너지의 기술혁신이 활발하기 때문이다. 따라서 인류의 미래를 조망하기 위해서는 신-재생 에너지 시장의 경쟁력에 대한 엄격한 평가가 필요하다.

신-재생 에너지는 전반적으로 기술혁신을 통해 기존 화석연료 대비 경쟁력을 지속적으로 향상시키고 있다. 국제신재생에너지기구(IRENA)는 불과 몇 년 전까지만 해도 재생 에너지 가운데 경쟁력이 있는 에너지원으로 수력, 지열, 바이오매스 발전 정도만을 언급하였지만 최근엔 태양광과 육상풍력이 가격경쟁력을 갖췄다고 평가하고 있다. 태양광 모듈 가격은 2009년 이후 75% 가량 떨어졌으며 2013년 이후에도 규모의 경제실현과 대규모 상용화로 20% 이상 더 떨어진 것으로 분석됐다. 독일의 경우 지붕형 태양광 시설 가격이 1990년 이래 10분의 1 수준으로 낮아졌다. 블룸버그 분석에 의하면 미국 원전의 발전단가는 풍력, 태양광, 소수력보다 3배 비싸다. 유럽, 중동, 아프리카에선 화력 발전의 단가가 일부 육상풍력보다 15% 비싸고 가스발전보다도 30% 비싸다.

일본 경제산업성도 화석발전과 원자력 발전의 단가가 비슷한 수준이며 신재생 에너지의 발전단가가 지속적으로 떨어지고 있다고 보고하고 있다. 일본 총리실이 주관한 비용검증위원회의 2011년 말 기준 발전비용 비교에 의하면 원전 발전비용은 kWh당 8.9엔 이상으로 집계되었다. 후쿠시마 원전 사태 등으로 사고 리스크 등 각종 사회적 비용이 높아졌기 때문이다. 석탄 화력발전과 천연가스(LNG) 발전비용은 kWh당 10엔으로 상승추세다. 석탄 화력의 경우 공해처리 비용을 감안하면 경쟁력이 원자력과 동등하다고 덧붙였다. 일본의 2030년 기준 발전원별 경쟁력은 기존방식의 정체와 악화, 그리고 신재생발전 경쟁력 강화로 요약된다. 반면 우리나라의 경우 태양광 등 신재생기술의 고속 진전과 원전 안전–사고 비용 등을 감안한 경쟁력 평가가 아직 미흡하며, 여전히 원전 경쟁력이 강조되고 있다. 그러나 이러한 추세는 조만간 변화될 가능성이 크다.

위에서 언급한 사항들을 종합하면, 태양전지와 풍력의 경우 지역이나 규모에 따라 상이하지만 전력생산원가면에서 기존 전력평균 수준에 접근하는 패리티(Parity) 가격에 도달하고 있다. IRENA 등이 발표한 많은 자료에 의하면 신재생 에너지가 화력발전은 물론 원자력에 버금가는 경쟁력을 갖춰 가고 있는 것으로 분석된다. 이는 신재생 에너지가 규모의 경제를 이루고 화력과 원자력 발전 비용에 이산화탄소 저감 기술 적용이나 폐로 비용 절감 등이 추가되었기 때문이다.

IRENA는 최근 보고서에서 "기술 비용이 낮아진 데 힘입어 재생 에너지의 생산능력 확대가 가능해졌다"며 "2030년까지 세계전력생산 중 재생에너지 발전 비중은 40%에 달할 것"이라고 밝혔다.

사실 재생 에너지 사업부문의 최대 과제는 오랫동안 난방 및 냉방 그리고 운송 부문에서 석유와의 경쟁력 확보이다. 따라서 석유가격 하락으로 인해 바이오연료 등 일부 대체 에너지가 경제적 이점을 일부 잃어버렸으나 재생 에너지로 움직이는 전기 자동차 시장 등이 새로 전개되고 있다. 이러한 신재생 에너지 경쟁력 강화는 한 마디로 혁신(innovation)의 힘이다. 기술혁신뿐 아니라 시장혁신, 산업혁신 등 기존 에너지 시장/산업에는 없는 다양한 혁신이 있어 왔기 때문이다. 왜 이와 같이 신재생 에너지 부문에서의 혁신이 활발하게 전개되어 온 까닭은 무엇일까?

고갈성 에너지에서는 생산과정에서의 초과이윤(rent)이 필수적으로 유발되지만 신재생 에너지 생산에서는 그렇지 않기 때문이다. 석유, 석탄, 천연가스 등 고갈성 에너지 산업에서는 생산과정에서 불로소득 형태로 초과이윤이 자원고갈에 대한 기회비용 차원의 보상형태로 자연 발생한다. 이에 따라 경쟁보다는 독과점 행태가 일반화되고 신규 진입이 제한되며, 심지어 공공 독점상태까지 허용되어 왔다. 힘들고 자본/기술이 많이 소요되는 혁신과정을 거칠 이유가 없다. 이는 엑슨, 셸 등 다국적 에너지 기업들과 중국 등 거대 에너지공기업들이 기업규모나 이윤 수준에서 세계 최고를 유지하는 이유이기도 하다.

이에 반해 신재생 에너지는 기존 에너지 시장에 진입하기 위해서 가격 경쟁력이 중요하기 때문에 혁신이 곧 생존과 직결된다. 공공재 성격이 강한 에너지 시장에 진입하여 일정한 시장을 확보하고 규모의 경제를 이루기 위해서는 끊임없는 가격하락 등 소비자 만족도 제고가 필요하다. 이를 위한 다양한 혁신은 신재생 에너지 산업의 생존 조건이기도 하다.

이러한 시장 변화에 따라 저유가로 인해 전 세계적으로 에너지 업계 일자리가 감소세를 보인 지난 몇년간에도 재생 에너지 관련 일자리만은 꾸준히 늘어나고 있다. 태양열, 풍력 등 청정 에너지 관련 일자리는 2017년 전 세계적으로 810만 개를 기록하여 전년대비 5.2% 증가했다. 석유업계 투자축소와 감원이 이어지고 있는 것과 대조적이다.

글로벌 석유회사들이 포스트 오일 시대를 대비하여, 화석연료 사업에서 탈피, 비석유 사업으로 발걸음을 옮기고 있다. 저유가로 실적부진에 시달리는 데다 청정 에너지가 석유를 대체하는 속도가 빨라지기 때문이다. 영국 왕립국제문제연구소는 "석유 회사들이 10년 안에 종말을 맞게 될 현재 사업구조에 대대적인 변화를 가져와야 한다"라는 분석을 내놓았다. 세계 각국 정부들이 기후변화와 유가하락에 대응하기 시작했지만, 석유회사들은 이미 전통적인 사업모델이 급격히 쇠퇴하는 암울한 현실에 직면하고 있다. 이러한 가운데 석유산업에 이어 천연가스산업도 신재생에너지와의 경쟁과정에서 조만간 암울한 현실이 나타날 것이라는 다소 극단적인 의견도 나오기 시작하고 있다.

4장

세계 에너지 여건과 정책

1

세계 에너지 여건

세계 에너지 수급 여건

최근 세계 에너지 시장에서 중요한 3가지 변화 추세를 알아보자. 우선 청정 에너지 기술의 생산원가가 급격히 하락하였다. 그 중 태양광 발전 설비용량의 증가폭이 모든 발전설비 중에서 가장 컸는데, 이로 인해 태양광 발전 설비 투자비용은 2010년에 비해 70% 하락하였다. 같은 기간에 풍력 발전 설비 투자비용은 25%, 배터리의 경우는 40% 하락하였다.

또 다른 변화 추세로는 전력 위주 에너지소비 추세(electrification)를 들 수 있는데, 2016년의 경우 전력소비 지출금액이 사상 처음으로 석유제품 소비지출과 비등한 수준에 달하였다. 향후에는 전력소비지출이 가장 큰 에너지비용이 될 것으로 보인다.

마지막으로 미국 셰일가스와 타이트오일(Tight Oil)의 영향력 강화이다. 저유가에도 불구하고 미국은 셰일가스와 타이트오일 생산의 확대로 2016년 세계 1위 석유-가스 생산국으로 등장하였다.

이러한 변화 추세는 지금까지의 세계 에너지 수급여건과 미래 전망을 크게 변화시키고 있다. 국제에너지기구(IEA) 세계에너지전망(2016)에 의하면 다음의 4가지 요인이 2040년까지의 세계 에너지 수급여건을 형성하는 데에 직접적인 역할을 할 것으로 보인다.

- 미국은 향후 논란이 여지가 없는 세계 1위 석유-가스 생산국의 위치를 지속할 것이다.
- 태양광 발전은 세계 많은 국가들에서 가장 값싼 전기생산설비로 등장할 것이다.
- 중국의 '푸른 하늘 복구 정책'은 세계 에너지 여건에 많은 영향을 줄 것이다.
- 전력위주 에너지 체계는 냉방수요, 전기자동차 등 디지털화의 확대로 더욱 강화될 것이다.

그러나 미래의 에너지 수급여건 형성 과정에서 지속가능한 성장, 지구환경보호 등을 중시하는 가운데 지금까지 중요하게 여겨 온 에너지 안보의 약화 가능성이 크다. 따라서 변화추세의 정확한 반영과 적절한 예측을 기반으로 한 국가의 에너지 정책수립이 매우 중요한 과제가 될 것이다.

세계 1차 에너지 소비 동향(2017년)[1]

에너지원별 2017년 소비 동향 중 가장 특징적인 것은 석탄 수요의 회복과 신재생 에너지의 지속적 비중증가이다.

2017년 세계 화석연료소비는 큰 변화 없이 상승 추세가 지속되었다. 지난 10년간 세계 석유와 천연가스 소비는 각각 11%, 24% 증가하였다. 석탄의 경우 2016년 약 1% 증가하였으나 2013년 이래 하락 추세는 일부 개발도상국에서 고속경제성장에 따라 일시 반전한 것으로 해석된다. 전체 에너지 소비에서 차지하는 화석 에너지의 비율이 2017년 85%로서 전년(85.3%) 대비 소폭 하락하였다. 그러나 이 점유율은 사상 최저수준이다.

태양 에너지, 풍력 에너지 등 신재생 에너지(수력 제외)의 소비는 2017년 한 해 동안 69백만 석유환산톤만큼 증가하였다. 이는 전년 대비 17% 증가한 것이며 지난 10년간 355% 증가를 기록하였다. 이에 신재생 에너지는 모든 에너지 중 가장 수요성장이 빠르며 향후 세계 에너지 소비증가의 40% 정도를 담당할 것이다.

이에 따라 저탄소 에너지원들은 2017년 세계 에너지 소비증가의 1/3

[1] IEA, World Energy Outlook, 2017

을 담당하였다. 그 나머지(소비 증가의 2/3)는 화석 에너지들이 담당하였다. 특히 천연가스의 소비증가폭이 가장 컸다.

2017년 석탄소비 증가는 온실가스 감축을 위한 최근 글로벌 추세에 비추어 이례적인 것으로 3년 만에 상승 반전하였다. 이는 인도 등 선진 개발도상국에서 석탄 발전의 증가로 인한 것이다. 그러나 이런 추세는 지구온난화 방지를 위한 파리협정 등 다국적 규제와 글로벌 지속성장 추구 등을 미루어 보았을 때 오래 지속되지 않을 것으로 보인다. 실제로 석탄은 세계 화석연료 소비가 유발하는 이산화탄소 배출의 절반을 담당하고 있다. 따라서 석탄소비 비중의 지속적 감소가 당연한 것으로 간주되어 온 현재 여건에서 2017년은 일시적인 이변이 일어난 해로 기록될 것이다.

이러한 화석연료 소비증가세 유지는 글로벌 경제호황과 낮은 유가 등 에너지 가격에 기인한 것이다. 2017년 평균 유가는 2012년 이래 처음 상승하여 $54/배럴 수준에 도달하였다. 이는 2016년 $44/배럴보다는 높지만 실질가격기준으로는 아직도 낮은 수준이다.

향후 화석연료 소비구조의 큰 특징은 석탄의 비중 축소가 될 것이다. 이는 세계 석탄소비의 절반가량을 담당하는 중국이 지구온난화 방지에 기여하는 국가전략에 의해 석탄소비를 줄일 것으로 보이기 때문이다. 그러나 실질적인 효과가 발생하기 까지는 어느 정도 시간이 소요될 것이다. 이에 반해 인도를 필두로 한 개발도상국들의 석탄소비 증가는 중국과 여타 선진국들의 석탄소비 감축 노력을 상쇄할 것으로 우려된다.

다음은 에너지원별로 세계 에너지 소비 동향(2017년 기준)을 정리한 것이다.

- 석유: 세계 석유 소비는 전년 대비 1.8%(1.7백만 배럴/일)을 기록하여 지난 10년간의 소비증가(년 1.2%) 추세보다 높은 것이었다. 석유생산은 전년 대비 0.6백만 배럴/일 증가하였다. 미국(690,000 배럴/일)과 리비아(440,000배럴/일)는 석유생산 증가에 주요한 역할을 한 반면 사우디아라비아(-450,000배럴/일)와 베네수엘라(-280,000배럴/일)가 가장 큰 생산 감소를 보였다.
- 천연가스: 2017년 세계 천연가스 소비는 전년 대비 3%(960억 입방미터) 증가하여 2010년 이래 최고 실적을 보였다. 중국이 전체 소비증가의 1/3을 차지하였고 유럽도 비슷한 증가를 보였다. 그러나 미국 천연가스 소비는 약 1% 줄었다. 세계 가스 생산은 전년 대비 약 4%(1,310억 입방미터) 증가하여 지난 10년간 증산실적의 2배에 달하였다. 러시아와 이란이 생산증가를 주도하였다. 천연가스 수출은 2017년 약 6.2%(63억 입방미터)에 달하였으며, 액화천연가스(LNG) 형태의 수출이 파이프라인 수출을 추월하였다. 특히 호주와 미국의 LNG 수출 증가세가 러시아의 파이프라인 수출의 2배에 달하는 점은 주목할 만하다.
- 석탄: 2017년 세계 석탄 소비는 1% 증가하여 지난 4년간 감소하다가 반전하는 추세를 보여 특별한 주목을 받았다. 그러나 세계 1차 에너지 소비 중 석탄 비중은 27.6%로서 2004년 이래 감소 추세이다.

세계 석탄생산은 2017년 3.2% 증가하였으나 이러한 증산 추세가 시장불안을 야기할 수 있다는 의견이 커지고 있다.

- 신재생 에너지: 신재생 전력생산은 2017년 17% 증가하였다. 이는 지난 10년 증가추세를 추월하는 것이다. 신재생 전력 증가의 절반 정도는 풍력에 의한 것이며, 태양광 전력도 1/3 정도를 차지하고 있다. 특히 중국에서 신재생 전력 증산(250만 석유환산톤)은 중국 자체 최고기록일 뿐 아니라 세계 전체 1차 에너지 공급증가에서도 천연가스에 뒤이은 2위를 기록하고 있다.
- 원자력: 2017년 세계 원자력 발전의 발전량은 1.1% 증가하였다. 중국과 일본은 전년 대비 증가하였으나 프랑스와 한국, 타이완에서는 감소하였다.

2017년 세계 발전량은 2.8% 증가하여, 지난 10년 평균 추세와 근접하였다. 그러나 주요 발전량 증가는 개발도상국에서 94%가 이루어졌으며, 선진 OECD 국가에서는 2010년 이래 거의 동일 수준을 유지하고 있다. 신재생 전력이 발전 증가의 절반(49%)을 담당하고 있으며, 석탄발전도 비슷한 증산(44%)을 실현하였다. 가장 특기할 만한 사항은 세계발전구조에서 신재생 전력이 차지하는 비중이 2017년 한 해만에 7.4%에서 8.4%로 급증하였다는 점이다.

세계 에너지 부문 온실가스 배출 현황

석유, 석탄, 천연가스 등 화석연료 사용 증가로 인하여 이산화 탄소(CO_2)의 배출량은 약 1.6%(426백만Mt) 증가하였다. 또한 다른 자료(Global Carbon Project)에 의하면 2017년에 이산화 탄소 배출량은 약 2% 정도 증가한 것으로 추산하기도 한다.

이러한 2017년 이산화 탄소 배출증가는 2013년 이후 지속된 배출감소 추세가 일시적으로나마 종식된 것이다. 이에 배출감소 추세로의 반전을 위한 글로벌 노력과 정책공조가 요구되고 있다. 그림 4-1에서는 국제에너지 기구가 설정한 지속가능한 성장 시나리오에서는 지속적으로 에너지 탄소함유비중 감소가 실현되고, 이산화 탄소 배출 저감이 가능하다는 것을 나타내고 있다. 이러한 가능성이 실현될 수 있을까?

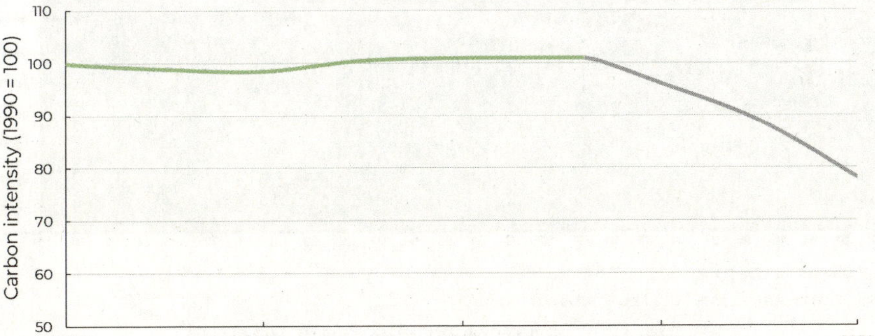

자료: 세계에너지기구, 세계에너지전망 2017

그림 4-1 세계 에너지함유 탄소비중 변화전망

선진국의 CO_2 배출 감소량은 중국 등의 증가로 상쇄되어 2040년까지 연 0.4% 증가할 것으로 예상된다. 미국, EU, 일본 등 선진국은 1인당 CO_2 배출량의 감소 추세가 뚜렷하나, 중국은 소폭 감소, 인도, 중동, 러시아는 증가 추세가 지속될 것으로 예측된다.

세계 에너지 수급 여건 2(2017)[2]

2017년 세계 에너지 수요는 전년 대비 2.2% 증가한 것으로 추정된다.

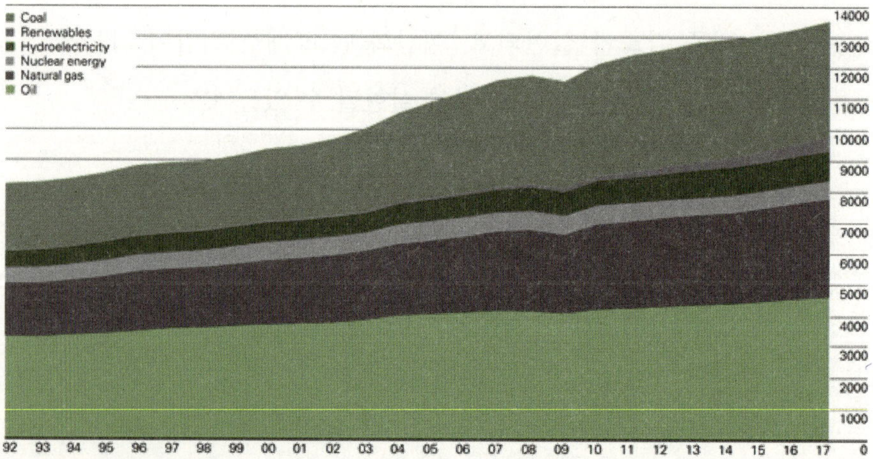

자료: BP, 에너지통계 2018
출처 : World Energy Outlook 2017 New Policies scenario (IEA)

| 그림 4-2 | 세계 1차 에너지 소비실적(백만 석유환산톤)

[2] BP, Statistical Review of World Energy 2018 발표자료

이는 2013년 이래 가장 큰 수요증가세를 보인 것이다. 이러한 수요증가의 4/5는 개발도상국에서 일어났다. 그리고 세계 에너지 소비증가의 절반은 중국과 인도에서 일어났다.

세계 에너지 장기수급전망

국제에너지기구(International Energy Agency, IEA) 전망[3]

2040년 세계 에너지 수요는 매년 1% 수준 증가하여 2016년 대비 30% 증가한 17,584억 석유환산톤에 이를 것이다. 이러한 에너지 수요 증가는 지금부터 2040년까지 세계경제가 연평균 3.4% 성장하고, 현재 74억 명의 인구가 90억 명으로 증가하는 데 따른 것이다.

지역별로는 경제성장과 생활수준이 지속적으로 향상되고 있는 중국, 인도 및 중동 국가들이 향후 세계 에너지 수요 증가분의 80%를 차지할 것으로 보인다. 특히 인도는 지금부터 세계 에너지 수요 증가의 30%를 차지할 것이다. 이들 지역에서 에너지 수요 증가의 가장 큰 원인은 도시화에 따른 전기사용량 증가현상이다. 2040년까지 약 20억 명이 추가로 도시 지역에 살게 될 것이다. 이에 따라 이들의 사용 에너지가 바이오매스나 석유에서 전기·가스로 전환될 것으로 예상된다.

---

3 IEA, World Energy Outlook, 2017 및 BP, Statistical Review of World Energy에서 주로 인용.

표 4-1 세계 에너지 장기수급전망

구 분	에너지수요(백만toe)						비중(%)		증가율(%)
	2010	2015	2020	2025	2030	2040	2010	2035	2016 ~2040
1차에너지 소비	12,730	13,633	14,922	15,675	16,417	17,584	100	100	1.0
석탄	3,474	3,945	4,082	4,131	4,180	3,928	27	25	0.2
석유	4,113	4,352	4,457	4,521	4,578	4,830	32	27	0.4
LNG	2,740	2,993	3,266	3,536	3,820	4,356	22	24	1.6
원자력	719	751	898	1,003	1,073	1,002	6	7	1.6
수력	295	340	388	423	458	533	2	3	1.8
바이오매스/폐기물	1,277	1,408	1,532	1,642	1,755	1,801	10	11	3.5
그 외 신 · 재생 에너지	112	200	299	418	554	896	1	4	7.2
최종에너지소비	8,678	9,565	10,223	10,742	11,241	12,461	100	100	1.1
석탄	853	970	982	984	983	1,092	10	8	0.3
석유	3,557	3,813	3,984	4,108	4,219	4,481	41	37	0.6
LNG	1,329	1,464	1,612	1,740	1,864	2,268	15	17	2.0
전력	1,537	1,802	2,047	2,255	2,463	2,895	18	23	2.1
열	278	293	303	305	305	303	3	3	0.4
바이오매스/폐기물	1,103	1,188	1,250	1,294	1,335	1,260	13	12	0.7
그 외 신 · 재생에너지	22	33	45	57	72	162	0	1	5.8

자료: 국제에너지기구, 세계에너지전망(WEO) 2017

여기서 2040년까지의 세계 에너지 수급구조 변화의 특징을 요약하면 다음과 같다.

1) 가장 큰 특징은 발전부문을 중심으로 한 신재생 에너지 확대가 대폭 확대된다는 것이다. 특히 기후변화 대처를 위한 파리협정 체결과 속칭 글로벌 신기후체재 정립으로 지속가능한 성장의 중요성이 강조됨에 따라 신재생부문 투자가 2030년까지 갈수록 주종을 이룰 것이다. 이에 따라 2040년까지의 전력수요 증가의 2/3 정도를 신

재생으로 충족하고, 신재생 발전설비 비중이 전체의 40% 수준으로 증가될 것이다.

2) 전기 에너지 주도 시대가 가시화될 것이다. 21세기 개막 이후 정보화사회 확산과 제4차 산업혁명의 진전에 따른 전기 수요 증가와 함께 세계 차원의 전기보급률이 지속 향상되고 있다. 이에 따라 최종소비에서 전기의 비중이 빠르게 증가하여 2040년 전기의 비중이 현재 20%에서 23~27%로 증가할 것이다. 그리고 향후 전력화는 인도와 아시아 국가가 주도적인 역할을 할 것이다. 이 과정에서 향후 신규 전기 보급의 70%는 분산형 독립계통이 점유할 것이다. 이에 따라 세계 차원에서 전기 미보급 인구는 2000년 17억 명에서 2030년에는 6.8억 명으로 줄어들 것이다.

3) 화석연료 중에는 천연가스가 2040년까지 그 수요가 45%나 증가하여 세계 에너지수급에서 그 역할이 중기적으로는 크게 증가할 것이다. 미국의 셰일 혁명은 가스 가격, 거래 방식, 인프라 투자에 큰 변화를 초래할 것이다. 전 세계 가스 가격 하락을 주도하고, 장기계약 중심의 거래 탈피로 경직성 완화의 계기를 제공할 것이다. 그러나 이러한 낙관적 천연가스 시장은 신재생 전력의 성장과 경쟁관계로 발전되는 점을 고려하면 장기적 관점에서는 불확실성이 증대할 것이다.

4) 석유는 2040년까지 연 0.5% 정도 수요증가는 있을 것이나 점차 그 수요증가율이 떨어질 것으로 예상된다. 최근 미국의 석유 · 가스

생산 증가 속도는 역사상 최고수준을 기록하고 있다. 이에 미국이 세계 최대 석유-가스 생산국과 에너지 수출국으로 등장함에 따라 중동 산유국(OPEC)과 러시아의 역할에 변화가 예상되며, 세계 에너지 패권구조의 변화도 예상된다.

5) 석탄은 기후변화대처를 위한 글로벌 노력에 따라 그 중요성이 크게 약화될 전망이다. 특히 발전부문에서 신재생 경쟁력에 밀려 건설 중인 발전설비(400 GW 수준) 이외 추가투자 미진하여 전체 발전설비의 1/4 이하로 감소하여 주력발전으로서 위치가 약화될 것이다. 따라서 석탄수요는 CCS(탄소 포획 및 저장)기술의 보급 없이는 증가를 기대할 수 없다.

6) 중국의 에너지혁명이 세계 에너지수급여건 변화에 큰 영향을 미칠 것이다. 특히 주종에너지인 석탄은 철강 산업 성장둔화, 청정에너지 관심 증대로 2013년 대비 2040년 수요가 15% 감소할 것으로 보인다. 이에 따라 향후 중국 에너지 수요증대는 신재생, 원자력과 천연가스가 주도할 것으로 예상된다. 2040년 총 발전설비의 60%가 신재생과 원자력으로 구성되며, 가스는 세계 소비량의 25% 차지할 것으로 예측된다.

7) 에너지효율향상은 기술혁신과 기후변화 대처정책의 확대로 점차 중요한 역할을 할 것이다. 에너지효율화는 2040년 최종 에너지 수요증가를 절반으로 낮춘 것으로 평가된다.

8) 에너지부문 온실가스 배출은 범세계적인 파리협정 등 글로벌 노력

으로 2040년까지 연 0.4% 증가할 것으로 예상한다. 그러나 최근 유엔 IPCC 등은 급격한 감소를 촉구하고 있다. 선진국의 CO_2 배출은 지속 감소할 것이나 중국 등의 증가로 상쇄되어 세계 전체적으로는 감축속도가 늦어질 것이 우려된다. 당연이 2040년까지 1인당 CO_2 배출량은 미국, EU, 일본 등 선진국은 감소 추세가 뚜렷하나, 중국은 소폭 감소, 인도, 중동, 러시아는 증가 추세를 지속할 것이다. 이에 청정개발, 지속가능한 성장에 대한 글로벌 합의가 요구되고 있다. 결국 장기 에너지 부문 온실가스 감축은 기존의 자료로는 예측이 거의 불가능하다. 2100년 지구 온도상승을 섭씨 2도 이내 유지라는 목표를 가진 파리협정 이후 정착단계에 있는 신기후체재가 2018년 말 유엔 당사국총회를 계기로 1.5℃ 이하 유지로 강화될 것 같다. 이럴 경우 2050년 이후에는 에너지 부문은 온실가스 추가 감축이 불가능할지도 모른다. 이에 온실가스 배출에 관한 정량적 목표 학습은 시대상황에 따라 구체화될 것이기 때문에 사전 학습이 불가능한 특성을 가진다.

2

세계 주요국들의 에너지 정책

에너지 정책 변화

최근 세계에너지 정책은 기후변화에 따른 대책의 시급성이 강조됨에 따라 현존 인류문명의 지속가능성을 고려하는 새로운 패러다임을 강화하고 있다.

2015년 12월 UN 기후변화대책을 다루는 COP21(당사국 회의)에서 파리협정(Paris Climate Agreement)이 체결되고 2016년에 발효됨에 따라 에너지-기후변화 연관성이 세계 모든 국가들의 에너지 정책에 반영되고 있다. 이는 전 세계 온실가스배출의 2/3 이상을 에너지 부문이 배출하기 때문이다. 이에 따라 에너지와 기후변화 대책을 강력하게 연동하는 새로운 시대가 열리고 이를 신기후체재(New Climate Regime)라고 한다. 따라서 신(新)기후체재는 새로운 에너지 정책의 근간이라고 할 수 있다.

이러한 여건변화에 즈음하여 세계 주요국들의 최근 에너지 정책의 기조는 재생 에너지, 에너지 효율, 천연가스를 미래의 중점 에너지공급 대상으로 삼고 있다. 이에 반해 석탄 화력과 원자력 발전은 환경문제와 안전성 우려를 이유로 그 중요도가 퇴색되고 있다.

이에 따라 에너지 시스템의 변화속도는 시간이 지날수록 가속될 것으로 보인다. 세계 에너지 수급, 시장 및 산업, 기술혁신 추세 등에서 급격한 변화가 예상된다. 이에 지금까지와 다른 에너지 체계의 형성이 기대되며, 이에 부응하는 정책구도의 변화 역시 기존 추세와는 많이 다른 방향으로 진전이 불가피할 것이다. 이에 세계 주요국들에서의 새로운 에너지 정책의 전개 방향을 살펴보면 다음과 같다.

- 소규모·분산형 에너지 시스템의 확대: 에너지 생산과 소비의 지역적 거리 축소, 지역 특화 에너지 수급 시스템 확대, 지방자치단체 역할 강화
- 에너지 체계의 청정화 추세의 지속: 발전 부문을 중심으로 탈(脫)탄소(Decarbonization), 탈(脫)원전 추세 확대, 산업과 수송 부문에서 녹색 에너지기술 활용 증가
- 신재생 에너지 보급 확대: 기후변화 대응 주요수단. 발전차액지원 등 다양한 정책수단 전개

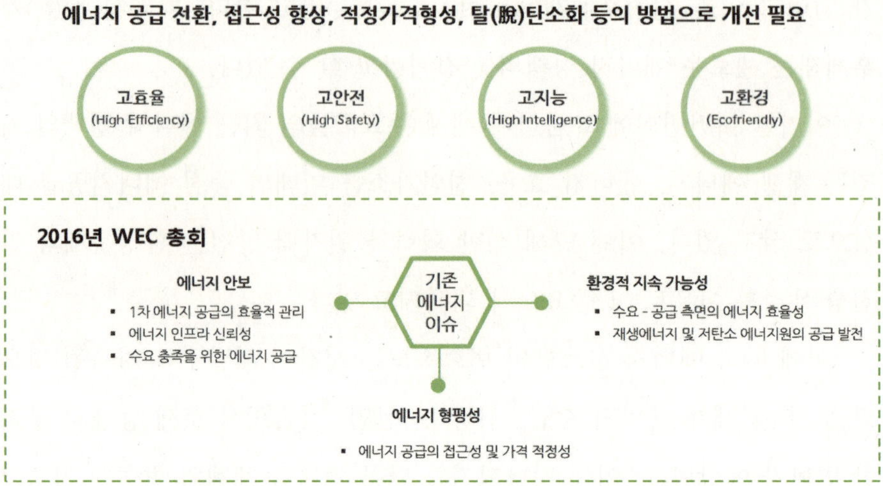

그림 4-3 세계 에너지 정책체계 구성의 새로운 흐름

- 에너지 효율 향상 및 에너지 절약 정책의 강력 추진: 저에너지 경제사회 거버넌스 도입
- 전기와 가스시장 자유화
- 소비자 주도 에너지 프로슈머(prosumer) 제도 도입 확대: 전기 요금 현실화 등 새로운 시장형성 지원

다른 한편으로 에너지 부문 국제협력 및 지역통합시장 출현이 점차 확대되는 경향을 보이고 있다. 이와 같은 에너지 정책 방향은 혁신 기술의 출현이나 외부 충격에 따라 급격하게 변할 수 있다.

세계 주요국들의 에너지 정책

미국의 에너지 정책 변화

미국의 트럼프 정부는 파리협정 탈퇴를 선언하였다. 이를 계기로 미국의 기후·에너지 정책에 상당한 변화가 발생할 것으로 예상된다. 그러나 파리협정의 완전 탈퇴는 향후 3년 이후인 2020년에 실질발효가 가능하다.

또한 트럼프 정부는 청정전력계획(Clean Power Plan)이나 차량연비기준(CAFE) 강화 등 오바마 정부 시절의 규제와 행정명령에 대한 개편과 폐지를 결정하는 데 있어 여론의 반대에 부딪치고 있다.

다른 한편으로 미국의 주와 지자체 차원의 에너지 정책으로는 재생에너지 의무할당제와 에너지 효율향상 의무화제도 등 중앙정부의 그것과는 다른 움직임을 보이고 있다.

그 중 재생 에너지 의무할당제(Renewable Portfolio Standard, RPS)는 29개 주, 3개 미국령, 워싱턴 DC에서 시행 중이며, 기타 8개 주와 1개 미국령은 자발적인 목표를 설정하였다. RPS로 인해 보급·설치된 재생 에너지 시스템은 2013년 미국 내 20만 개에 달하는 일자리와 200억 달러 수준의 국내총생산 효과를 창출하였다.

에너지 효율향상 의무화제도(Energy Efficiency Resource Standards, EERS)는 현재 22개 주에서 EERS를 시행 중이며, 8개 주는 자발적인 목표량을 수립하였다. EERS를 포함한 미국 내의 에너지 효율화 정책이 미국 전역의 전력사용량 증가추세를 둔화시키고 있다. 2020년까지 EERS를 통한 에너지 소비가 8~15% 감소할 것으로 보이며, 이는 미국의 2020년 총 에너지소비의 4~6%에 해당한다.

이러한 정책들을 기반으로 미국은 2013년 5900톤에 달하는 온실가스를 저감했는데, 이를 화폐단위로 환산하면 22억 달러에 이르며, 그 외 대기오염원 절감으로 52억 달러 수준의 보건 및 환경적 이익을 창출하였다.

유럽 연합(EU)의 에너지 정책

EU 집행위원회는 2016년 파리협정에서 제안된 EU의 배출량 감축 목표를 달성하는 데 필요한 모든 법안을 마련하고 있다. 즉, 기존에 제안한 에너지 정책 및 기후 대응조치를 실행에 옮기는 데 초점을 두고 있다.

에너지 정책 및 개발에 관한 EU의 공통된 비전은 유럽 내 국가 간에 안정되고, 가격 합리적이며, 지속가능한 에너지를 자유롭게 교류할 수 있는 에너지 연합(Energy Union)의 구축이다. 에너지 연합의 구축에서 중점을 두고 있는 분야는 다음과 같다.

- 에너지 안보
- 연대와 신뢰
- 유럽 에너지 시장의 완전한 통합
- 에너지 효율 개선 및 저탄소화 연구 활동
- 혁신과 경쟁

에너지 연합은 에너지와 기후변화 문제 외에도 유럽의 전반적인 경제, 효율적인 에너지 및 자원 이용, 사회적 형평성 등을 고려한 적극적이고 전략적인 목표를 지향하고 있다.

한 가지 예로 '2020 에너지 및 기후 일괄 정책(20-20-20 전략)'을 들 수 있다. 이 정책은 2007년에 채택되어 2009년에 도입되었는데, 2020년까지 다음 세 가지 목표 달성을 목적으로 하고 있으며, 법적 구속력을 갖추고 있다.

- 1990년 대비 온실가스 20% 감축
- EU 에너지 사용량의 20%를 재생 에너지원으로 보급
- 에너지 효율 20% 향상(EC, 2010)

또한 20-20-20 전략에는 2020년까지 회원국의 교통부문 재생 에너지 비중을 10%까지 확대하는 목표가 포함되어 있으며, 다음과 같은 다섯 개의 세부정책 목표를 포함한다.

- 에너지효율 건물, 상품, 차량에 대한 투자 확대
- 송배전 인프라 구축을 통해 범유럽 에너지 시장 형성
- 에너지 부문의 안전기준을 높이고, 소비자 권익 보호
- 저탄소기술 개발 및 보급을 위해 전략에너지기술계획 이행
- 역외 에너지 공급업체 및 에너지 중계국과 우호적 관계 유지

2020 에너지 및 기후 일괄 정책은 목표치의 상당 부분을 달성하였는

데, 구체적인 성과는 다음과 같다.

- 2015년 온실가스를 1990년 대비 22% 감축, 2020년 24%까지 달성 전망
- 온실가스를 1990년 대비 온실가스 8% 감축하는 교토의정서 의무감축량 달성
- 2014년 1차 에너지 중 재생 에너지 비중 16% 달성(전력량: 27.5%), 1개국 제외한 모든 회원국이 목표 달성. 일부 회원국은 2020년 목표 상회
- 2014년 재생에너지 시장, 1440억 유로, 고용창출 100만 이상
- 1990년 이래 50% 실질경제성장률 기록, 경제성장–온실가스 탈동조화 성공
- 2005년 이래 1차 에너지 소비량 10% 감소
- EU는 온실가스 배출량 대비 가장 효율적 경제구조를 구축

이후 '2030 기후–에너지 일괄 정책'을 도입하여 장기계획인 2050 로드맵과 긴밀히 연관지어 시행하고 있다. EU에 소속된 대표적인 국가인 독일, 프랑스, 영국 등은 자체적으로 에너지 정책을 수립하여 정책목표를 달성하기 위한 노력을 기울이고 있다.

중국의 에너지 정책

중국은 파리협정을 비준하고 제13차 5개년 계획에 관련 계획을 반영시키고, 2005년 대비 2020년까지 에너지 원단위 15%, 탄소 원단위 18%

감축하겠다는 목표를 설정하였다.

미국의 파리협정 탈퇴 전 중국과 미국은 기후협력을 추진하였는데, 양자 간 협력 하에 중국은 CO_2 배출이 2030년에 정점에 이르도록 하고, 2030년 비화석연료 비중을 20%까지 확대하는 것을 목표로 설정하였다.

기후변화에 대한 이러한 중국의 관심과 의지는 기후변화 논의의 흐름을 바꾸고 파리협정의 타결에 중요한 역할을 한 것으로 보인다. 미국의 파리협정 탈퇴 선언 직후 중국은 공식발표에서 국제적 책임으로써 기존 계획과 감축 약속을 유지한다는 입장을 발표하였다.

중국이 에너지 이슈에 적극적으로 대응하는 중요한 배경 중 한 가지는 자국 내 심각한 대기오염 때문이다. 대기오염이 초래하는 보건 및 사회 문제에 대한 우려, 실시간 정보 공개 등으로 국내외 관심이 집중되면서 중국은 제12차 5개년 계획에서 최초로 대기오염 방지 및 관리 프로그램을 마련했고, 제13차 계획에도 계속해서 추진 중에 있다.

2013년 9월에 중국 국무원은 대기오염 관리 행동계획(Air Pollution and Control Action Plan)을 발표했는데, 현재 및 중단기 미래의 대기오염을 관리하고 예방하는 국가 차원의 계획을 포함하고 있다. 이는 중국에서 최초로 구체적 추진일정과 전국 및 주요 지역의 대기질 달성목표를 제시한 정책이다.

일본의 주요 에너지 정책

일본 정부는 '에너지 기본계획,' 소위 '전략적 에너지 계획(Strategic Energy Plan: SEP)'을 4년마다 수립하여 지금까지 4차에 걸쳐 발표하였다.

이 정책의 목적으로는 3E, 즉, 에너지안정공급(Energy Security), 경제효율성(Economic Efficiency), 환경(Environment)을 두고 있다.

2011년 후쿠시마 원전 사고는 4차 SEP 개발에 영향을 주었고, 기존의 3E 원칙에 안전(Safety)을 추가하게 되었다. 따라서 '3E'는 '3E+S'로 대체된다.

사고발생 전 발표된 3차 에너지전략계획은 2030년까지 총 발전량 중 원전의 비중을 53%까지 높이는 안을 포함하고 있는데, 이는 신규 원자로를 최소 14기 건설해야 하는 규모로서 원전 사고 이후 계획이 모두 취소되었다.

일본 정부는 2015년 7월 유엔기후변화협약(UNFCCC)에서 2013~2030년 사이에 온실가스 배출을 26% 저감하겠다는 국가 온실가스감축 기여방안(NDC)을 제출하였다. 또한 파리협정에서 제시한 감축 목표를 토대로 2050년까지 온실가스 배출량을 80% 절감하는 장기전략 역시 수립하였다.

이와 같은 목표를 달성하기 위해 일본 정부는 2016년 5월 지구온난화대응계획(Plan for Global Warming Countermeasures)을 수립하였으며, 이는 에너지 절약과 재생 에너지원의 비중을 에너지믹스의 40%로 확대하는 목표를 달성하는 데도 기여할 것으로 예상된다.

지구온난화대응계획의 주요 정책에는 에너지 사용량 절감 기준 및 방안(제로 에너지 빌딩, 제로 에너지 주택, 빌딩 에너지 관리 시스템, 공장 에너지 관리 시스템, LED 교체 등)을 적용하고 재생 에너지 발전의 극대화도 포함되어 있다. 이외에도 FIT 제도 도입, 저탄소기술계획, 국가에너지환경기술 혁신전략 2050, 탑러너 프로그램 등의 정책을 도입하여 장기적인 계획을 현실화하기 위한 노력을 하고 있다.

3

세계 에너지 부문의 해결과제

인류 문명의 기반이 되는 에너지 부문에 있어 해결해야 할 과제는 다음 세 가지로 요약될 수 있다.

첫째, 모든 사람이 적당한 가격으로 현대적인 에너지를 사용할 수 있도록 에너지 서비스 접근 가능성(accessibility)을 보장해야 한다.

둘째, 지속적인 공급안정성을 통해 수준 높은 에너지 서비스를 제공할 수 있는 활용도 증진가능성(availability)을 확인해야 한다.

셋째, 에너지 부문의 경제, 사회적 여건 변화에 대한 대응능력과 기여도를 높이고 환경문제 해결에 기여할 수 있는 수용성(acceptability)을 갖춰야 한다.

특히 개발도상국의 급속한 경제성장과 선진국의 안정적 경제성장을 위해서는 앞에서 이야기한 3대 과제 달성이 필수조건이다. 또한 에너지 부문 과제를 해결하고 달성하기 위해서는 세계 전체의 균형적인 성장이 뒷받침되어야 한다. 이 같은 경제성장과 에너지 그리고 환경보호는 상호 연계된 인류공통의 과제이다. 에너지 투입증대에 기반을 둔 경제성장은 인간생존과 번영에 필수적인 식수, 식량, 주택, 교육, 건강, 통신, 교통 등의 수요를 증대시키며 이는 현대적 상업 에너지 수요를 유발한다. 즉 에너지의 접근가능성 증대가 요구된다. 또한 에너지의 활용가능성 증대와 에너지 비용절감은 경제성장과 이에 수반하는 기술적 진보를 통해서 이루어진다. 그러나 급속한 경제성장은 지속가능한 에너지 개발에 문제를 야기한다. 따라서 에너지에 대한 접근성, 활용가능성, 수용성이 동시에 만족되어야 한다.

다음으로는 위에서 언급한 세 가지 과제를 좀 더 자세히 살펴보도록 하자.

에너지 서비스 접근가능성: 모두에게 현대적 에너지 서비스를 제공

에너지 서비스 접근가능성(accessibility)이란 에너지가격 수준이 빈민층도 구입할 수 있는 수준이 되어야 하는 한편, 에너지를 생산하고 운반하여 공급하는 기업의 운영 및 서비스 개발에 필요한 비용을 가격에 충분히 반영하여 지속성을 갖추어야 한다는 의미이다.

국가와 사회계층 간에는 소득의 분배 불균형과 함께 에너지 소비수준의 불균형이 있다. 이는 빈익빈 부익부(貧益貧 富益富)라는 불균형의 악순환을 조장한다. 특히 에너지의 경우 생존 필수재로서 소득에 관계없이 일정 수준의 생존유지 에너지 소비는 불가피하기 때문에 에너지소비의 불균형은 삶의 질과 직결된다.

선진국과 후진국 간 불균형의 대표사례로서 개발도상국 인구의 1/3이 현대적 에너지의 혜택을 보지 못하고 있다. 현재 이들 인구는 전세계적으로 16억 명이나, 2020년에는 20억 명 이상으로 늘어날 것으로 보인다.

현대적 에너지란 무엇인가? 선진국의 경우를 보면 에너지 공급과 서비스 발전 단계는 일정한 형태가 있다. 초기에는 고정된 장소에서 화석연료를 취사, 난방, 산업용 동력 등으로 활용하는 단계이다. 다음 단계에서는 수송용 에너지 이용체계 정착이 특징이며, 마지막 단계에서는 공급신뢰성과 사용편의성이 큰 전력과 가스등 속칭 네트워크(Network, 網) 에너지의 활용단계이다.

또한 현재 지식정보사회에서는 분산형 자급형 에너지가 새롭게 등장하고 있다. 전력의 경우 소비자가 직접 발전하는 경우가 증대하고 있다. 이는 도시화와 함께 소규모 발전과 전력이용기술의 확충으로 저렴한 비용으로 훨씬 좋은 에너지 서비스 제공이 가능하기 때문이다.

그러나 세계 차원에서의 에너지 문제는 여전히 후진국에서 일어난다. OECD국가들이 19세기와 20세기에 경험했던 것보다 개발도상국에서의 훨씬 급속한 도시화가 일어나고 있는 것을 볼 때 심각한 에너지 문제가 우려된다. 하지만 이 같은 도시로의 이주에도 불구하고 2020년경에도 30억의 세계인구가 시골 지역에 거주할 것이다. 따라서 개발도상국 시골 지역의 에너지 빈곤 문제 해결의 중요성이 여전히 남는다. 이 문제의 해결을 위해서는 전력 공급망의 확장, 분산형 전원과 신·재생 에너지의 개발 등의 노력이 필요하다. 이러한 노력은 소요 투자재원의 확보와 함께 제한된 에너지 자원의 효율적 활용을 통해 후진국 에너지수요를 쉽게 충족시킬 자원 측면의 여지를 선진국들이 마련해야 한다. 후진국 에너지 투자지원뿐 아니라 이용효율화를 통해 에너지 절약 강화에서 얻는 여유 에너지 자원을 후진국들이 쉽게 접근하여 활용하도록 해야 한다.

고급 에너지로서의 전력사용 이점에도 불구하고 전기를 난방, 요리와 같은 저온 열로의 사용 증가는 전력전환효율의 한계(33% 수준)에 따라 1차 에너지 이용효율을 감소시킨다. 에너지의 효율을 증진하고 보다 신중한 이용을 위해서는 천연가스를 직접 연소하는 방법이 바람직하다. 따라서 접근가능성 문제 해결을 위해서는 특정 에너지에 국한된 수급 문제에서 탈피하여 수급 긴장도가 약한 다른 에너지원으로의 대체 사용도 고려해야 한다. 즉, 바이오매스, 태양열 등 신재생 에너지 활용과 석탄 등 풍부한 화석연료 활용 증대, 수송부문의 새로운 화석연료 개발과 함께 수요 특성에 적합한 에너지 이용체재 정비가 요구된다. 합리적 에너지 수요 조합(Mix) 구성과 기술개발만이 에너지 서비스 접근가능성 문제의 해결 방안이다.

적정 에너지의 확보가능성: 지속적인 공급확보와 품질수준의 유지

적정 에너지의 확보가능성(availability)이란 에너지의 지속적 공급을 보장할 뿐 아니라 에너지 서비스 품질 개선이 지속적/장기적으로 가능한 사회 체계의 형성을 의미한다. 에너지 부족 사태는 경제와 사회복지에 타격을 주기 때문이다. 따라서 국내 에너지, 수입 에너지, 지역자급형 에너지원 등 다양한 에너지 공급원의 조합을 통하여 적정 에너지 공급 체계를 구성해야 한다.

모든 에너지 전망과 분석자료에서는 변하지 않은 에너지 부문의 세 가지 특징을 보여준다. 즉,

- 에너지는 국제 간 거래에 의해 글로벌하게 이동한다.
- 선진국이 세계 에너지 수요의 대부분을 차지한다.
- 개발도상국은 에너지를 많이 수출하는 반면 수입은 적다.

세계 에너지의 이런 특징들을 개별적으로 고려한다면 우려의 대상이 아닐지도 모른다. 하지만 모든 요소를 함께 고려하면, 안정적인 에너지 공급 체계의 지속가능성에 대하여 근원적인 의문을 불러일으킨다. 에너지 자원은 충분하여 당분간 세계 경제성장에 장애가 되지 않을 것이라고 예상되지만, 장기적 안정공급체계 확보와 현대적 에너지 서비스제공 보장을 위해서는 새로운 사고와 정책결정이 필요하다.

에너지는 국제/지역 거래가 가장 많은 상품 중의 하나이며 이러한 추세가 지속될 것으로 예상된다. 특히 지역 공동 에너지 시장 형성 기류는 지역경제통합의 계기를 제공하고 있다. 이미 유럽 통합 과정에서 에너지

공동시장이 그 시발점을 제공한 사실이 있으며 최근 남미 등에서 에너지 부문 규제개혁과 거래국제화로 인한 가스와 전력 시장의 지역 통합이 진전되고 있다. 이는 에너지가 세계화 흐름을 형성하는 핵심 요인 중 하나라고 분석할 수 있다. 또한 에너지 안보에 중점을 두는 전통적인 관점에서 새로운 상호수혜원칙에 의한 의존적 관계로의 전환을 예고한다고도 한다. 결국 에너지 국제거래 증가는 경제성장과 국가 간 협력증진에 긍정적인 요소로 작용하고 있으며 나아가 에너지 안보 평가문제에 있어 새로운 시각을 제시하고 있다.

열효율이 높은 액체 에너지로서 운송과 저장이 편리한 석유는 세계 2차 대전 이후로부터 지금까지 세계 에너지 시장에서 지배적인 위치(50% 이상)를 차지하고 있다. 그러나 1973년 제1차 석유쇼크를 계기로 에너지 시장에서 석유는 다른 주요 에너지원인 석탄, 원자력, 수력, 그리고 80년 이후의 천연가스에 의해 대체되는 새로운 조류가 형성되었다. 석유가격은 이러한 시대상황을 반영한다. 1970년대 초까지 석유가격은 석유 대 석유 사이의 경쟁으로 형성되었지만, 오늘날은 석유와 석유 사이의 경쟁 및 석유와 다른 에너지원 간 경쟁 형태로 나타나고 있다. 생산비용이 가장 싼 OPEC산 석유는 이윤이 높지만 기술진보로 매년 평균 3%에 달하는 다른 에너지의 원가절감추세를 감안하면 석유의 경쟁력은 줄어들고 있다. 그러나 다행스러운 것은 기술진보로 인한 석유가격 변동(특히 최근 가격하락 추세)에도 불구하고 세계 석유매장량이 오히려 증가하고 있다는 점이다. 이에 당분간 석유가 고갈될 것 같지는 않다. 기술진보가 에너지 활용가능성을 증대시키고 있는 것이다.

이러한 결과에 따라 에너지 안보 상황도 많이 달라졌다. 전에는 에너지 확보를 둘러싼 국가 간, 지역 간 갈등이 있었지만, 오늘날 에너지 안보는 이제 국제무역을 통한 상호의존적 구조를 가진 세계화(globalization) 체재의 일부분이다. 이 상호의존성은 세계경제의 역동성에 의하여 에너지 안보를 강화시킨다. 하지만 세계화 추세가 에너지 시장에서 핵심주도국가 영향력의 과도한 집중이나 중앙집중식 공급투자의 중요성이 지나치게 강조되는 경우 오히려 세계화 시스템의 약점이 될 수도 있다.

예를 들어 정치적 불안정성이 우려되는 페르시아만이나 말레이시아 해협을 경유하는 원유 해양수송로나 특정 주요 시설(아시아의 주요 LNG 공장, 탱커 수송, 북미, 유럽, 러시아의 주요 가스 수송망)에 주로 의존하는 천연가스 경우가 주는 약점과 우려를 들 수 있다. 경험상 세계 시스템 차원 상호의존성은 충격 발생 가능성이 낮다고 하더라도 지속적으로 관심을 유지해야 한다. 이는 만약 사고가 발생했을 때 다른 부문보다 충격이 클 가능성이 있기 때문이다. 이 문제에 대한 가장 효과적인 대응 방법은 다양화(diversification)이다. 즉, 1차 에너지 수급구조와 공급선 및 조달 방법의 다양화 등이다. 필요한 모든 에너지를 특정 에너지만으로 모두 공급할 수는 없다. 각각 기술적 또는 환경적 측면에서의 한계가 있기 때문이다. 에너지 구성과 에너지 거래 다양화를 통해 정치적 불안 또는 에너지 흐름의 불일치에서 오는 충격을 최소한으로 막을 수 있다.

적정 에너지 확보라는 과제는 언제나 에너지 공급과 관련된 다음 3가지 특징이 고려되어야 한다. 즉 경제성장과 에너지 서비스 공급간의 관련성을 고려하여 적정확보 수단을 중장기 관점에서 확보해야 한다. 또한 에너지수요의 낮은 가격탄력성에 따라 에너지 부문 투자와 소비자의 반응 속도가 늦다는 점을 고려하여 확보전략 수립이 필요하다. 끝으로 전력, 가스 등 고급 에너지의 공급능력이나 품질수준이 경제발전에 주는 영향력이 증대하고 있음을 고려해야 한다. 이와 같은 세 가지 특징 아래서 현재 수준에 준하는 가격과 공급조건으로 장기 에너지 자원 공급의 질과 계속성을 확보하는 데 정부정책의 우선순위를 두어야 한다. 적정 에너지 확보 정책의 핵심은 특정 연료, 공급처 및 공급망에 과도하게 의존할 때 이를 보완하는 것이다. 따라서 주요 에너지원을 적정 확보에 대한 기여도 측면에서 평가할 필요가 있다.

에너지 수용성: 사회적 환경적 측면에서의 대응

수용성(acceptability)이란 에너지 개발, 활용 등에서 유발되는 의도치 않은 부작용을 최소화하여 에너지-경제-환경 연계체재의 적정화를 의미한다. 예를 들어 산림벌채, 전통/저급 연료 사용으로 인한 오염, 온실가스 방출과 기후변화유발, 원자력 폐기물 위험과 핵 확산, 대규모 댐 건설에 따른 환경영향 등과 같은 사안들을 포함한다.

이미 언급한 대로 에너지 서비스 접근가능성, 적정 확보가능성, 수용성은 상호 연계된 개념이다. 한 가지만 고려하고 나머지를 고려하지 않으면 불합리하다. 모든 에너지원은 나름대로 약점을 가지고 있기 때문이다.

이러한 약점들은 기술개발과 시장논리에 의해 보완되는 것이 대부분이나 에너지 시장의 한계에 따라 장기간 보완되지 않는 부분들이 있다. 에너지 생산과 소비과정에서 유발하는 환경공해와 원자력 안전성 문제가 대표적 사례이다. 이를 에너지 시스템의 부정적 외부효과라고도 한다. 이 외부효과는 시장논리에만 의존하여서는 대책을 마련하기가 쉽지 않다. 이러한 외부효과들은 공급자 위주 에너지 시장에서 누구도 책임지지 않는 영역에 장기간 방치되어 소비자와 사회 전체의 피해로 남아 있으며 결과적으로 소비자와 사회의 지탄을 받았다. 이로 인한 에너지 시장의 불완전성은 사회의 에너지 수용성에 문제를 유발하였다.

에너지의 사회 수용성 논란이 진전되어온 선진국의 경험에서 보면 국지적 안전성 문제(석탄의 사용으로 인한 실내오염 및 도시공해, 원자력 발전소 사고 위험 등)가 우선 다루어지고, 다음으로 에너지원별 탄소원 단위(온실가스배출)집계 등 에너지 서비스 체계가 정착된 후 지역별 오염 문제(산성비, 매연, 먼지와 중금속, 수질, 수력 댐 건설, 등)로 점차 옮겨갔다.

대부분의 선진국에서는 이러한 변화가 200년에 걸쳐서 이루어졌지만, 신흥경제국가에서는 50년 내에 이루어지고 있다. 개발도상국의 경우 비효율적인 기술체계 도입과 같은 선진국들의 나쁜 선례를 회피하기 위하여 신속한 의식전환을 시도해야 한다.

일반 사람들의 건강에 가장 큰 피해를 주는 실내오염 등 환경오염은 가정에서의 부적절한 에너지 사용으로 발생된다.

실내오염 다음으로 심각한 것은 대도시의 환경오염이다. 매연, 납,

아황산가스에 의한 도시환경오염은 자동차 등에 의한 비효율적 에너지 연소, 유연 가솔린 사용으로 인한 것이다. 더구나 육상 수송연료는 휘발성 유기혼합물과 질소산화물(NOx) 방출의 주요한 원인이다.

이러한 오염 문제는 결국 지역 오염 문제로 귀결한다. 1990년대 중반까지 세계의 NO_X 방출량에서 아시아는 20%, 북미는 거의 25%를 차지하였다. 서유럽은 12%, 동구의 체제전환 국가들에서는 11%로 감소하였다. 오염물질 배출은 지역적 문제뿐만 아니라 국지적 환경 문제를 심화시킨다.

온실가스 배출

기후변화와 인위적인 온실가스 방출 사이의 관계가 보다 정확하게 밝혀질 때까지 종합적인 위험을 최소화하기 위한 접근 방식이 필요하다. 온실가스 배출을 낮추기 위한 대안은 많으며, 대부분 논쟁의 여지가 없다.

개발도상국들은 비록 그들 국가의 온실가스 방출량이 늘어나고 있어도 두 가지 이유에서 온실가스 감축은 그들의 우선적 사항이 아니라며 주장하고 있다. 현재의 온실가스 농도는 2세기에 걸친 선진국들의 경제발전으로 인한 것이기 때문에 그들의 책임이 아니며, UN 기후협약(4조7항)은 그들의 경제개발 우선권을 인정하고 있다. 이는 선진국이 개발도상국의 온실가스 방출량을 줄이는 데 도와줄 필요가 없다는 것을 의미할까? 그렇지는 않다. 에너지 문제에 있어 현실적인 문제점을 과소평가해서는 안되기 때문이다. 유연성 체제에 대한 상한선을 정하는 데에 선후진국 사이에서 불일치가 있을 수 있다. 또한 불공평성에 대한 개발도상국의 우려가 있을 수 있다. 예를 들면 대규모의 온실가스 저감 관련 투자는 대부분 덩치가 큰 개발도상국으로 가기 쉽다. 여기에다 투자가 부가효과를 창출하는지 무임승차인지를 어떻게 측정할 것인가 하는 방법론적인 문제는 아주 중요한 문제이며, 상세하고 신뢰할 만한 통계자료를 필요로 한다.

모든 화석연료는 정도는 다르지만 연소 단계에서 뿐만 아니라 채광, 정제, 처리 및 운반 단계에서 온실가스 방출이라는 일반적인 결점을 가지고 있다. 핵심 사항은 그러한 방출을 피하거나 제한하기 위한 전략을 찾는 일이다. 이러한 문제에서 선진국과 개발도상국이 상호 협력하는 것이 최상이다. 국가 간 토론을 거쳐서 나오는 대안은 단순해야 하며, 모든 당사자에게 매력적이며, 쉽게 이용할 수 있어야 한다.

4

지속가능한 사회를 위한 바람직한 에너지 전략

세계 에너지 문제는 특정 국가나 지역에만 국한된 문제가 아니다. 지식정보사회가 전개되고 인류 전체의 목표인 지속가능한 사회의 달성이 무엇보다 중요하다. 이에 발맞추어 문명의 기반을 이루고 있는 에너지 부문에서도 이러한 공동목표와 가치추구 과정에 동참해야 할 것이다. 이를 위해서는 기존과 다른 새로운 패러다임의 설정과 인식의 전환이 요구된다.

우리는 앞에서 에너지 문제 해결을 위하여 에너지 서비스의 접근가능성, 적정 에너지의 확보가능성, 에너지의 수용가능성이라는 3대 추진 방안을 설정하였다. 이제 이 세 가지 추진 방안을 통해 전 세계가 동시에 수행할 수 있는 기본적인 전략을 검토해야 한다. 무엇보다 이 전략은 지식정보사회가 주는 무한한 부가가치 창출 가능성을 에너지 부문에서도 충분히 활용하여 소외계층 복지창출에 초점을 맞추고, 모든 사람들에게 현대적 에너지의 원활한 공급을 통해 궁극적으로 지속가능한 사회 구현을 목표로 해야 할 것이다.

시장개편 및 적절한 규제기구 도입

시장개편의 요체는 자유화, 무역, 민영화 및 소비자 선택이다. 만병통치약은 아니지만 에너지 시장개편은 효과적인 규제 체계 내에서 왜곡되지 않은 가격신호, 국제무역 및 투자유인에 따라 에너지 서비스가 효율적으로 제공되게 하는 최선의 방안인 것은 분명하다. 특히 시장개편을 통해 에너지 부문의 과제 중 하나인 투자효율화를 이룰 수 있다. 세계 전체 차원에서 에너지 부문 투자가능 자본규모는 후진국을 포함한 잠재적 투자수요를 충족시킬 수 있다.[4] 그러나 투자 위험성 때문에 적절한 투자재원 분배가 이루어지지 못하고 있을 뿐이다. 이에 시장개편은 적정 수준의 규제와 지원을 조화하여 필요한 투자를 유인하고 시장개편의 성공을 보장한다. 이에 시장개편이 국가별, 시장별 특성을 존중하되 참여자 모두에게 적용되는 기본적인 공통규칙을 통해서 시장안정화에 기여할 수 있도록 추진된다면 그 효과는 어떤 경우보다 지속적일 수 있다. 이 같은 공통

4 WEC, "Financing the Global Energy Sector: The Task Ahead"1997

규칙은 정치적 간섭을 거의 받지 않는 독립기관에 의해서 정해지고 감독되어야 한다. 시장개편은 경쟁도입에 따른 위험과 불확실성을 제거하고 전환비용을 줄이기 위한 방향으로 이루어져야 한다.

시장자유화와 정부 역할 재설정

시장개편의 첫 단계는 국가차원의 에너지 시장 자유화이다. 시장 자유화의 목적은 경쟁적이고, 투명하고, 공평한 환경을 만드는 것이다. 이러한 시장개편은 건전한 게임의 룰 아래서 이루어져야 하며 정치 간섭에서 자유로운 독립적인 기관에 의해 감독되어야 한다. 따라서 정부는 에너지원 간의 공정한 경쟁무대 조성을 위해 시장에 대한 직접개입정책을 포기해야 한다. 따라서 정부의 역할은 국민들을 위해서 어떤 에너지를 공급해 줄 것인지를 직접 결정하는 것이 아니라는 점을 분명히 인식해야 한다. 그 대신 시장기능이 소비자들의 편익을 위해 독립적으로 운영되도록 보장하는 조치를 취해야 한다. 시장에서 신뢰할 만한 에너지 믹스(Mix) 체재에서 지속가능한 공급 여건의 형성이 정부의 책임이다.

그러나 에너지 부문 시장자유화의 편익과 위험은 국가별로 상이하다.

일부 국가에서는 석유 및 천연가스부문이 특히 불이익을 받고 있다. 이는 이 두 부문의 높은 세금부과로 조성된 재원을 통해 다른 에너지원이나 산업에 대해 보조금을 지급하기 때문이다. 또한 일부에서는 신재생 에너지와 원자력이 불이익을 받고 있다고 생각한다. 그 이유는 이 두 부문의 높은 초기투자비용을 모두 비용요인으로 반영시켜야 한다는 현실적인 문제 때문이다. 따라서 시장개편과정에서 에너지원 간의 단기 경쟁력 변화 요인을 고려하되 장기적으로는 모든 비용을 반영하는 세심한 노력이 요구된다.

시장개편에서 얻게 되는 다른 이점은 소비자 욕구에 부응하는 다양한 에너지 서비스가 가능한 점과 새로운 가격경쟁 체재의 출현 가능성이다. 경쟁력은 아직 없지만 재생 에너지로부터 생산한 녹색전기나 특정소비자를 위한 고품질의 전기(공급이 중단되거나 약속한 수준의 전기품질이 안될 경우 금전적인 보상 조건 부과) 시장이 출현할 수 있다. 또한 새로운 경쟁 여건에서는 '비용+마진=가격'이라는 기존의 공식을 '가격−비용=마진'이라는 새로운 공식으로 변경시키고 있다.

결국 시장개편에 따른 위험은 명확한 규제 체계를 가진 정부정책에 의해서 가장 잘 해결될 수 있다. 에너지 부문에서 정부의 역할은 사라지는 것이 아니라 급격하게 변화되어야 한다. 무차별적 경쟁, 불합리한 시장논리에 대응하는 소비자보호, 안전 및 환경기준, 금융질서 및 보증제도 설정 등이 새로운 정부책임이다.

에너지 교역 및 지역협력체재 강화

에너지 시장 개편의 두 번째 단계는 국가 간의 시장규제 수준의 조화를 통한 에너지 공급 및 수송 시스템의 지역통합이다. 이 부문에서 괄목

할 만한 발전을 보여 주는 사례는 북미 지역의 천연가스, 남미 및 유럽연합의 전기 및 천연가스, 북유럽 국가의 온실가스 규제 처리 등이다.

지역 차원의 협력에 의한 시장개편은 투자자들에게 보다 광범위하고 매력적인 시장을 제공하는 계기가 된다. 특히 단위국가의 시장 규모가 작고 이웃국가와 상호 연계될 수 있고, 지역 내 정부들의 협력으로 동일 수준의 시장논리와 규제조치가 작동되는 경우에 보다 광범위한 지역 에너지 시장 형성을 촉진시키며 투자유인을 촉진할 수 있다. 이에 EU의 에너지 시장 공동지침(directives)의 성공적 도입 이후 남미 지역의 Mercosur, 남아프리카 개발공동체, 서부아프리카 경제공동체, ASEAN의 전기 및 가스 공급망 등이 추진 중이거나 계획 단계에 있다.

민영화

각 국의 상황에 따라 그 실시시기가 다르긴 하지만 일반적으로 민영화는 시장개편의 핵심사항이다. 원자력과 같은 일부 경우에는 예외지만 영구적이거나 논란조차 되고 있지 않는 주요 에너지기업의 국가소유제도는 시장개편을 통한 사회복지 증진에 부정적인 요소가 될 수 있다. 이는 공공사업자와 민간사업자 간에 규칙이 달라지고, 노동조합에 과도한 힘을 부여하게 되며, 인력구조조정을 위한 인센티브 부재와 독점적 지위에 따른 직원들의 특권의식(golden status)으로 인해 과도한 인건비가 발생하게 하기 때문이다. 더욱이 신기술을 수용하거나 신기술에 적응하려는 의지를 부족하게 하여 지식정보사회로의 나아가는 데 장애가 되고 있다. 물론 일부의 경우 경쟁적이면서도 시장개방형으로 효과적으로 운영하는 국가소유 에너지기업의 좋은 사례도 있다. 그러나 시장경쟁과 국제무역의 효과와 소비자선택 확대가 갖는 의미를 잘 활용하여 에너지 문제를 해결하기 위해서 민영화는 피할 수 없는 중심과제이다. 적어도 시장민영화는 에너지기업 운영효율화 측면에 덧붙여 금융조달, 투자촉진 및 국제연계 등과 관련된 문제들의 해결에 새로운 돌파구를 마련할 것이다.

개방형 에너지옵션 시행

미래 에너지 시스템 효율화는 물량확보 위주 공급안전성보다 신기술이나 새로운 시장여건에의 적응력을 검토하는 과정에서 달성되어야 할 것이다. 이는 에너지 자원 고갈 위험이 감소되고 그 대신 신재생 에너지 등 새로운 공급대안 적정화와 소비자 욕구 충족도라는 과제가 보다 중요한 의미를 가지기 때문이다. 따라서 새로운 시장질서 아래에서 다양한 소비자 욕구를 만족시킬 수 있는 다양한 공급대안 간의 경쟁과 함께 지속가능성을 동시에 달성하는 여건을 만들어야 한다.

당분간 화석연료의 부족 사태는 없을 것이다. 왜냐하면 가스와 석유의 부존량은 충분하며, 상대적으로 적은 비용으로 비전통적 석유자원을 이용하는 방법을 알고 있기 때문이다. 또한 석탄자원의 양은 풍부하고, 청정석탄기술의 이용이 가능하며, 원자력도 중요한 대안으로 남을 것이다. 따라서 시장기능에 의한 에너지 공급대안을 결정하는 것은 당분간 특별한 위험성은 없을 것이다. 그러나 지속가능성을 고려하여 반드시 활용되어야 할 신 · 재생 에너지, 청정화석연료 시스템, 그리고 새로운 원자력 기술의 보다 장기적인 역할은 보장되지 않는다. 이는 에너지 시스템 변화의 기술적 경직성 때문이다. 즉 장기 투자선행기간과 거대 규모 초기투자가 필요한 에너지 시스템은 규모의 경제효과와 학습효과에 의해 경쟁력 수준이 결정된다. 이 경우 새로운 에너지의 경쟁력은 기존 에너지에 비해 항상 뒤쳐질 수밖에 없다.

따라서 모든 에너지 옵션을 개방시킨다는 것은 신에너지원의 개발에 대한 여지를 충분히 가진다는 개념이다. 새로운 형태의 에너지원이란 기존 에너지 공급의 유한성을 보완하고, 현행 에너지 생산 및 이용의 부작용을 줄이기 위해 새로운 기술을 이용하는 것이다. 신·재생 에너지 도입이 대표적 사례일 것이다.

그러나 신재생 에너지의 도입을 확대하여 에너지원의 다양화를 이루는 것은 에너지 안보를 고려하며 탄력적인 에너지 포트폴리오 구성을 위한 효과적인 수단임이 입증되었지만 모든 에너지 옵션을 개방하기 위한 수단 중 하나일 뿐이다. 또한 에너지 시스템의 지역통합 및 에너지 서비스 무역의 증가도 에너지원의 다양화에 필요한 중요한 부분이지만 전부는 아니다.

그러면 개방형 에너지 옵션의 개념은 무엇인가? 간단히 말해서 어떠한 에너지원도 경쟁력 이외의 요인에 의해 경쟁시장에서 임의적으로 누

락되어서는 안 된다는 것이다. 그리고 단기적 안목에 의해 장기적 발전가능성을 부정하는 일이 없어야 한다는 의미이다.

예를 들어 전통적인 바이오매스는 노동력 측면에서 본다면 비용이 높고, 일부 지역에서는 지속 가능하지도 않다. 아프리카의 농촌에서는 주부들과 아이들이 땔나무를 구하기 위해서 하루에 수 시간씩 걸어 다니는 것이 일상적인 일이다. 그러나 신기술을 적용하여 지속가능한 경제적 바이오매스 시스템으로 발전시킬 수 있다.

대규모 수력 발전은 편익이 여전히 있기는 하지만, 그 부작용도 크다. 그러나 소규모 수력 자원 활용은 그 가능성과 경제성이 여전히 풍부하며 관개를 위한 농업상의 혜택, 선박 이용에 필요한 수위를 유지함으로써 수송상의 편익을 에너지 생산이라는 편익과 함께 제공할 수 있다

신·재생 에너지에 의한 발전비용은 낮아지고 있지만, 당분간 광범위한 경쟁력을 가지기 어렵다. 그러나 중간부하 복합사이클 화석연료이용기술과 연계시켜 틈새시장 유지 및 개발이 가능하다. 또한 지속가능성을 고려한 적정 수준 인센티브 부여를 통한 보급확대는 지금은 정치적인 문제이지만 미래에는 경제효율성 문제로 전환될 것이다.

원자력 발전은 안전성, 사회인식 등 여러 문제가 있지만 이미 대규모 공급원으로서 위치를 확보하고 있다. 자원빈국에서도 기저부하용 석탄을 대체할 수 있는 유일한 현존 발전기술로서 온실가스(GHG)도 배출하지 않고 핵융합 기술이 개발되면 무제한의 에너지원이 된다. 따라서 기후변화의 위협이 현실로 나타난다면 많은 국가에서 원자력 발전을 기술개발 차

원에서 재검토할 수도 있다.

석탄은 이산화탄소 배출규제가 허용되는 수준에서는 그 공급 탄력성 때문에 주요 에너지원으로서의 역할을 계속할 것이다. 탄소배출에 대한 부정적 인식은 청정석탄기술(CCT)의 확산을 촉진시킬 수 있지만, 이미 가동 중인 석탄 화력발전의 중요성을 간과해서는 심각한 에너지 문제를 야기할 수 있다.

천연가스는 오늘날 그 중요성이 급증하는 연료이다. 이에 인구밀도가 높고 가스 자원이 거의 없는 개발도상국일지라도 에너지 포트폴리오 구성에서 가스를 상당 부분 반영시킬 수 있는 여건을 만들어야 한다.

석유는 앞으로 당분간 석유화학 및 수송 부문과 원격지용 및 피크용 연료로서 그 역할을 유지할 것이다. 석유의 이점이 분명하기 때문에 이에 대한 고려는 모든 에너지 설정에서 간과되어서는 안 된다.

에너지 투자의 정치적 위험 감소조치 시행

에너지 부문 투자재원 조달 방법은 국내저축 등 자급형과 해외직접투자(FDI)을 활용하는 두 가지가 있다. 물론 해외기술에 의존하는 경우 불가피하게 FDI를 활용해야 하는 경우도 있다.

그러나 대부분의 후진국들은 국내 자급형 투자조달이 거의 불가능하다. 이에 FDI의 원활한 운용과 증대방안이 미래 에너지문제 해결의 주요 과제이다. 시장개편이 긍정적 환경조성에 기여하겠지만, 통화가치하락,

금융제도의 변경, 수익금의 본국송환에 대한 장벽과 같은 자본투자비용을 높이는 정치적 위험에 대해서는 보장 장치가 아직 없다. 에너지 헌장과 같은 위험절감을 위한 국제조약이나 협약이 있지만, 예외와 과도기적 준비사항이 너무 많다. 모두에게 현대적 에너지 서비스를 제공하기 위한 목적으로 세계적인 차원에서 투자위험 저감조치가 이루어지지 않았다.

특히 신용위기문제는 개발도상국의 신·재생 에너지 프로젝트 추진의 주요 장애요인이 되고 있다. 신·재생 에너지 프로젝트의 경우 총비용 중 많은 부분이 초기자본비용이며 연속적이지 못한 에너지 생산의 기술적 특성에 기인한 현금흐름의 불연속성은 투자위험을 증대시킨다. 이에 정치적 위험이 상대적으로 큰 점을 감안하면 선진국보다 후진국의 투자 비용이 높아진다.

이에 해외직접투자(FDI)의 증가를 위해서 국제차원의 보장조치(예: 특수보험제도 도입) 도입이 중요하다. 예를 들면 선진국의 수출 촉진수단으로서 쌍무적 차원에서 운용되는 비상업적 투자보험을 확대하거나 세계은행의 다자간 투자보장기구(MIGA) 기능을 확대하는 등 다자간 투자보장 장치를 고려할 수 있다.

따라서 주요 신규 에너지 투자와 관련한 정치적 위험에 대해 지구적 또는 최소한 지역적 차원의 보험시스템에 대한 방법론이 시급히 검토되어야 한다. 이러한 보험시스템은 개발도상국의 직접적인 참여가 필요하다. 또한 세계 에너지 빈곤 문제를 다룸에 있어서 국제적 결속과 실질적 결과를 얻기 위해서는 선진국과 후진국이 공동으로 자금을 마련해야 한다.

모든 비용이 반영되고 모두가 지불 가능한 에너지가격 체계 정립

시장경제논리가 잘 정립된 경우 최종소비자가격이 에너지 공급 및 서비스품질의 수준을 결정하는 가장 중요한 요소이다. 이러한 가격이 모든 비용(변동비, 유지 및 확장 비용, 경우에 따라서는 에너지 안보나 환경보호와 관련한 외부비용까지 포함)을 반영하지 않는다면 소비자 선택의 왜곡을 유도하고 나아가 지속가능한 에너지 미래를 보장하지 못한다. 연료가격(예를 들어 석탄, 전기, 등유)을 인위적으로 낮게 책정하는 제반 보조금, 예를 들어 수송부문에서의 상호보조금의 점진적 폐지는 일관된 에너지 세제의 확립과 함께 우선적으로 다루어야 할 사항이다.

시장에서는 가격 신호를 왜곡시키는 보조금 폐지가 당연하지만, 당장 보조금을 폐지하면 일부 에너지 생산자 및 소비자들에게 경제적 어려움이나 고용상의 문제를 일으킬 수 있다. 따라서 보조금을 투명하게 하고 신규보조금에 대한 자동적인 선셋(sunset) 제도가 마련되어야 한다.

어떠한 종류의 에너지도 무료로 얻을 수 있는 사회적 공공재가 아니다. 적절하게 비용을 반영하는 에너지 가격체계 다음으로 실현가능한 명확한 지불시스템의 존재도 아주 중요하다. 최근에야 상업 에너지에 접근이 가능하게 된 소비자들도 적절한 품질을 계속 유지하기를 바란다면, 에너지를 대가를 지불할 필요가 있는 상품 또는 가치 있는 서비스로 보아야 한다. 적절한 계량 및 지불시스템은 명확한 가격체계와 결부시켜야 한다.

왜곡된 가격 현상이 모든 나라와 모든 부문에 존재한다. 시장개혁은 비용반영 가격체계를 세우는 강력한 추진요소(경쟁적이면서 공정한 경기장의 필요성 때문)이며 일반적으로 보조금이나 교차보조금을 제거시키는 경향이 있지만, 시장개편을 하는 과정에는 시간이 걸릴 수도 있고 예외가 있을 수도 있다. 따라서 실천의 우선순위로서 비용을 반영하는 가격체계를 다룰 필요가 있다.

부적절한 조세정책 때문에 왜곡현상이 일어날 수도 있다. 수송부문이 그 예가 될 수 있는데, 일부 국내소비세는 인프라 비용, 사회적 외부 비용(오염, 사고), 그리고 전략적 비축과 같은 석유 안보 비용(거의 100%를 수입에 의존하기 때문)을 적절하게 커버하지 못한다. 국내소비세 수준이 적절하거나 이미 아주 높은 국가에서도 자동차와 트럭은 도로 비용을 공정하게 지불하지 못하는데, 도시에서는 자동차에 대한 도로 비용이 높고, 시골에서는 트럭에 대한 도로 비용이 높기 때문이다. 또한 천연가스의 경우 다양성이라든지 환경상의 편익 때문에 석유제품에 비해 프리미엄이 있어야 한다. 하지만 여러 나라에서 실제로 그렇게 하지 못하는 이유는 가스를 외국에서 들여올 경우 생산자에게 이익이 되는 차액지대가 만들어지는 것을 피하고자 하기 때문이다. 마지막 예는 석탄의 경우인데 보통 에너지 발전 부문에서 최저수준의 조세를 적용받는다.

왜곡의 또 다른 형태는 대규모의 명시적 또는 묵시적 보조금의 존재이다. OECD 및 비OECD 국가에서 석탄 보조금은 주로 고용 및 지역개발이 그 이유가 되는데, 가장 잘 알려진 보조금이다. 그러나 다른 연료 특히, 석유제품(선진국 등 다수국가에서의 등유)과 전기에도 보조금을 지급하고 있다. 전기요금도 대부분의 국가에서 공정한 가격이 매겨지지 않는데, 그 이유는 피크요금이 'valley' 요금(전기요금이 주간에는 너무 낮고 야간에는 너무 높은 경우)에 의해 교차보조를 받고 있기 때문이다. 산업 부문을 희생시키거나 정부의 일반예산으로 가정 부문의 전기요금에 직접 보조를 하는 개발도상국도 많은데 인도가 여기에 해당한다.

숨겨진 보조금으로는 송배전에서 사라지는 손실 부분도 해당된다. 이러한 손실은 일부 개발도상국과 체제전환국에서 심하다. 경우에 따라서는 선진국 시장에서도 일어날 수 있는데, 전력망뿐만 아니라 천연가스부문의 에너지 전환 과정에서도 일어난다. 손실분에 대해서는 누가 비용을 지불하는가? 손실을 방지하거나 책임을 묻기 위해서 어떠한 노력을 하고 있는가?

에너지원 단위를 결정하는 주요 요소로서 가격의 중요성을 가정할 때, 에너지가격은 비용을 반영하여야 하고 보조금이 필요할 경우는 일반예산에서 제공되어야 하지 인위적인 저가격이나 지속 불가능한 에너지가격을 제시해서는 안 된다. 가격은 이상적으로는 변동비를 반영해야 하고, 여기에 보수비와 각 소비자를 위한 시스템 확장의 한계자본비용이 반영되어야 한다. 여기에서 시스템 확장을 주도하는 중간 피크부하 소비자와 그렇지 않은 기저부하 소비자를 세심하게 구별해야 한다.

현대 경제학에서 가장 오랫동안 지속되는 문제 중의 하나가 재화와 서비스의 생산 및 이용에 따른 비용을 모두 고려한 비용 및 가격 산정 문제이다. 이것은 에너지 경제학 및 정치학에서도 해당된다.

에너지 효율의 촉진

에너지원 단위는 이용자가 실제 지불하는 에너지 가격과 직접적으로 관련되어 있는데(에너지원 단위와 최종이용 평균가격 사이에는 확고한 역관계 있음), 에너지 효율은 가장 비용효과적인 기술의 보급에 따라 결정된다. 따라서 비용효과적 기술의 역할이 중요하지만, 에너지 가격과 분리해서 생각할 수는 없다. 큰 규모의 자본지출과 관련 있는 열병합 발전과 같은 에너지 효율 기술은 에너지 가격이 비용을 감당할 수 있을 정도로 높지 않다면, 시장화되지 못할 것이다. 상대적으로 값싼 에너지 절약기술이 보다 쉽게 시장화되어 처음에는 에너지 비용을 낮추지만, 낮아진 에너지 비용으로 인해 에너지 수요증가를 가져오게 된다(즉, 이 기술로 절약된 에너지가 다른 방법으로 더 많은 에너지를 소비하도록 만든다).

결과적으로 보다 높은 에너지 효율을 촉진시키기 위해서는 3가지 전제조건이 충족되어야 한다.

- 가격이 모든 비용을 반영하는 올바른 수준에 있어야 한다. 보조금은 폐지될 필요가 있고 밝혀진 외부경제비용은 명시적(예, 세금)이든 묵시적(예, 규제)이든 비용에 포함될 필요가 있다.
- 가격이 투자의사결정의 신호로서 역할을 할 수 있도록 지불되어야 한다. 에너지 이용자는 장비선택에서 자기들의 의사표시를 해야 한다.

• 기술의 역할은 에너지 관련 서비스의 비용을 낮추는 데 있어야 한다.

불행하게도 이러한 조건을 충족시키지 못하는 다수의 시장상황이 있다. 에너지 낭비를 감소시킬 수 있는 최대의 영역은 가정에서 개별소비자의 행위를 변화시키는 것이다. 이와 같은 에너지 낭비의 손실은 전력의 생산 및 이용 시 발생하는 손실 외에 추가로 발생하는 것이다. 화학, 제지 및 철강 등 산업용의 경우 열병합 발전 프로젝트는 스팀이나 초과전력 수천 MW를 보다 잘 활용할 수 있는 기회가 된다. 적절한 규제 장치를 갖추고 있는 자유화된 에너지 시장에서는 이와 같은 미이용 에너지를 에너지 마케팅 담당자나 기타 이용자들이 적당한 조건에 구입하여 사용할 수 있을 것이다. 이를 위해서는 가정이나 산업 부문에서 낭비되는 에너지를 포착하기 위한 특별 에너지 효율 정책이 고려되어야 한다.

다수 국가에서 에너지 보조금 또는 교차 보조금이 존재하는 상황에서 에너지 효율기술의 개발을 촉진시킬 필요가 있다. 과도한 정부의 통제보다는 시장의 역동성이 핵심적인 역할을 해야 한다. 정확한 정보가 필수요소이다. 에너지 효율이 확실히 고려되도록 하기 위해서는 기술이 시장에 유입될 수 있도록 하는 데 있어서 상표, 규격, 규칙 등이 중요하다. 에너지 서비스 회사는 경쟁적인 조건에서 기술의 광범위한 도입 및 시행을 촉진하는데 있어 자유로워야 한다.

여러 가지 형태의 에너지 이용 장비와 관련 국가 및 국제적 표준이 뚜렷하지 않다. 예를 들어 여러 나라에서 소형 산업 및 주거용 보일러의 경우 효율기준이 없다. 따라서 세부적인 정보 및 엄격한 규격의 도입 시 주의가 필요하다.

기존의 광범위한 유사제품 때문에 신제품의 표준을 기존의 표준과 같게 하거나 보다 엄격한 성능기준을 적용해야 하며, 그렇지 않을 경우 적절한 성능기준이 신속히 도입되어야 한다. 미국의 경우 스포츠용 자동차는 일반자동차의 정상적인 효율기준을 벗어난다. 그 결과 일반용 자동차의 연료효율이 나빠지는 경향을 보였다. 이와 반대로 1950년대 유럽에서는 1 kWh의 전기 생산에 700 g의 석탄이 필요하였지만, 오늘날은 300 g이면 가능하다. 효율에서의 실질적인 개선이 있었고 환경 측면에도 긍정적인 결과를 가져왔다. 에너지 서비스의 품질을 올리고 이용에 따른 부정적 영향을 감소시키기 위해서 비용효과적 성능 기준을 적절히 도입하는 것은 정부의 핵심적 역할이다.

미터링 및 실현가능한 에너지 지불시스템은 앞에서 언급한 것처럼 보다 높은 에너지 효율 촉진에 있어 중요하다. 좋은 예로는 공동빌딩이나 더 구체적으로는 정부빌딩을 들 수 있다. 개별적인 에너지 계량기가 없는 공동빌딩은 에너지 과소비를 촉진시키는데, 그 이유는 가격신호체계가 약화되어 있기 때문이다. 구체적으로 개별소비를 이용자 모두에게 공동으로 부담시키기 때문이다. 민간이든 공공이든 오피스빌딩은 훨씬 더 심한 경우에 해당된다. 여기서는 에너지 소비에 대해서 아무도 책임이 없고 절약을 할 만한 이유가 없다. 이런 경우에는 에너지 담당 매니저를 임명하는 것만으로 충분하지 않을 수도 있다. 왜냐하면 개별소비자가 자기 몫에 대한 비용을 직접 지불하지 않을 경우 에너지 효율증가를 위한 지지를 얻기 힘들기 때문이다. 즉 올바른 방법이긴 하지만 정착시키기가 쉽지 않다. 미터링 및 에너지 지불 시스템의 존재는 에너지 개발의 경제적 지속가능성을 위해서 필수적일 뿐만 아니라, 계통에 연결되지 않은(off-grid) 에너지 프로젝트 등의 성과에 대한 인센티브 제공을 위한 근거를 제공하고, 에너지 효율 프로그램의 실질적인 발전을 촉진시키는 중요한 요소가 된다.

투자 및 소비에 대한 의사결정 주체가 서로 다른 일부 부문에서는 시장의 비효율이 존재한다. 좋은 예가 집주인과 세입자 간의 관계인데, 집주인은 자본 비용을 최소화하려고 할 것이며, 자기가 그 집에 사는 경우에 비해 세입자의 에너지 비용 지출에는 거의 관심이 없다. 그 결과 임대주택은 보다 덜 효율적인 건물이 되고 세입자는 비효율적 서비스 때문에 불편하게 지내거나 에너지 요금을 더 많이 부담해야 한다. 건물은 일단 완성되고 나면 자금회전율이 낮고 효율개선이 어렵기 때문에 정부가 나서서 단열기준, 이중창, 그리고 조명, 냉동, 난방 및 냉방 시스템에 대한 효율기준 등 최적의 건물기준을 마련해야 한다.

에너지의 최종이용 및 자본스톡 회전율이 갈수록 점점 빨라지는 시대에 진입하고 있으며, 시장개혁은 향후의 효율향상 추구를 강화시킬 것이다. 분명한 가격신호 체계를 창출하고 신뢰할 수 있는 지불시스템에 의존하는 시장개혁은 장기적으로 에너지 서비스의 질을 향상시킨다. 에너지 효율 개선을 촉진하는 기술은 신소재, 정보기술 및 통신과 같은 비에너지 부문에서 나올 수도 있다.

재원조달 파트너십과 환경목표의 연계

앞에서 제시한 5개의 정책 방안은 구조적인 문제나 에너지 안보 및 효율의 광범위한 이슈와 관련이 있다. 이제는 에너지 관련 온실가스 배출감축을 위한 최고의 비용효과적 방법(potential)에 대해서 관심을 가져야 한다. 주로 개발도상국의 증가하는 에너지 소요를 충족시키기 위한 인프라의 개발 및 확대를 통해 개발도상국의 20억 사람들의 복지를 제고해야 한다.

선진국에서 오염배출을 줄이기 위해서 취하는 국내적 조치가 그 나름대로 의미가 있지만 국제적 메커니즘에 더 많은 우선순위를 두어야 한다. 그 이유는 개발도상국에서 에너지의 접근가능성 목표와 수용가능성 목표를 연결시키는 일에 자본의 흐름을 촉진시키는 역할을 하기 때문이다.

환경문제를 다루는 기술을 활용하여 빈곤 지역의 건강 및 생활 여건을 상당히 개선시킬 수가 있다. 에너지의 수송 및 공급부문이 토지이용, 조망, 물리적 위험 측면에서 지역 환경에 최대의 영향을 미친다.

최근에는 소규모의 분산식 에너지 전환 기술이 개발되어 농촌 에너지 개발에 대한 공동투자가 특히 시의적절 할 수 있음이 입증되고 있다. 정부(또는 정부기관)와 영리목적 에너지 기관의 공동투자로 나무를 때는 난로를 교체하거나 업그레이드, 신재생 에너지 시스템 설치, 분산식 발전시설 확대 등이 우선순위가 되고 있다. 정부에서는 재정적 지원 특히 종잣돈을 지원하고, 기술평가를 지원하고, 지방정부와 협력하여 사후교육 및 보수 서비스를 제공할 필요가 있다. 그러나 프로젝트는 지역적 입장에서도 수용할 수 있어야 한다. 능력배양(capacity building) 및 교육은 적절한 시설보수 및 개발이 가능하도록 연계되어야 한다.

환경측면에서 개발도상국에 추가적인 혜택(추가투자가 없었을 경우와 비교하여 차이가 나는 부분)을 가져다주는 에너지 프로젝트의 비용은 선진국의 투자기관에서 지원해야 한다는 것이 금융협력(financial partnerships)이다. 프로젝트의 실제 비용에 근거하여 선진국과 후진국 양쪽 당사자들은 확인된 배출물감소 실적을 분배하는 데 동의할 것이다. 기록(registration)을 위한 유일한 표준은 프로젝트의 배출물 감축을 입증시키는 문제일 것이다. 기록방식으로는 인터넷 시스템상의 데이터베이스화와 방법론이 기초가 될 수 있다.

수용가능한(affordable) 에너지의 공급

변동비 및 유지보수비를 반영하고, 수용가능한 범위 내에서 에너지 인프라의 확장에 필요한 자본 비용을 반영하는 왜곡되지 않은 에너지 가격 체계의 중요성을 앞서 살펴보았다. 그러나 다수 개발도상국의 주요 신규시장에서 재생 에너지의 기술개발이나 기저부하 에너지 인프라의 비용을 모든 사람들이 수용할 수 없다는 것도 알고 있다.

누가 비용을 부담할 것인지를 결정하지 않은 상태에서 정부나 국제기관이 참여하는 공동투자나 파트너십을 논의하기는 어렵다. 개발도상국의 에너지프로그램에 대한 일부 인센티브제도나 금융지원은 에너지의 접근가능성, 이용가능성, 수용가능성 문제 해결에 도움이 된다. 자발적 참여, 기술혁신 체계, 시장원리를 도입시키려는 측면 등과 같은 몇 가지 진취적 목표 설정이 필요하다.

다수의 개발도상국 및 체제전환국에서 단전(斷電)으로 인한 전기 공급의 일시적 손실이 심각한 손실이 되고 있다. 단전은 생명에 대한 위협, 심각한 경제적 손실, 그리고 장비에 대한 광범위한 손상을 가져올 수 있다. 따라서 접근가능성 및 이용가능성의 문제는 긴밀히 연계되어 있으며, 앞에서도 주장한 바와 같이 수용가능성은 이 두 가지 요소의 일부이다. 가격은 왜곡되지 않고 지속 가능해야 한다. 따라서 빈곤층의 에너지 수용 확대는 비용을 반영하는 가격체계를 강화시키기 위해 설계된 다음과 같은 3대 원칙에 따라서 이루어져야 한다.

- 경제 및 사회정책을 통한 균등한 소득 분배
- 매몰비용(sunk cost)에 대한 보조금
- 교육 및 능력 배양(capacity building)

5장

우리나라의 에너지 -기후변화 대응정책

1

국내 에너지-기후변화 정책수립

우리나라 에너지-기후변화 정책수립 여건 분석

우리나라는 OECD에 가입하여 선진국 반열에 속하게 되었다. 선진국의 정의(定義)는 단순히 1인당 국민소득의 크기로 결정되는 것만은 아니다. 독특한 경제 활력과 고유한 문화를 바탕으로 새로운 경제사회 공동체를 구성하는 비전을 제시하고 현존 문명의 유지와 발전을 위한 책임을 다할 때에만 진정한 선진국이라고 할 수 있다.

따라서 우리는 과거 40년 가까이 지속되어 왔던 성장과 발전의 패러다임을 탈피하고 새로운 모습으로 바뀌어야 한다. 이러한 큰 변화의 과정에서 에너지 산업의 발전과 성장 방향이 크게 좌우될 것이다.

과거 우리나라의 성장전략은 경사전략(Inclined Strategy)으로서 유망 직종이나 부문에 자원을 집중 배분하여 제한된 자원의 효율적 배분에 중점을 두어왔다. 이에 정부의 지시와 통제를 발전의 불가피한 요소로 인정해 왔으며 민간 부문을 포함한 모든 경제주체들이 이를 수용해 왔다.

그러나 경제규모의 확대 및 의식수준의 변화와 함께 국제 여건이 더 이상 경사전략을 허용하지 않게 되어 1970년대 후반부터 민간주도 경제 운영원칙이 시작되었고 1980년도 초반에는 경제자율화 시책이 추구되었다. 그러나 사회 전반의 민주적 운용 체계가 정착되지 않은 상태에서 경제만 민간주도로 이행되는 데는 많은 한계가 있었다. 그 후 정치민주화 등의 변화와 함께 정부의 지시와 통제 대신 국민 참여와 경제 정의(正義)를 바탕으로 민간의 창의(創意) 존중을 통한 경제발전 메커니즘을 확대 도입하려는 시도가 1990년대에 있었다. 하지만 아직까지는 집단이기주의 표출 등, 사회규범의 혼란이 발생하여 비효율성과 무질서한 상황이 나타나고 있다. 현 시점에서의 이와 같은 경제 부문의 구조적 취약성 표출은 불확실성으로 연결되어 미래 투자의 확대에 큰 걸림돌이 되고 있지만 경제구조뿐만 아니라 사회구성원들의 의식 개혁을 통한 진정한 선진국 진입에 앞서 필연적인 진통으로 해석되기도 한다.

그러나 에너지 산업은 이 같은 우리 사회구조의 큰 패러다임 변화과정에서 어느 부문보다 큰 진통을 겪게 되는 구조적 특성을 가지고 있다. 즉 우리나라의 에너지 산업은 국가 유지의 필수재화인 에너지를 거의 독점적으로 생산·공급하기 때문에 황금알을 낳는 산업 분야로 간주되어 많은 시장왜곡을 지녀왔다.

경제개발 초기단계에서는 시민생활 보호뿐만 아니라 국가경제 운영에 필요한 동력원 제공이 매우 큰 역할을 하였기 때문에 석탄, 전력, 석유등 에너지 산업은 공기업(公企業)적 성격을 지녔거나 민간이 담당하는 경우에도 지역독점, 영역 독점적 지위를 정부로부터 보장받았다.

더욱이 초과이윤의 창출특성은 정부의 개입을 통해 안정된 세수(稅收) 확보 등 분배(分配) 정책적 고려를 정당화해 왔고 이 결과는 모든 에너지 산업의 공기업화 또는 준공기업화로 정부통제를 통한 안정된 수익보장과 독점적 지위 유지를 정부와 관련 업계가 합동으로 선택하는 경지에까지 이르렀다.

이에 따라 에너지 산업은 경쟁의 법칙과 효율적 자원배분 원칙에 대한 충분한 학습 기회를 갖지 못하였다. 그러던 중에 OECD 가입으로 상징되는 선진국형 경제 체계에 적응해야 한다는 시대적 요구에 직면하게 되었다.

건전한 경제발전을 위해서는 국민의 참여와 창의가 필수적이며 경제주체 각자의 기여에 대한 정당한 보상이 주어지는 경제정의를 확립해야 한다. 이를 위한 근원적 전제조건이 바로 정부규제완화이다. 더욱이 WTO 경제체제 확립으로 세계경제의 개방화가 확대되는 가운데 선진국형 경제 체계 도입은 필연적으로 이루어져야 한다. 이를 위하여 진정한 경쟁원칙 확립과 함께 협력의 필요성도 강조되고 있다. 경쟁과 협력의 조화를 위해서는 수출촉진과 함께 수입 개방, 무역진흥과 함께 산업협력의 병행, 다자주의 방식의 적극 참여 그리고 세계차원의 경제협력과 국가의무 수행 등이 요구된다.

이러한 관점에서도 우리 에너지 산업은 협력에 대한 학습기회가 거의 없었다는 점에서 각별한 주의가 요구된다. 과거 정부의 효율적 자원분배 대상으로 지정되는 형태의 시장진입 관행에 익숙하여 독과점 기업행태에 익숙해진 우리 에너지 산업의 관행에서 잠재적 경쟁자와의 협력은 매우 드문 일이었다. 기존 투자 이익의 보호를 위해 잠재적 경쟁자의 시장진입을 통제하는 전략에 익숙한 가운데 창의성 발휘뿐만 아니라 협력의 포지티브섬(positive sum)적 기능 활용에도 미숙하였다.

따라서 국내 에너지 산업은 경쟁과 협력이 필수적으로 요구되는 시대적 변화에 부응하지 못하고 있으며, 새롭게 학습할 의욕도 적다는 구조적 문제점을 안고 있다.

이러한 국내 에너지 산업의 구조적 문제점에 비추어 정부시책은 최근 시대적 변화와 욕구를 과감히 수용함으로써 업계전략과의 괴리가 커져가고 있다는 또 다른 문제점을 제시하고 있다.

현재 우리나라 에너지 정책의 근간은 관련 산업과 최종소비단계에서의 안전과 효율의 극대화를 주요 목표로 하고 있다. 즉, 안전관리의 강화를 통해 사고와 재난으로부터 국민을 보호하고 에너지 산업의 환경친화적 요소를 강화하며 과감한 진입자유화와 합리적 공급시설 확충을 도모하는 것으로 요약되고 있다. 안전관리의 강화는 공공성을 바탕으로 하는 사업특성에 비추어 공급자의 의무를 강화하는 것이다. 이러한 공급자의 의무 강화에 수반되는 비용을 공정하게 배분하는 조치가 시행되지 않을 경우 관련 산업의 경제적 부담은 커질 뿐 아니라 에너지의 공공재적 기능을 강화하여 또 다른 역기능을 가져올 가능성이 있다.

환경친화적 에너지 산업육성 시책의 경우 지속가능한 발전(sustainable development)과 국민 생활의 질 향상에 도움을 주는 필수불가결한 요소이다. 하지만 현실과의 조화과정에서 필요한 조치, 예를 들어 소요투자재원 확보와 소요투자 준비기간 등에 관해서는 현실적 제약이 큰 경우가 상당수 나타나고 있다.

우리나라가 기후변화협약에 가입하였고 선진 G20 국가로 인정됨에 따라 국제사회로부터 이산화 탄소 배출 저감압력을 받게 되었다. 이산화 탄소 배출의 절반 이상이 에너지 부문에서 직간접적으로 유발됨에 따라 배출저감 목표달성(예컨대 1990년 수준으로 동결)을 위해서는 에너지 부문의 근본적 구조개편이 요구된다. 그러나 환경 친화적인 에너지 기술의 급속한 활용이 불가능하고 에너지 절약효과도 한계가 있으며 에너지 낭비적 산업구조의 개편도 단시일 내 달성이 어렵다는 점을 고려할 때 정부시책의 목표와 현실 간에는 상당한 괴리가 있다.

물론 정부의 대외 협상력 재고를 통해 우리 현실에서의 한계를 반영하고 구조조정에 필요한 시간을 어느 정도 얻을 수는 있겠지만 경제적 부담은 회피할 수 없다. 이 경우 상당 부문의 경제적 부담을 에너지 산업계가 부담해야 할 것이다.

그러나 우리나라 에너지 산업계는 과거 정부 보호와 육성에 익숙하고 지시와 통제에 무감각한 관성으로 인해 현실에 엄연히 존재하는 환경친화적 요소의 강화에 개재되는 문제점들을 정확하게 정부에 알리고 자신들의 구조개혁에 필요한 조치들을 적극적으로 추진하지 못하고 있다. 적어도 정부는 자신들의 기존투자를 어떠한 경우에도 보호해 줄 것으로 생각하는 관행이 지속되기도 한다.

따라서 국내 에너지 산업계의 단기 행동전략은 실현가능성에 기초를 두고 정부보호와 지원의 철폐를 당연시하는 경제원리로 돌아가야 할 것이다. 장기적으로는 에너지 제품의 환경파급효과를 내부 비용화하는 등의 조치를 통해 점점 변해가는 시장구조 개편에 대비해야 한다. 이러한 개편은 어디까지나 시장경제원리의 당연한 귀결로 해석되고 받아들여야 할 것이다. 또한 정부 역할의 강화로 반사이익을 향유해 온 과거 행태로 회귀할 수 없다는 점을 인식해야만 할 것이다.

한편 효율적 에너지 공급의 확충 시책은 '효율적'이라는 용어를 사용하는 것에서 알 수 있듯이 에너지 공급능력 확충 측면에서도 시장 개방화 추세에 따라 민간의 창의력이 최대한 발휘되고 경쟁력이 확보되는 범위 내에서 국내 에너지 산업을 육성, 지원하겠다는 정책의지가 표출되고 있다. 따라서 이전까지 안정공급 위주의 에너지 정책에서 공익보호를 위한 최소한의 정부규제만을 유지하고 개방과 참여확대를 통해 자생적 성장기반을 구축하는 범위 내에서 관련 산업지원이 있을 것을 시사하고 있다.

이 같은 정책기조의 전환은 경제적 의미에서 효율(efficiency)을 추구하는 것이다. 효율이란 용어의 의미가 "다른 부문의 손해를 초래하지 않고서는 더 이상의 자원배분의 적정성을 제고할 수 없는 상태"라고 정의되고 있음을 유의한다면 어떤 방향으로 정책전환이 진행되고 있는지 알 수 있다.

이에 적정수준의 공급확대를 위해서는 무조건적인 투자와 지원이 있어야 한다는 식의 기존관행과 인식이 통용될 수 없음을 시사하고 있다.

위와 같은 여건을 반영하여 국내 에너지 산업은 특정 에너지 분야에 관해서는 독점적 지위를 누려왔던 관행에서 탈피하고 경쟁자의 시장 진입을 허용해야 할 것이다. 이를 위해서는 무엇보다 민간부문과 공공부문의 역할 분담의 원칙 하에서 해당 기업이 처한 위치파악과 이를 바탕으로 한 전략 구성안이 시급하다.

에너지 공급의 불안이 야기하는 속칭 회피비용(avoid cost) 부담의 가중을 핑계로 준공기업적 경영 행태를 보여 온 과거관행은 통용될 수 없다. 에너지의 회피비용은 외부효과의 가격체계에서의 내재화(internalization)와 같은 가격구조 개편으로 시행되어야 하며 보호와 지원으로 충당되어서는 안 된다.

이에 따라 국가주도 계획이었던 장기전력 수급계획이나 장기 천연가스 수급계획 등의 공급 측면에서 소수의 독과점 공급업체가 계획의 수혜자가 되고 전 국민(즉 모든 소비자)이 선택 불가능한 소비자인 입장에서 공급원활화 시책을 지원하는 사례는 더 이상 없어야 할 것이다. 기존투자의 합리화를 무기로 하는 독과점 체계는 종식되어야 한다.

결국 에너지 공급의 효율적 체계 구축은 무조건적인 공급여유분 유지만으로 달성할 수 없다. 이를 위해서는 소비자 선택의 효율화를 고려할 수 있도록 합리적 시장 여건을 조성하고 공급자는 소비자들의 에너지 효용(utility)을 극대화할 수 있는 선택 대안을 제시하는 여건을 조성해야 하며, 필요한 경우 시장개방을 효율화의 수단으로 활용할 수도 있어야 한다.

소비자 위주의 경제시책의 큰 틀 아래서 정부시책은 경쟁을 저해하는 방향으로 돌아갈 순 없으며, 에너지 산업은 부문별 산업육성보다는 에너지 효용 제공 산업의 효율화로 전환된다. 따라서 석유, 가스, 석탄, 전력 등 각 부문별 특화 정책의 차별성은 조만간 종식될 것이다.

이에 부문별 산업 특화전략보다는 에너지 시스템 전체에의 효율화에 대한 에너지 산업의 가치를 결정하는 시대가 곧 열릴 것이다(또한 시발점이 되어야 한다). 한 예로 우리나라의 전력부문 구조조정은 가스, 지역난방, 석유, 석탄 등 여타 에너지 부문에 큰 영향을 미치고 있다. 더구나 각 에너지 부문은 각자의 이해득실만을 따지고 전체 에너지 시스템에 미치는 현실적인 제약요인과 해결방안에 대해서는 매우 소극적이다. 전력부문에서, 좁게는 발전부문에서, 설사 이익(비록 단기적일지라도)이 창출된다고 하더라도 여타 부문을 포함한 전체 에너지 시스템 차원에서 다시 검토되어야 한다.

국가 에너지 시스템 차원에서는 무조건적인 발전 부문의 경쟁은 자원 배분 면에서나 대외 경쟁력 차원에서 문제를 야기할 수 있으며 국가 에너지 수급의 장기안전성과 국민 복지창출을 위한 에너지의 공공서비스 기능을 저해할 수 있다. 이에 에너지 시스템 측면에서 각 부문별 에너지 산업 전략이 성안되고 이를 바탕으로 실무적이고 현실적인 정책 대안이 민간자율 차원에서 제시되어야 할 것이다.

더욱이 최근 들어 제4차 산업혁명 시대에 적합하고, 신기후변화체재에 적용될 수 있는 에너지 정책 수립의 필요성이 커지고 있다.

우리나라 에너지 정책 체계와 관련 산업계의 변화흐름은 엄밀히 분석하면 아직도 제3차 산업혁명과 제4차 산업혁명 중간지점에 있다. 미국, 독일 등 선도국가를 비롯한 여타 선진국들에 비해서도 상대적으로 뒤처져 있다고 할 수 있다. 따라서 4차 산업혁명 시대에 부응하는 에너지 정책 창출이 필요하다. 이를 위해서는 필요한 정책목표 변화는 다음과 같이 정리된다.

- 에너지 다소비구조를 극복하고 효율성을 증진
- 미시적 단기 경제성 중심의 에너지믹스를 탈피하여 환경공해, 안전위해 등 외부효과를 반영한 새로운 정책체계 수립
- 성과 극대화를 위해 부처별로 분산된 에너지 정책의 통합 거버넌스 수립 및 통합관리
- 환경측면의 지속가능성과 에너지 정책과의 효율적 통합, 연계 노력 강화
- 해외자원 확보를 위한 효율적 지원체계 확립
- 4차 산업혁명시대에 부합하는 에너지와 다른 산업/분야와의 융-복합 확대
- 에너지 복지 측면의 서비스 고도화를 위한 노력

표 5-1 새로운 에너지정책 수요

기존 정책의 중점사항	새로운 주요 정책 수요
■ 공급부문 · 경제성장을 위한 에너지 안정공급족 · 단순 설비 확충 · 에너지원의 다원화 · 소비지 생산원칙 · 저 에너지가격 정책	■ 공급부문 · 에너지산업 구조개편 및 경쟁 강화 · 수요 고품질화 충족 · 환경·입지 문제 심화에 대처 · 집단에너지공급, PNG 보급 등 신규에너지 산업 창출 · 유통시스템 개선, 소비자 보호 강화 · 동북아 에너지공동체 등 폐쇄형 체계 탈피 및 공급기반의 광역화 / 다원화 /개방화
■ 수요관리부문 · 단순절약 · 정부 주도의 기술적 접근 · 홍보 및 교육, 진단	■ 수요관리부문 · DSM, IRP 등 진보적 수단 도입 · 가격 및 시장기능 제고 · 지역에너지계획 추진 · 산업구조 개선과 환경정책과의 연계 · 에너지전환정책의 효율적 추진 · 에너지부문의 Digital화 강화
■ 산업 및 규제 · 정부주도의 산업성장 · 공기업 위주의 구조 · 가격 및 진입규제	■ 산업 및 규제 · 제4차 산업혁명시대 에너지신산업 육성 · 민간참여 및 경쟁기반 확대 · 가격자율화 · 국제적 진출기반 확충 · 국내 에너지빈곤 문제 적극해결
■ 환경 및 안전 · 대기오염 · 광산 재해방지 · 에너지산업 안전관리 강화	■ 환경 및 안전 · 지구온난화 문제해결에 기여 · 파리협정 준수 등 국제 연대 강화 · 미세먼지 등 에너지 유발 환경문제 해결 · 가스안전 등 소비자보호를 위한 안전관리
■ 기술 · 신 재생에너지 생산 기초기술 · 선진기술도입	■ 기술 · 기술자원 위주 에너지전략 기반 조성 · 효율화, 다양화, 환경 적응형 기술 개발 · 기술의 융-복합화 추진 · 에너지-ICT(정보통신기술)체계 강화
■ 통일대비 · 소극적	■ 통일대비 · 현실적 전략개발/추진 필요 · 남북 에너지망 연계 · 동북아 슈퍼 그리드 등 지역 에너지 공동체 구성

자료: 최기련, 아주대 강의록 2017

국내 에너지 수급현황 및 전망[1]

우리나라의 에너지 소비는 2012년 이후 증가세가 크게 둔화하여 2011~2016년 연평균 1.4% 증가에 그쳤다. 총에너지 소비는 1990년대에는 경제성장률 대비 높은 증가세를 기록했으나, 2000년대 들어서는 대체로 경제성장률보다 낮은 증가세를 보이고 있다.

총에너지 소비는 2006~2011년 연평균 4.1% 증가에서 2012~2013년에는 0%대로 크게 둔화되었고, 2014~2015년에는 1%대, 2016년 이후에는 2%대 증가로 회복하였고 있다. 최근의 총에너지 소비 증가세 둔화는 에너지 저소비산업의 상대적 성장, 전력 소비 둔화 등에도 기인한 것이다. 이에 우리나라 에너지 수요 성장률은 경제성장률과 거의 비슷하거나, 약간 낮은 추세를 지속할 것으로 추정된다.[2]

최근(2017년)의 석유시장 불안이 도래하기 이전의 우리나라 에너지원별 소비추세의 특성은 석유와 원자력 소비증가세 상승, 석탄과 가스는 감소세로 전환으로 요약된다.

그 당시 석유 소비는 납사의 견조한 증가와 유가 급락의 영향으로 2011~2016년 기간 중 그 증가세가 빨라졌다. 석탄 소비는 2006~2011년 연평균 8.3% 증가에서 2011~2016년 기간에는 철강경기 악화, 석탄화력

---

[1] 현재 시점에서 확정, 발표된 에너지경제연구원 발간 2017년 말 통계자료를 기준으로 함.
[2] 에너지경제연구원은 2017년 잠정치와 2018년 추계치를 발표(에너지전망 2018 여름호)하여 이를 인용함.

발전량 증가세 둔화 등의 영향으로 0.3% 감소로 전환되었다.

천연가스의 소비는 2006~2011년 기간 중 연평균 8% 가까이 빠르게 증가했으나, 2014~2015년 기간에는 발전용의 급감과 도시가스 제조용의 감소가 두드러졌다. 이에 2011~2016년 기간 중 천연가스 소비는 연평균 0.4% 감소로 전환되었다.

원자력 발전량은 2012~2013년에는 일부 원전의 가동 중지로 감소하기도 했으나, 신규 원전 진입 등으로 2011~2016년 연평균 0.9% 증가하였다. 그러나 2016년 문재인 정부 출범과 탈원전 정책 강화로 갈수록 큰 수요 감축이 지속되고 있다.

한편, 전력 소비는 2000~2011년 연평균 6.0%로 견조하게 증가했으나, 2010년대 들어 수출 둔화, 정부의 전력 절약 정책 등의 영향으로 증가세가 둔화하며 2011~2016년에는 연평균 1.8% 증가에 그쳤다.

산업 부문 소비는 석유화학을 중심으로 2011~2016년 연평균 2.1% 증가했으나, 경기둔화, 대중국 수출 급감 등으로 증가세는 과거 대비 크게 둔화된 실적이다.

수송 부문의 에너지 소비는 자동차 보급 증가세 둔화, 대당 운행 거리 감소 등으로 2014년까지 증가세가 둔화해왔으나, 2015~2016년에는 유가 급락 효과로 큰 폭으로 증가하였다. 그러나 2017년 고유가시대 도래로 그 증가율은 정체되고, 이러한 추세는 앞으로도 지속될 것이다.

건물 부문의 에너지 소비 증가세는 인구 정체, 에너지 효율 향상 등으로 둔화 추세가 지속되고 있으며 2011~2016년에는 연평균 0.8% 증가에 그쳤다. 이러한 저수요 성장세는 당분간 지속될 것으로 보인다.

그러나 이러한 에너지수급구조는 2017년부터 시작된 고유가 시대 도래와 문재인 정부의 취임에 따른 탈원전, 탈석탄발전, 에너지 전환정책 도입으로 구조적 변화가 불가피하다.

고유가시대는 장기간의 위기로 발전될 가능성은 적을지 모르지만 중동의 지정학적 위기와 미국의 셰일가스 증산, 그리고 중동지역이 누려온 에너지패권의 북미대륙으로의 이전 등으로 2016년까지의 장기 저(低)유가시대는 종식된 것 같다. 이에 석유소비의 하향조정은 불가피할 것이다. 가스의 경우도 장기 측면에서는 영향을 받을 것이다. 신재생 에너지는 지금은 유가보다 정부의 정책의지에 따라 보급목표가 설정되지만 중-장기 관점에서는 석유 가격의 영향이 불가피하다.

여기에다 탈원전-에너지전환정책의 강화는 원자력의 대폭 감축, 발전용 석탄소비의 장기적 하향조정이 불가피할 것이다. 이에 반해 신재생 에너지의 대폭적 확대와 천연가스 발전의 단-중기적 확대가능성 등이 우리나라 에너지 수급여건에 큰 영향을 미칠 것이다.[3] 그러나 이러한 정책요소가 장기적, 구조적 요소로 지속될 것인지는 불확실하다. 다만 우리나라 에너지 수급구조는 경제-사회적 요인과 함께 정치적, 이념적 요소가 작용하기 시작하였다는 것은 분명하다. 이러한 에너지정책의 과도한 비경제화는 바람직하지 않다.

---

[3] 에너지 전환정책은 이 책의 다른 부분에서 자세히 다룰 것이므로 여기서는 상세하게 취급하지 않는다.

표 5-2 에너지 수요 종합

	2014	2015	2016			2017p			2018e		
			상반기	하반기		상반기	하반기		상반기	하반기	
총(일차) 에너지											
석탄(백만 톤)	133.6	135.2	62.1	67.4	129.4	66.5	73.2	139.7	68.7	73.0	141.7
석유(백만 bbl)	821.5	856.2	451.4	472.7	924.2	458.4	479.8	938.2	467.6	489.7	957.3
가스(백만 톤)	36.6	33.4	17.9	17.0	34.9	18.5	17.6	36.1	467.6	489.7	957.3
수력(Twh)	7.8	5.8	3.0	3.6	6.6	3.2	3.8	7.0	3.2	3.1	6.3
원자력(TWh)	156.4	164.8	86.5	75.5	162.0	78.1	70.3	148.4	59.8	74.3	134.1
신재생 · 기타(백만 toe)	11.0	12.8	6.8	6.8	13.6	7.5	7.5	15.0	8.3	8.2	16.4
합계(백만 toe)	283.1	287.7	146.1	148.5	294.6	148.5	152.6	301.1	153.6	152.2	308.8
석탄	84.8	85.7	39.3	42.5	81.9	41.1	45.2	86.3	42.6	45.2	87.7
석유	104.9	109.6	57.8	60.3	118.1	58.4	61.2	119.6	59.5	62.3	121.8
가스	47.8	43.6	23.3	22.2	45.5	24.1	23.0	47.2	29.9	23.1	53.0
수력	1.6	1.2	0.6	0.8	1.4	0.7	0.8	1.5	0.7	0.7	1.3
원자력	33.0	34.8	18.3	15.9	34.2	16.6	15.0	31.6	12.7	15.8	28.6
신재생 · 기타	11.0	12.8	6.8	6.8	13.6	7.5	7.5	15.0	8.3	8.2	16.4
최종 에너지											
석탄(백만 톤)	53.3	52.7	23.2	25.9	49.1	24.8	25.4	50.3	24.9	25.9	50.8
석유(백만 bbl)	808.5	841.6	438.7	463.7	902.4	452.7	475.4	928.1	461.0	486.0	947.0
가스(백만 m3)	22.1	20.8	12.3	9.0	21.3	12.8	9.8	22.6	13.8	9.9	23.7
전력(Twh)	477.6	483.7	248.5	248.5	497.0	251.4	256.3	507.7	261.6	265.5	527.2
열애너지(백만 toe)	1.6	1.6	1.0	0.7	1.7	1.1	0.8	1.8	1.2	0.8	2.0
신재생 · 기타(백만 toe)	9.2	10.6	5.5	5.4	10.9	5.9	5.9	11.8	6.3	6.3	12.6
합계(백만 toe)	213.8	218.4	112.4	113.1	225.5	116.1	116.4	232.5	119.6	119.4	238.9
석탄	35.6	35.1	15.5	17.2	32.7	16.6	16.9	33.5	16.6	17.3	33.9
석유	103.0	107.3	55.9	58.9	114.8	57.6	60.5	118.1	58.5	61.8	120.3
가스	23.5	22.1	13.1	9.6	22.7	13.4	10.3	23.7	14.4	10.4	24.9
전력	41.1	41.6	21.4	21.4	42.7	21.6	22.0	43.7	22.5	22.8	45.3
열에너지	1.6	1.6	1.0	0.7	1.7	1.1	0.8	1.8	1.2	0.8	2.0
신재생 · 기타	9.2	10.6	5.5	5.4	10.9	5.9	5.9	11.8	6.3	6.3	12.6
산업	135.3	135.7	67.3	71.0	138.3	70.8	73.1	143.8	72.6	75.6	148.2
수송	37.6	40.3	20.8	21.9	42.7	21.0	22.0	43.0	21.0	22.3	43.4
건물	40.9	42.4	24.3	20.2	44.5	24.3	21.3	45.7	25.9	21.4	47.4

| 표 5-3 | 우리나라의 장기 에너지 전망(안)

구분	'17년	'30년	'40년	연평균 증가율	
				'17–'30	'30–'40
주요 지표					
최종 소비 (백만 toe)	232.2	271.4	278.2	1.21%	0.25%
최종 소비 원단위 (toe/백만 원)	0.149	0.127	0.114	△1.21%	△1.10%
1인당 최종 소비 (toe/명)	4.513	5.126	5.330	0.98%	0.39%
원별 최종소비					
석탄 (점유율 %)	33.2 (14.3%)	39.7 (14.6%)	39.0 (14.0%)	1.39%	△0.17%
석유	117.6 (50.6%)	127.4 (47.0%)	124.4 (44.7%)	△0.58%	△0.49%
도시가스	23.7 (10.2%)	28.8 (10.6%)	30.5 (11.0%)	1.50%	△0.60%
전력	43.7 (18.8%)	56.1 (20.7%)	61.8 (22.2%)	1.94%	0.98%
열에너지	2.3 (1.0%)	2.5 (0.9%)	2.6 (0.9%)	0.72%	0.38%
신재생	11.8 (5.1%)	16.9 (6.2%)	19.9 (7.1%)	2.84%	1.63%
부문별 최종소비					
산업 (점유율 %)	143.5 (61.8%)	173.6 (64.0%)	180.6 (64.9%)	1.47%	0.40%
가정	22.1 (9.5%)	21.9 (8.1%)	21.9 (7.9%)	△0.09%	△0.01%
상업	17.6 (7.6%)	22.1 (8.1%)	23.9 (8.6%)	1.77%	0.80%
공공	6.4 (2.7%)	7.6 (2.8%)	8.0 (2.8%)	1.38%	0.54%
수송	42.5 (18.3%)	46.2 (17.0%)	43.8 (15.8%)	0.64%	△0.53%

2

우리나라 에너지 정책의 패러다임 변화

낡은 체제의 종말에 접어든 우리나라 에너지 수급 여건

지금 우리는 4차 산업혁명에 진입하고 있다. 이러한 시대정신에 걸맞는 국가건설을 위한 새로운 경제사회체재 구성이 필요한 시기이다. 따라서 아마 많은 사람들이 정치적 갈등 속에서 잠시나마 방치하였던 우리 사회에 산재한 여러 문제들을 다시 돌아보게 되는 계기에 직면하고 있다. 여기서 우리나라가 당면한 과제들을 열거한다면 저성장과 사회적 불평등, 저출산, 고령화 등이 대표적인 사례들이다. 그리고 지난 오랜 세월 글로벌 자원위기와 금융위기 속에서도 이루어온 산업화 성공 스토리, 선진국 반열에 오른 국민적 자부심이 그간의 사회적 갈등을 계기로 훼손된 것을 복원해야 할 것이다.

따라서 낡은 체재의 조기청산이 새로운 시대 질서의 근간이 될 수밖에 없다. 오랫동안 용인되어 온 안보우선 사회질서, 신자유주의, 완전시장 경제논리, 글로벌리즘, 수정자본주의 등이 청산 혹은 수정되어야 한다. 그리고 국민적 기대 수준을 감안하면 진정한 경제민주화체재의 도입이 필수적이다. 이 과정에서 가장 중요한 것은 저성장·불평등·인구절벽 등 낡은 체재의 부작용을 해결하는 경제민주화, 그리고 제4차 산업혁명 논리에 입각한 지속가능한 성장을 새로운 시대질서로 삼는 일이다. 특히 요즈음과 같은 불확실성이 만연한 시점에서 에너지 미래전략의 설정, 특히 수정의 경우는 매우 어려울 뿐 아니라 논란의 대상이 되기 싶다. 사실 미래 에너지 정책의 재설정에 있어 (1) 기존 중앙집중식 에너지 기술선택을 바탕으로 한 개량/혁신 케이스와 (2) 신재생 에너지 등 분산형 에너지로의 전환을 추진하는 케이스로 구분할 수 있다.

(1)의 경우는 기존의 에너지 전략을 바탕으로 미래에는 대형 원전(Giga-scale) 건설과 러시아-몽고-중국-한국-일본에 이르는 동북아 대륙관통 슈퍼 그리드(Super Grids)를 기본으로 한다. 이러한 전략은 화석연료에 대한 탈(脫)탄소(Decarbonization) 전략 추진을 위한 대형 원전건설을 추진하며 궁극적으로 수소에너지시대를 준비한다는 것이 주 내용이다. 따라서 기존 에너지체계의 광범한 기술혁신을 전재로 한다. 이에 반해 케이스(2)는 잘 알려진 바와 같이 태양, 풍력, 바이오 등을 활용하는 것으로서 분산형 에너지의 장점을 극대화하는 것으로 중국, 인도 등 산업화 초기국가

들이 국민복지 증진과 산업화과정의 적정화를 고려한 새로운 에너지 미래로 선택하고 있다. 사실 몇 년 전부터 세계 발전설비 투자에서 신재생에너지 부문이 여타 기존 발전방식을 능가하고 있다. 예컨대 중국의 경우 지구온난화 물질의 배출감축을 위해 석탄사용을 억제하고 심지어 석탄발전소 건설까지 제한하고 있다. 이는 중국이 고질적인 대기오염문제를 해결하려는 내부적 필요성 이외에도 글로벌 신기후시대 주도국, 나아가 새로운 세계질서 주도국으로 등장하려는 지정학적 고려에 근거한다. 이에 따라 신재생을 중심으로 하는 청정 에너지 기술과 태양전지, 전기자동차 등 청정공산품 생산 및 수출 주도국 지위 확보라는 경제적 이득까지 고려하고 있는 것으로 보인다.

향후 우리나라 에너지 수급 여건은 당분간 큰 변화가 없을 것 같다. 에너지수요는 경제성장률에도 못 미치는 2% 내외로 성장할 가능성이 크다. 특히 전력수요 증가가 2% 대에 그칠 것이라는 사실은 특기할 만하다. 또한 에너지 수입액은 유가 70달러 대 이하에서는 1,500억 달러 수준을 유지할 것이다. 또한 온실가스 배출량은 경제성장률을 하회하고 심지어 마이너스 성장 가능성마저 보일 가능성이 크다.

이러한 시대적 요구에 대응하여 이명박 정부가 마련한 이래 유지되어온 대응전략이 '제1차 기후변화대응 기본계획'이다. 신기후체재(파리협정)에 대응하여 우리나라 국가 온실가스 자발적 감축목표(INDC)를 2030년 온실가스 배출을 기존 전망(BAU: Business As Usual)에 대비하여 37% 감축하는 것으로 국-내외에 공표하였다. 좀 더 구체적으로 보면 2030년 감축량

3억1,500만 톤 중 국내에서는 전환(발전), 산업, 건물 등 8개 부문에서 2억 1,900만 톤(BAU대비 25.7%)을 감축한다. 이 중 발전부문은 국내에서 가장 많은 6,450만 톤(기존 전망 대비 19.4%), 산업부문은 5,640만 톤(기존 전망 대비 11.7%)을 감축하도록 했다. 산업부문이 국가경제에 미치는 영향을 감안해 감축량을 12% 이내로 고려한 점이 특기할 만하다.

어쨌든 우리나라 정부의 기후변화 대응전략의 핵심은 기존의 온실가스 배출감축 위주에서 시장과 기술 중심의 새로운 패러다임으로의 전환이다. 이러한 정책 전환은 기후변화위험에 대응하여 국민이 행복하고 안전한 사회를 살아갈 수 있게 하기 위한 것이다. 또한 이에 따른 민간의 역할을 강화하고 정책수용성을 제고를 강조하고 있다. 따라서 우리 에너지 부문에서 오랫동안 통용되어 온 국영 독과점, 영역독점, 안정공급을 위한 총괄원가보상 가격체계 등이 만연한 시장의 개선이 불가피하다. 그러나 이런 정부계획의 실현가능성과 타당성은 많은 논란을 불러올 것 같다. 정부가 시장실패 위험이 큰 에너지 시장의 특수성을 강조하면서도 소비자보호를 명분으로 시장개입을 지속할 것 같기 때문이다. 물론 정부개입을 줄이고 시장기능을 제고한다는 정책기조변화 예고를 여러 번 하였으나 그 실질내용은 큰 변화가 없다는 비판이 지속되고 있다. 공기업과 관련 국책기관, 그리고 시장담합을 묵시적으로 허용 받은 에너지업계, 그리고 관변 전문가들을 통해 시장개입을 소비자 보호 조치로 인식하게 하였다. 그러나 실상은 시장실패 후 정부 개입은 정부 실패로 귀결되고 최악의 경우에는 시장실패와 정부실패가 공존하는 사태로 귀결될 수 있다.

이에 수급 안정과 산업경쟁력 강화에 중점을 두어온 우리의 에너지 정책을 탈피하여, 환경오염을 비롯해 온실가스 감축, 안전 등 소비자들의 후생에 새로운 중점을 두는 정책전환은 불가피할 것이다.

이러한 정부정책 전환에는 많은 논란이 야기되고 있다. 정부개입의 효율성과 적정성 논란이 핵심이다. 또 다른 정부실패의 가능성을 우려하는 의견이 많다. 에너지 정책의 실효성을 높이기 위해서는 민간의 참여가 필수적이다. 이를 위해서는 규제완화가 뒷받침되어야 한다. 즉 정부실패가 없다는 것이 보장되어야 할 것이다. 특히 정부가 강조하는 신재생 에

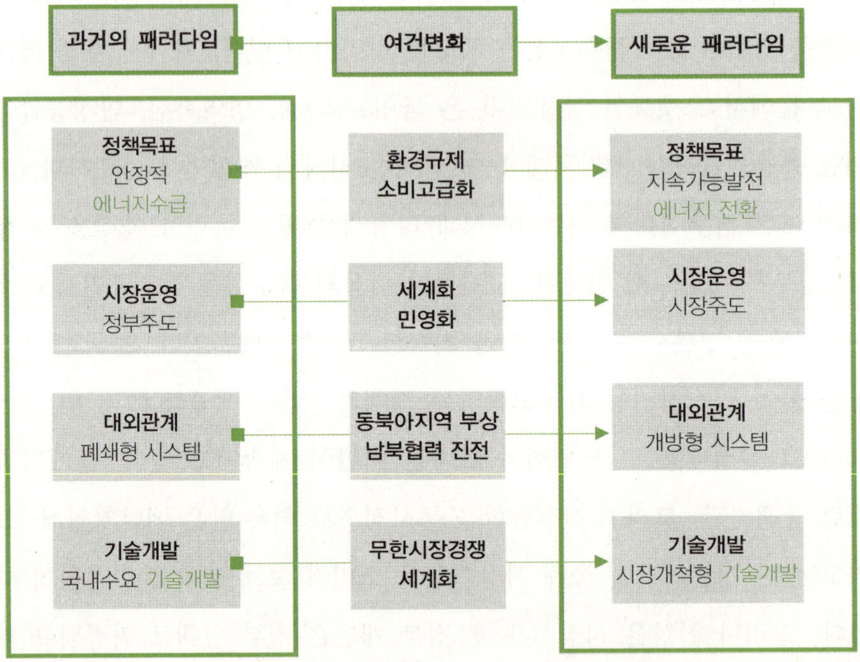

❙ 그림 5-1 ❙ 에너지정책 여건변화와 새로운 패러다임

너지 확대라는 구체적인 목표를 실천하기 위해서는 무엇보다 규제의 합리적인 조정이 선행되어야 한다는 민간의 요구가 커지고 있다. 예컨대 입지 등 관련 규제를 합리적으로 조정하는 한편 지역주민이 참여를 보장하고 인센티브 제도도 확대해야 한다고 주장한다. 또한 민간에서는 전력판매시장 개방과 전기요금 현실화, 발전·송배전·판매 부문까지 전력산업에 경쟁을 도입해야 한다고 강력하게 주장하고 있다. 이러한 주장이 실현되기 위해서는 기존 에너지 산업에 4차 산업혁명의 개념을 융합하여 새로운 사업모델개발을 촉진할 수 있는 환경을 조성해야 할 것이다.

에너지 전환 정책

에너지 전환 정책의 출발점: 전력산업 구조개편

에너지 전환 정책의 본격적 시행 직전에는 '탈핵', '탈원전'과 같은 시사적 용어가 많이 사용되었다. 그러나 정확한 개념설정이 아직 부족하여 그 사용이 자제되어야 한다. 그 대신 국제학계가 이 시대 핵심과제로 지목한 에너지 전환(Transition) 개념의 활용이 권장된다.

이 개념은 특정 에너지를 안정적으로 공급하는 데에 중점을 두는 정태적 분석에서 벗어나서 기술혁신요소 반영을 확대하여 에너지원 간 사용전환이 확대되는 동태적 분석을 중요하게 생각한다. 또한 개별 비용분석보다 국가 에너지 시스템 비용분석의 중요성을 강조한다. 이는 정치-사회적 논란을 피할 수 있을 뿐 아니라 향후 정책형성구조에 대한 논리적 접근이 가능하기 때문이다. 원론적으로 완전한 에너지는 없다. 모두가 공급안전성이나 환경오염 등 각기 다른 결함을 가지고 있다.

사실 문재인 정부는 출범 당시 탈원전과 함께 2030년까지 신재생 에너지 비중 20%를 명시한 에너지 공약을 내놓았다. 이러한 구상들은 2017년 말에 '재생에너지 3020 이행계획'과 '제8차 전력수급 기본계획'으로 확정됐다. 하지만 이 공약들의 타당성을 놓고 여전히 찬반 논란이 그치지 않고 있다. 재생에너지 3020 이행계획과 이를 반영한 제8차 전력수급 기본계획은 안정적, 저가 전력공급 원칙에서 벗어나 환경과 안전측면 중시 정책으로 전환을 의미한다. 원전과 석탄발전량을 축소하고, 친환경 에너지인 태양광이나 풍력 등 신재생 발전의 확대가 핵심이다. 2030년 기준 원전(11.7%)과 석탄(23%)의 설비용량 합은 34% 수준으로 줄고 신재생 발전 설비용량은 33.7%로 증가한다. 이에 따라 발전량 비중도 원전 23.9%, 석탄 36.1%, 신재생 에너지 20%, LNG 18.8% 등으로 재조정된다. 이런 변화는 2017년 기준 원전(19.3%)과 석탄(31.6%) 발전설비 합계가 50%를 넘었다는 점과 크게 대비된다. 이런 급격한 정책 환경변화는 사회적 합의가 필수적이다. 그리고 전력체계 안정운용에 장애요인이 되고 결국 나라의 이익과 국민의 행복을 저해하는 요소가 될 것이라는 우려도 많다. 따라서 정부는 사회갈등이 확대되지 않도록 강력한 조치를 취해야 된다.

따라서 우리나라 에너지 전환정책이 성공하기 위해서는 과학적 검증이 가능한 분석방법론이 제시되어야 한다. 과학적 검증이란 객관적 현상의 기술(記述)과 상호연관성 도출, 그리고 미래예측능력이 보장되어야 한

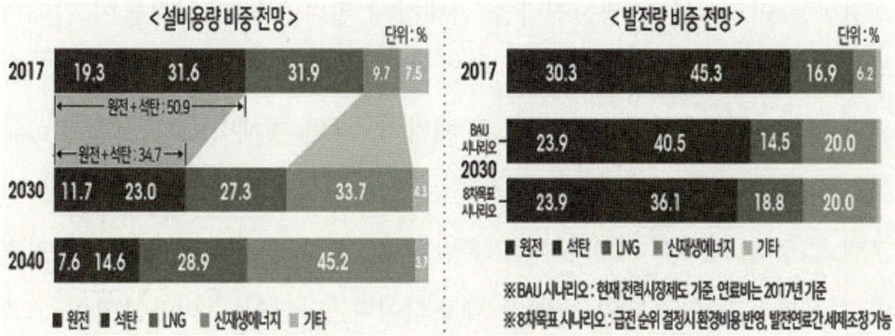

그림 5-2 설비용량 비중 및 발전량 비중 전망

다. 지금까지 논쟁들은 과학적이지 않아 영속적일 수 없고 사회적 합의기반이 될 수도 없었다.

시장실패: 에너지 전환 정책의 뿌리

에너지 부문의 의사결정이 갈수록 어려워진다. 모든 국민이 수요자라는 공공재적 특성과 민간기업 중심 시장공급체제 간의 조화가 어렵기 때문이다. 더욱이 에너지 시장은 독과점 등 시장 실패요인이 많다. 즉 석유, 천연가스, 석탄과 같은 고갈성자원은 한 번 생산하면 그만큼 재생산이 불가능하다. 더구나 지하자원 소유권은 대부분 국가의 몫이다. 이에 민간생산자는 한시적 독점 생산권을 국가로부터 이양받아야 한다. 이것이 광업권이다. 따라서 생산자들은 제한된 기간의 광업권을 효율적으로 소진하는 이익극대화 생산전략을 선택하게 된다. 즉, 생산자들이 기대하는 수익은 재생산이 불가능함에 따른 기회비용을 가산한 수준이다. 가산된 기회비용은 초과이윤이며 이를 에너지·자원 경제학에서는 렌트(Rent, 초과이윤)라고 한다. 이러한 초과이윤은 석유수출국기구(OPEC)과 같은 카르텔 결성과 독과점 시장실패를 유발한다. 시장실패의 결과로는 주기적인 석유파동과 환경오염 증대가 대표적이다. 당연이 소비자불만이 고조되기 마련이다. 이를 보정하기 위해 정부의 공공개입이 용인되었다. 그 결과 에너지시장 초과이윤의 배분과정에서 정부의 몫이 갈수록 커져왔다. 우리나라 휘발유 소비자가격의 절반이 세금이라는 사실도 좋은 사례이다. 더욱이 최근 기후변화 문제에 대처하는 정부실패 사례가 많아지고 있다. 이에 선진국들에서는 정부실패 보정을 위한 에너지 정책의 변화가 시도되었다. 소수 힘센 생산자와 다수의 힘없는 소비자들 간의 힘의 불균형을 바로잡기 위해 정부의 공공규제를 허용한 결과가 갈수록 생산자-정부 담합으로 귀결되고 정부실패가 심각해진다는 점에 유의할 수밖에 없었다. 더욱이 힘센 생산자들은 대부분 환경오염, 기후변화의 요인을 제공하고 있다. 에너지 부문의 온실가스배출이 전체의 80% 수준에 달하는 현실은 더 이상 방치하기가 불가능하다. 이에 개별 에너지원별 대책보다 환경오염 비용 등 속칭 외부효과를 내재화하는 국가 에너지 시스템의 동태적 합리화와 국익 기여도를 중시하는 에너지 전환(transition) 정책의 도입이 글로벌 추세가 되고 있다. 결국 시장실패와 정부실패 동반현상은 막아야 한다는 인식이 현재 에너지 시장의 주요 이념이 되고 있다.

에너지 전환정책이 요구되는 국내 여건

국내 에너지 공급 측면에서는 그동안 화석연료에 과다하게 의존하여 재생 에너지 비중이 낮고 그와 관련한 산업과 일자리가 부족한 편이다. 다른 주요국들의 재생 에너지 발전 비중이 독일 29.3%, 영국 24.7%, 미국 14.9%에 달하는 것과 비교하여 우리나라는 2.2%라는 적은 비중을 차지하고 있을 뿐이다. 그러나 현 문재인 정부에 들어서 재생에너지 3020 이행계획 수립 등 적극적인 보급 확산 정책을 펼쳐 빠른 속도로 신규설비 투자가 진행 중에 있다.[4] 다만, 정책적 논의가 전체 에너지 소비의 24%에 불과한 전력 부문에 치중되어, 가스·열 등 다양한 에너지원에 대한 고려가 부족해 보인다.

에너지 수요 측면에서는 우리 경제의 구조적 특성에 따라 소비가 지속적으로 증가하고 있으며 여전히 선진국에 비하여 저효율 소비구조가 지속되고 있다. 대부분의 OECD 국가들은 2000년대에 들어 에너지 소비가 감소세로 전환하였으나 우리나라는 여전히 연평균 2% 수준 증가하고 있다. 제조업 중심의 경제성장과 저유가 및 차량 대형화 추세를 보았을 때 당분간 증가율이 약화될지언정 감소세로 전환하기는 어려울 것으로 예상된다.

---

[4] 2018년 1~8월 재생 에너지 신규 발전설비: 2.05 GW(2018년 보급목표의 118%)

표 5-4 총 에너지 소비 증가율(%, 연평균)

구분	1980~2000	2000~2016
한국	7.88	2.61
일본	2.06	△1.25
OECD	1.33	△0.05

우리의 에너지원단위(0.159, 2017p)[5]는 OECD 35개국 중 33위로, 동일 부가가치 생산에 선진국 대비 훨씬 많은 에너지를 사용하고 있다. 에너지원별로 보면 전력으로의 에너지 소비 대체 현상이 뚜렷하게 나타나는 것을 볼 수 있다.

표 5-5 에너지원별 가격 및 소비 변화율(2000~2017년)

구분	에너지원별 가격 변화율			에너지원별 소비 변화율		
	석유*	전력	도시가스	석유*	전력	도시가스
가정 부문	52.5%	14.5%	47.6%	62.1%	79.3%	42.0%
상업 부문	52.5%	23.0%	68.6%	41.9%	138.6%	124.3%
산업 부문	104.7%	84.2%	96.6%	56.6%	109.2%	146.9%

* 가정 · 상업 부문(등유), 산업 부문(경유)

시장 · 제도 측면에서는 에너지원 간 경쟁을 통한 시장기능 확보와 국민 · 민간의 참여를 통해 적극적으로 새로운 서비스를 창출하기에는 여전히 부족한 상황이다. 또한 사회적 비용이 가격구조에 적절한 시기에 반영되지 않아, 시장가치 기반의 소비 선택이 이루어지기 어려운 환경이기도

[5] 에너지원단위(toe/1천$, GDP 1천 달러 생산에 필요한 에너지 사용량)
: 한국 0.159, 미국 0.123, 일본 0.089, OECD 0.105

하다. 상대적으로 낮은 전기요금, 독점적 공급구조는 안정적 에너지 공급에는 효과적일 수 있으나, 에너지 분야의 새로운 서비스 창출, 효율적인 소비의 걸림돌이 되기도 한다.

세 가지 측면에서 국내 에너지 여건 및 현황을 살펴본 결과, 에너지원 전반의 공급 최적화와 소비구조 혁신을 포괄하는 광의의 에너지 전환 및 혁신성장 관점에서 새로운 패러다임이 필요한 시점임을 알 수 있다. 이에 따른 각각의 구체화 전략은 다음과 같다.

- 공급 측면: 전력 믹스를 넘어 전체 에너지 믹스의 전환, 즉 전력, 가스, 열 등 다양한 에너지원 공급의 최적화를 추진해야 한다.
- 수요 측면: 산업·건물·수송 등 각 분야에서의 에너지 소비구조 혁신을 통하여 신산업과 혁신성장동력을 창출해야 한다.
- 시장·제도 측면: 에너지 전환과 합리적인 소비구조 정착을 위해 각종 제도의 선제적 정비를 통해 시장기능 강화를 추진해야 한다.

제3차 에너지기본계획: 본격적 에너지전환의 추진[6]

개요

정부는 2018년 중 확정할 '제3차 에너지 기본계획'에서 과거 안정 공급중심에서 적극적 수요관리로 장기정책 중심을 전환하는 등 본격적인 에너지 전환 정책을 추진할 전망이다. 에너지 기본계획은 저탄소녹색성장기본법에 따라 5년 주기로 수립하는 에너지 분야 최상위 행정계획으로 3차 계획은 2019~2040년을 아우른다.

이번 3차 계획의 핵심가치를 '지속가능한 번영을 위한 대한민국 에너지비전 2040'으로 설정하고, 이에 부수된 장기 비전은 '안전하고 깨끗한 국민참여형 에너지시스템 구현'으로 정했다. 더불어 에너지 수요관리 혁신을 통한 고효율 에너지사회 실현과 재생 에너지 중심의 통합 스마트 에너지 시스템 구축을 주요 정책 방향으로 제시했다.

이 계획의 추진 골격은 6대 정책 방향으로 구현된다. 수요 부문에서는 에너지 수요관리 혁신을 통한 고효율 에너지 사회를 구현하고, 공급 부문은 재생 에너지 중심의 통합 스마트 에너지 시스템 구축을 추진한다. 이어 산업 부문은 새로운 시장과 일자리를 창출하는 미래 에너지산업 육성에 중점을 둔다. 에너지 거버넌스는 국민참여 · 분권형의 구현을 추진

---

[6] 제3차 에너지기본계획은 기존정책의 대폭적 수정을 전재로 하고 있다. 이에 사회적 합의 도출에 시간이 소요될 것이다. 이에 여기서는 구체적 정량 정책목표 제시를 하지 않고 큰 정책방향 전환에 주목한다.

한다. 그리고 에너지안보 제고를 위한 자원협력을 강화하며, 4차 산업혁명과 에너지 전환 시대에 걸맞는 인프라 확충이 지속될 것이다.

세부 정책과제

에너지 수요관리 혁신을 위해 사회적비용과 시장가격을 반영한 중장기 가격·세제 개편이 검토될 것이다. 이를 위해서는 당연히 에너지원 간 최적의 믹스 구현을 위한 효율적 에너지 조세체계 검토가 필요하다. 또 지자체의 수요관리 권한과 의무를 강화하고 미활용 열에너지 활용 등을 담은 수요관리체계도 요구된다.

공급 부문에서는 재생 에너지 중심의 통합 스마트 에너지 시스템이 새로운 정책 초점으로 등장할 것이다. 소규모(재생) 분산 에너지원을 기반으로 전기와 열, 가스를 생산, 최적으로 소비하는 것을 스마트 에너지로 정의하였다. 또 시장가치나 거래가치에 따라 다양한 형태로 저장(열, 가스, 전기)하는 방안을 모색할 수 있다.

에너지 전환 촉진을 위해서는 도매 전력시장제도 개선이 필요하다. 특히 예비력 가치와 함께 실시간 변동성이 반영될 수 있는 통합다중전력시장으로 개선을 통한 재생 에너지 수용성을 강화계획이 검토될 것이다. 또 유연성·분산형 에너지원에 대한 지원 강화, 재생 에너지 활성화를 위한 공급예측력 제고와 계통연계 수용성 증대, 원활한 입지확보 방안도 시장 여건의 변화에 따라 추진할 수 있다.

새로운 시장과 일자리를 창출하는 미래 에너지 산업 육성을 위해서는 고부가가치 에너지 신서비스시장 확충의 실현가능성이 검토될 것이다. 또한 전통 에너지 산업의 경우 성공적인 산업 전환 및 고도화를 추진한다. 미래 에너지 산업 육성은 VPP(가상발전소), V2G(양방향 충전서비스), 국민DR, 플러스에너지빌딩, 에너지마켓 등 새로운 비즈니스모델 개발이 검토될 수 있다.

국민참여형 에너지 거버넌스는 주민참여·이익공유형 프로그램(신재생에너지법 및 사회적기업 관련법 활용)을 확산하고, 에너지정책 결정과정에 시민참여를 확대할 여건조성을 추진할 것이다. 에너지 분권화는 시민사회와 지자체 역량을 강화해 나가고 중앙과 지방 정부의 권한·책임·이익 공유 체계 구축이 단계적으로 확대될 것이다.

동북아 에너지협력기반을 기반으로 동북아 에너지연계를 구현하고, 장기적으로 동북 에너지 통합시장을 구축하는 내용의 에너지안보 제고를 위한 협력방안의 지속추진도 주요 관심분야이다. 구체적으로는 동북아 수퍼그리드 및 PNG(파이프라인 천연가스) 협력과 에너지전환 가속화를 위한 양자·다자 협력체계 강화, 전략자원의 안정적 확보 및 해외자원개발 추진체계 혁신이 진행될 것이다.

4차 산업혁명과 에너지전환시대에 걸 맞는 인프라 구축을 위해 에너지 통계체계 선진화 및 빅데이터 활용기반 마련, 에너지정책 거버넌스 체계를 확립한다. 여기에 에너지 복지 사각지대 해소 및 수요자 중심의 맞춤형 복지체계 구축도 확대될 것이다.

3차 에너지기본계획과 시대 여건 반영

재생 에너지 발전비중은 기존의 '재생에너지 3020 계획'과 연계하여 2040년까지 20% 이상으로 확대를 검토하고, 세제 정책 등을 통해 석탄과 가스, 원전 등 에너지원의 환경·사회비용을 제대로 반영할 방침이다. 원가 및 사회적 비용을 반영한 에너지 가격구조 확립, 에너지 효율 향상 촉진, 공정성과 국민 수용성 제고 등 3대 원칙의 시행을 검토할 것이다. 석탄, 가스, 원전, 유류 등 에너지원별로 환경·사회비용을 가격에 제대로 반영했는지 평가하고 세제 조정을 통해 균형을 맞추는 정책의 도입을 추진할 것이다.

기존 에너지 정책의 핵심가치인 '안정'과 '성장' 외에 '안전'과 '환경'을 강조한다. 안전은 자연재해와 사고에 대한 대응체계 강화, 환경은 친환경 에너지 수급을 통한 미세먼지와 온실가스 저감을 의미한다. 그간 에너지 정책은 경제성장을 뒷받침하기 위해 저렴한 에너지를 안정적으로 공급하는 데 집중하는 과정에서 상대적으로 정책적 관심이 적었던 '국민의 안전과 건강한 삶'에 대한 배려를 보다 강화할 것이다. 이러한 차원에서 2040년까지 최종 에너지 소비감축 및 에너지효율 개선, 재생 에너지 발전비중, 에너지 부문의 온실가스 배출량, 발전·수송 부문의 미세먼지 배출량 목표를 제시하고, 각기 실천 가능성을 단계적으로 평가할 것이다.

온실가스 배출량은 지난 7월 정부가 발표한 2030 온실가스 감축 로드맵 수정안과 정합성을 고려해 목표를 설정할 것이다. 미세먼지 감축 목표는 이번에 처음 도입되었다. 계획의 지속가능보장 논리가 필요한 것 같다.

표 5-6 제3차 에너지 기본계획의 기본 방향

비전	안전하고 깨끗한 국민참여형 에너지시스템 구현
핵심가치	안정: 에너지 전환 과정 속의 안정적 에너지 공급 달성 + 안전: 자연재해/사고 대응체계 강화 → 국민의 안전한 삶 보장 + 환경: 친환경 수급구조 정착 → 미세먼지, 온실가스 저감 + 공존: 시민/지자체 권한·책임 공유 → 참여·소통·분권형 생태계 + 성장: 재생 에너지 + 효율향상 + 신기술 → 新시장/일자리 창출 ① 기존 에너지 정책의 핵심가치는 보다 발전적으로 추구 → 안정적 에너지 공급 + 경제·사회적 번영 달성 ② 국민(현재·미래세대) 중심의 지속가능한 시스템 구현 → 안전한 에너지 시스템 + 친환경 수급 구조 구축 + 공전을 담보하는 참여·소통·분권형 생태계 구현
정책과제	① 에너지 수요관리 혁신을 통한 고효율 에너지 사회 구현 ② 재생 에너지 중심의 통합 스마트 에너지시스템 구축 ③ 새로운 시장과 일자리를 창출하는 미래 에너지 산업 육성 ④ 국민참여·분권형 에너지 거버넌스 구현 ⑤ 에너지 안보 제고를 위한 에너지·자원협력 강화 ⑥ 4차 산업혁명과 에너지 전환 시대에 걸맞은 인프라 구축

3

기후변화 대응정책

기후변화가 우리나라에 미친 영향

우리나라는 1904년에 근대 기상관측을 개시하여 기온, 강수량 등 기상관측자료가 축적되어 있다. 이러한 관측 자료에 근거한 약 100년간(1912~2008년) 6개 관측지점(서울, 인천, 강릉, 대구, 목포, 부산)의 평균기온 상승률은 1.7℃로 전 지구 평균기온 상승률에 비해 높으며, 기온 상승값의 약 20~30%는 도시화 효과로 추정된다. 1950년대 이후에 기온 상승률은 20세기 전체 기간에 비하여 약 1.5배 이상 증가하였으며, 사계절 중 겨울에 가장 크게 증가한 반면 여름철 평균 기온 상승경향은 뚜렷하지 않다.

강수량은 장기적으로 증가하는 추세를 보이나, 자연변동성이 큰 특징

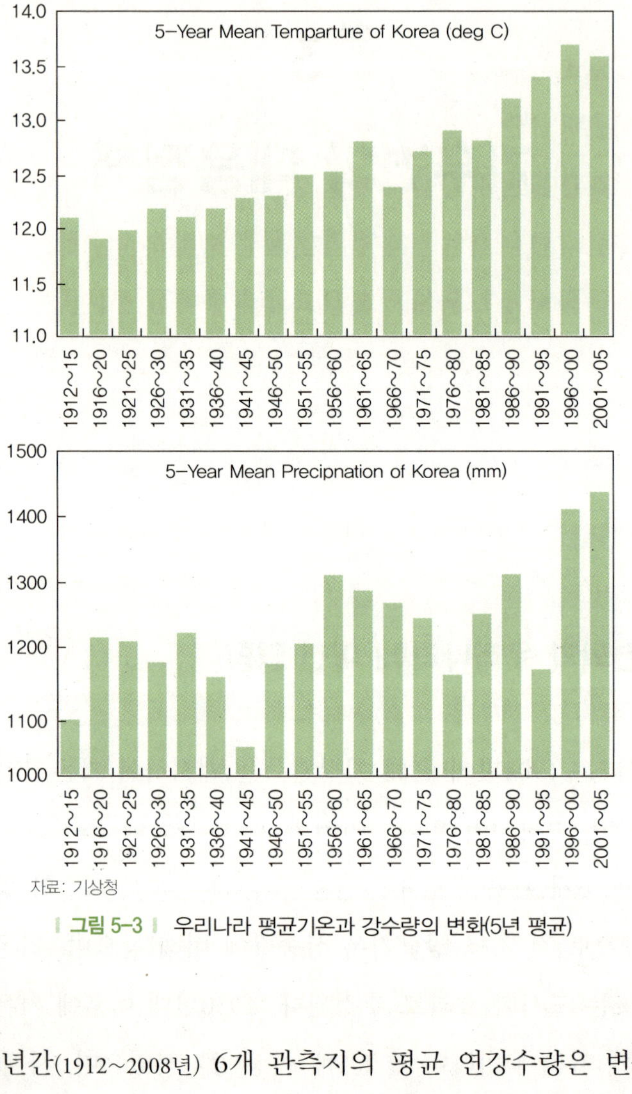

자료: 기상청

| 그림 5-3 | 우리나라 평균기온과 강수량의 변화(5년 평균)

을 가진다.

약 100년간(1912~2008년) 6개 관측지의 평균 연강수량은 변동성이 매우 크고(최소 712 mm~최대 1929 mm), 최근 10년 동안 20세기 반 10년에 비해 약 19%(220 mm) 증가하였다. 연강수량은 계절적으로는 여름철인 7~8

월에, 공간으로는 태백산맥 주변 지역에서 집중호우의 강도 증가에 의해 뚜렷하게 나타나고 있다. 반면 겨울철 강수량의 변화는 뚜렷하지 않으나 온난화에 의해서 강설에서 강우로 나타나는 비율이 점차 높아지고 있다.

이러한 변화에 따라 자연재해로 인한 재산피해는 크게 증가하고 있다. 우리나라에 영향을 미치는 태풍의 수에는 크게 변동이 없으나 갈수록 GDP의 1%에 근접하는 막대한 피해가 발생하였다. 1968년 이후 우리나라 연근해 해수면의 온도는 약 0.93℃ 상승하는데, 동해가 0.80℃, 남해는 1.04℃, 서해는 0.97℃ 상승하였으며, 해수면은 지역에 따라 차이가 크지만, 최근 30년간 연평균 2~5 mm씩 상승하고 있다.

냉방일은 약 20일/100년의 비율로 증가하고 열대야도 약 5일/100년의 비율로 증가한 반면, 난방일은 약 15일/100년의 비율로 감소하고 서리일은 약 30일/100년의 비율로 감소하였다. 한 겨울(일평균기온 5℃ 이하)은 1920년에 비하여 1990년에 약 한달 정도 짧아졌고, 여름(일 평균기온 20℃ 이상)과 봄은 기간이 길어졌으며, 꽃의 개화시기가 빨라지는 것도 관측되었다. 또한 20세기 초반 한강의 결빙일수는 약 3개월이었는데, 최근에는 한강이 결빙하지 않는 해도 있다. 결빙일수가 줄어든 원인은 겨울에도 한강의 유출량이 많고, 하천의 직선화와 환경오염도 포함되지만, 1980년 후반 이후 영하 10도 이하인 날의 수가 급격히 줄어든 것이 주요한 원인이라고 할 수 있다.

우리나라에서도 식생, 해양, 곤충, 동물, 지형 등에 기후변화로 인하여 영향이 나타나고 있다. 국립기상연구소는 IPCC의 지구 기후변화 시나리오를 활용하여 한반도 미래 기상여건 모델을 산출하였다. 우리나라의 21세기 말 기온은 30년(1971~2000년) 동안 평균 대비 약 4℃ 상승하며, 특히 겨울에 기후변화가 두드러질 전망이다. 그리고 일 최고기온보다 일 최저기온의 상승이 뚜렷하여 연간 기온차는 현재보다 감소할 것이다.

이와 더불어 극한 저온 현상의 빈도는 감소하고 극한 고온현상의 빈도는 증가할 것이다. 한편 연강수량은 17%가 증가할 것으로 전망되며, 8월과 9월의 강수량 증가가 크다. 강수량의 시공간 변동성은 더 커질 것으로 예상되어 지역에 따라 가뭄 및 호우 현상과 같은 서로 상반된 강수현상이 심화될 가능성이 높다. 시간당 강수량의 증가로 돌발홍수, 산사태, 도시홍수 등도 증가할 것이다. 그러나 지역에 따라서는 기온의 상승으로 증발량이 증가하여 가뭄이 발생할 가능성도 크다. 또한 연근해의 해수온도의 상승도 예상되며, 이에 따라 우리나라에 상륙하는 태풍은 그 세기가 강화될 가능성이 높아질 것이다. 장기적으로는 해수면의 상승으로 연안지역에서 피해가 심화될 것이다.

이에 따라 아열대 기후대는 20세기 말 제주도와 남해안 일부 지역에서, 21세기 말에는 서울-남원-구미-안동-포항을 거쳐 동해안을 잇는 선까지 북상할 것으로 망되며, 남부지방 일부에서는 겨울이 사라질 것으로 망된다. 이러한 온난화의 영향으로 겨울이 따뜻해지면, 이모작 가능지역이나, 사과와 같은 온과일의 재배 지역은 북상하고 남쪽에서는 바나나, 망고와 같은 아열대 지방 과일의 재배가 가능해질 것이다. 병충해로 인한 피해 또한 우려된다. 에너지 수요는 겨울에는 줄고 여름에는 늘어날

것이다. 이에 따라 관광이나 레저에서도 변화가 예상된다. 각종 학교의 방학 기간도 조정이 불가피할 것이다

우리나라의 기후변화 대응정책 구도

세계기상여건의 악화로 기후변화의 심각성이 점차 부각되고, 파리협정이 발효되면서 기후변화 관련 통상규제가 더욱 강화될 것으로 우려하고 있다. 과거 교토의정서에는 온실가스 감축의무 이행과 무역차별 조치를 결부해선 안 된다는 조항이 있었다. 그러나 파리협정에는 그런 문구는 없다. 그러나 최근 대통령선거를 계기로 보호무역주의 성향이 커지고 있는 미국이 온실가스 감축을 무기로 수입 규제나 각종 비관세장벽 구축 등의 압력행사에 나설 가능성은 충분히 있다. 이에 따라 2030년 BAU 대비 37% 감축(그중 15% 수준 해외인증 수입) 약속을 한 우리나라는 대외경쟁력에 지장을 크게 받지 않는 범위에서 감축계획을 수립해야 한다.

그러나 우리 경제구조는 에너지 다소비업종의 비중이 미국, 일본 등 선진 경쟁국 대비 2배 정도 높고, 인구밀도가 높은 국토여건을 감안하면 단기간 내 대폭적인 배출감축은 바람직하지 않을 수 있다. 따라서 새로운 과학기술혁신 아이디어에 의존하여 국가경쟁력을 크게 훼손하지 않는 범위 내에서 추진할 수 있는 방안을 마련해야 한다. 그러나 지금으로서는 우리나라에 특화되고 적합한 선택전략이 무엇인지는 불분명하다. 이에

우리는 기후변화방지를 위한 전문가 그룹인 UN IPCC(정부 간 기후변화 협의기구)의 장기전망을 바탕으로 우리나라의 고유 전략수립에 착수할 수밖에 없다.

국익을 우선한 우리나라 온실가스 감축정책

2017년 6월 도널드 트럼프 미국 대통령이 파리기후변화협정 탈퇴를 선언하였다. 그러나 이 결정은 미국의 이익에 반하고 인류의 미래를 고려하지 않은 부도덕한 결정이라는 국제사회의 비난이 거세다.

이를 계기로 유럽연합(EU)과 중국은 2차 대전 이후 지속되어 온 미국 주도 세계질서에 거부의사를 밝히고 있다. 미국 지방정부와 주요 기업들도 반기를 들고 있다. 파리협정 추진의 주역인 유엔의 실망은 당연하다. 세계 2위 온실가스 배출국인 미국의 탈퇴로 2030년까지 대기온도가 섭씨 0.3도 이상 상승할 것으로 우려된다. 결국 2100년까지 대기온도 상승을 2도, 가능하면 1.5도 이하로 억제할 가능성은 낮아질 수밖에 없다. 따라서 지금은 미국 탈퇴 공백을 메우는 불안한 구조조정 과정이다. EU와 중국은 미국 없는 파리협정체제의 성공을 공언하고 있다. 그러나 파리협정의 구조적 한계와 진전방향을 숙고한다면 그들이 빠른 시일 내에 미국의 공백을 메울 해법을 찾기는 쉽지 않을 것 같다. 그러나 2018년말에 개최되는 COP(당사국총회)를 계기로 글로벌 기후변화 대응협력체계가 다시 가동될 것으로 보인다.

2015년 말 채택된 파리협정은 선진국에만 온실가스 감축의무를 부과한 교토의정서의 2020년 종료와 목표달성 실패에 따른 후속 보완조치이다. 역사적 관점에서 당연한 선진국 감축의무를 세계 전체로 희석한 조치이기 때문에 자발적인 국별 기여방안(INDC) 결정권을 허용하는 비(非)구속적 국제규범이다. 따라서 강제적 목표달성 의무가 없는 최소한의 글로벌 공동 규범만 있다. 자발적 감축안도 2020년까지 제출하고 그 후 5년 단위로 수정 가능하다. 물론 협상타결 직후 긍정적 컨벤션 효과로 2016년에 이미 발효되었다. 그러나 아직 완전하지 않다. 국가별 감축목표가 미확정이기 때문이다. 협정내용의 재원조달, 구현수단, 기술이전, 빈국 피해보상 등 세부사항을 검토한 학계는 외교적 수사 위주라고 평가절하하였다. 예컨대 모든 국가가 제출한 감축목표를 100% 달성해도 3도 이상 기온 상승이 예상된다는 것이다. 더구나 자국 피해를 감수하면서까지 이타적인 감축목표를 완벽히 달성할 국가는 적을 것이다. 결국 파리협정은 현란한 외교기법에 의한 후진국 포획작전이라고 규정하는 학자들도 있다. 기후변화와 지구문명 위기를 강조함으로써 믿고 싶은 것만 믿는 탈(脫)진실(Post Truth) 시대의 한계를 활용한 것이라고도 한다.

그동안 한국에서는 온실가스 감축의무(2030년 배출전망 대비 37%)의 무조건 준수만을 강조해 왔다. 그러나 선진사회의 반응은 사뭇 다르다. 냉정한 평가를 통해 국익과 인류공동선의 점진적 추구방안을 다각도로 모색해야 한다. 이제 우리 정부는 국익극대화 전략을 조용하고 냉정하게 추진해야 한다. 특히 재원조달이 파리협정의 관건이라는 점에 유의해야 한다. 세계은행 등의 추산에 따르면 산업화 이전 대비 2도 이하로 기온상승을 억제하기 위해서는 74조 달러 이상이 필요하다. 세계적으로 매년 3000억 달러 정도의 투자가 필요한 것이다. 이런 수준의 투자금은 사회경제체제의 적정한 전환 없이는 조달이 불가능하다. 따라서 우리는 단기 청정투자 확대보다는 남보다 먼저 에너지산업 등 관련 경제사회 구조전환에 주력해야 한다. 미래세대나 다른 국가의 복리증진에 기여해야 하는 이타적 전략의 실현가능성도 점검할 필요가 있다. 이 과정에서 기존 경제사회 패러다임 전환에 따른 국민희생과 이기주의 포기에 대한 보상방안도 고민해야 한다.

신기후변화체재 출범[7]

신기후변화체재는 2015년 연말 파리협정이 합의됨에 따라 본격화되었다. 파리협정 합의는 선진국의 주도나 현란한 외교적 이벤트에 의한 것이 아니고, 인류가 새로운 문명 패러다임을 도입해야 한다는 시대적 요구에 따른 문명사적 합의라고 할 수 있어 더욱 큰 의미가 있다. 이러한 흐름을 대변하여 신-기후변화시대를 여는 밑바탕인 신재생 에너지 활용과 개발이 2015년부터 활발한 진전을 보이기 시작하였다.

또 다른 주목해야 할 사항은 개발도상국들의 신재생 에너지에 대한

---

7 신기후체제의 구체적이고 기술적인 내용과 관련 정책변화는 이 책의 다른 부분(3장 기후변화 시스템) 등에서 상세히 다루기 때문에 여기서는 전체적인 맥락만 소개함.

보급실적이 선진국보다 많아 졌다는 점이다. 중국은 전 세계 신재생 보조의 1/3을 점하고 있으며 자메이카, 온두라스, 우루과이 등은 GDP 대비 신재생 보조비율이 세계에서 가장 높은 국가들이다. 아프리카 및 라틴아메리카 국가들은 2015년을 기점으로 세계에서 가장 의욕적인 신재생 에너지 개발목표를 확정하기도 하였다.

이러한 여건에 힘입어 세계 전체로는 청정 에너지 산업 고용은 2015년 약 5~6% 증가하여 810만 명을 고용하고 있다. 이중 중국 고용 인력은 350만 명에 달한다. 미국의 경우에도 이제 태양 에너지 부문 고용 인력이 석유 · 가스 채굴 부문보다 많다.

이러한 신재생-청정 에너지 산업의 비약적 발전에도 불구하고 현 시점에서 해결해야 할 최대 과제로는 저장시스템 개발과 화석에너지 의존체재 지속현상의 스마트한 탈피이다. 사실 지금의 현실은 신재생 에너지라는 최신식 열차가 여전히 화석연료와 원전을 중심으로 하는 전력시스템에 의존하는 20세기 선로 위를 다니는 셈이라고 할 수 있다. 따라서 분산되고 수요지 중심 전력시스템의 도입이 신-기후변화시대 에너지 전환의 기본 방향이라 할 수 있다.

미국 세바 교수는 "2017년부터 태양광 발전이 기존 발전 방식을 압도하고, 2030년엔 전기차가 내연기관 자동차를 대체할 것"이라고 했다. 그는 이런 변화를 이끌 6가지 기술로 센서, 에너지 저장, 전기자동차, 태양광, 빅데이터, 인공지능(AI)을 제시했다.

이러한 신기술의 확산은 분산전원(Distributed Energy Resourse, DER) 체계의

정착으로 에너지 혁명을 가져올 것으로 전망된다. 분산전원은 신재생에너지를 이용, 에너지가 필요한 곳 주위에서 작은 규모로 전력을 생산하는 방식이다.

이러한 전망이 우리들의 미래에는 정말로 실현될 수 있을까? 미래 전망은 항상 착오와 오류가 있기 마련이다. 그러나 약간의 오류에도 불구하고 큰 방향이 옳다면 우리의 선택은 새로운 변화 과정에서 최소한 손해를 보지 않을 뿐 아니라 미래를 선도할 경쟁력을 갖출 수 있을 것이다. 국내 에너지 부존의 부족으로 항상 손해 보는 입장이었던 우리나라가 지금 진행되는 에너지 부문의 거대한 전환과정에서 자원빈국의 약점을 기술기반 신-재생 에너지 경쟁력으로 극복할 수 있을까? 이것이 현재 우리 에너지 문제의 핵심이다.

신기후변화시대의 핵심: 청정-신재생 기술 간의 경쟁과 융합

신기후변화시대에서 청정 사회를 이루기 위해 필요한 기술은 종래 개념의 단일-거대 기술이 아닌 소규모-분산형 에너지 시스템인 것만은 분명하다. 이러한 새로운 에너지 체계들은 인류의 생활, 이동, 주거나 도시 인프라 구성, 그리고 에너지 공급효율에 관련된 다양한 기기와 행동양태를 결정하는 수많은 선택의 결과로서, 그 실체는 상호융합 기술일 것이다. 따라서 분산전원은 신기후변화시대의 대표적 기술체계일 것이다. 이

기술체계가 확산되려면 경제성은 물론 에너지 효율성, 저장장치, 고객들의 수요까지 담보되어야 한다. 그러기 위해서는 우선 기술 혁신으로 수요와 생산을 통합할 수 있는 시스템이 출현하고, 분산전원이 보편화된다면 일단 기본 여건이 형성될 것이다.

그리고 현실에서 소규모-분산전원의 미래는 궁극적으로 자가 발전시스템의 정착일 것이다. 예컨대 태양전지를 이용하여 가정에서 전력을 생산하고 전기 자동차는 물론 가정 내 모든 에너지 사용제품과 상호 교환, 활용이 가능한 에너지 저장 시스템(ESS)이 개발되고 있다. 집과 자동차를 중심으로 한 스마트홈 시스템이 정착될 수 있다는 의미이다.

가장 많이 언급되는 태양 에너지 기술의 경우 이제 기술개발단계를

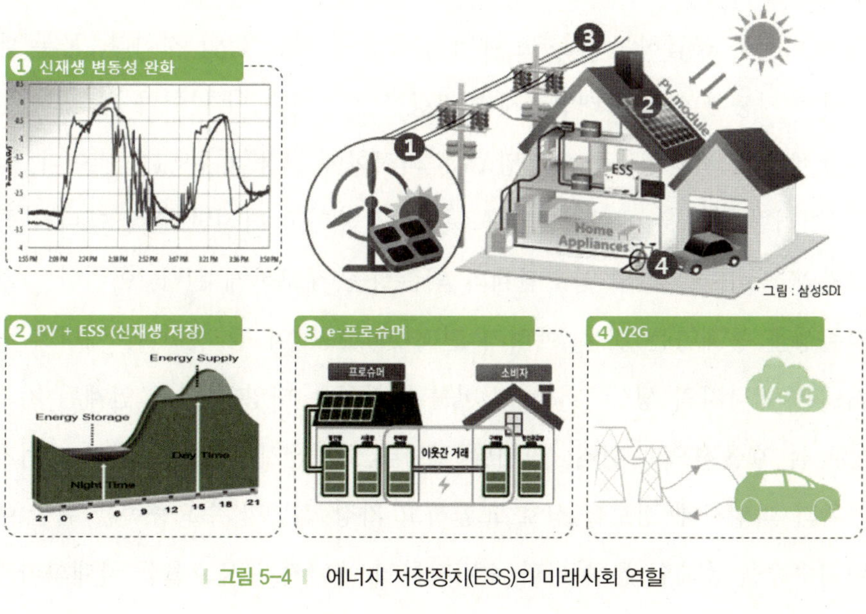

그림 5-4 에너지 저장장치(ESS)의 미래사회 역할

지나 성숙단계로 접어들고 있어 단순한 에너지 공급 방식을 지나 우리 인류생활방식 그 자체와 융합하여 다양한 행태를 보이기 시작하고 있다. 그러나 경제적이고 신뢰성 있는 에너지 시스템을 구성하기 위해서는 여타 신재생 에너지와 태양 에너지의 융합하고 기존 전력공급 망과의 연계 등을 통해 전력 소비시점마다 공급원/방식을 달리해야 할 것이다. 아무리 기술혁신이 활발하다 하여도 100% 태양전력 공급방식은 반드시 유리하지만 않다는 것이다. 여기에다 에너지 저장기술의 발달은 또 다른 미래 에너지의 대안을 제시한다.

에너지 저장 기술은 신재생에너지 생산과정에서의 시간에 따른 생산량 변화를 의미하는 간헐성(intermittency)을 보완할 가능성을 제시한다. 전기자동차에 장착된 배터리는 이동식 차량 에너지공급원일 뿐 아니라 한 가정의 에너지를 공급하는 plug in 에너지 공급원 역할을 할 것이다. 물론 배터리는 지붕에 설치된 태양전지 발전량을 저장하고 더 나아가 전력회사는 이들 배터리 저장전력을 배전망(Grid) 최적화에 활용할 수 있을 것이다.

이러한 새로운 에너지산업구조는 복잡하기도 하지만 결국 에너지 공급자와 소비자들 간의 상호연계와 의존성을 제고하게 된다. 이러한 상호의존성을 통제하는 것은 '에너지 인터넷'(internet)이 될 것이다. 에너지 인터넷은 에너지의 생산, 저장, 소비를 담당하는 다양한 상호 연계된 기기(器機)들 효율적으로 관리, 연계할 것이다. 이들 기기들은 당연히 에너지 부족과 과잉사태 정보를 상호 교환하고 가장 긴급한 수요충족을 위한 에너지수송을 통제할 뿐 아니라 소비자들이 에너지 사용효율을 극대화하기 위해 관련기기들을 원격조정하게 될 것이다.

결국 소비자들은 자신들의 에너지 소요를 가장 합리적으로 충족할 수 있는 자신만의 선택이 가능하게 되며 나아가 공급자들이 제공하는 효용을 디지털화하여 파악할 수 있을 것이다. 이러한 에너지 수급의 새로운 국면전개는 새로운 에너지기술의 출현뿐 아니라 새로운 사업영역을 개척할 수 있을 것이다.

또 다른 주목할 에너지 기술은 스마트 에너지 그리드(grid)이다. 신재생 에너지를 활용한 소비자의 에너지 자립가능성에도 불구하고 기존의 전력망(grid)의 유용성은 지속될 것이다. 이제 사용자들은 경제성과 신뢰성을 극대화할 수 있도록 에너지 공급(upload)과 사용(download)을 마음대로 할 수 있도록 전봇대와 전선으로 구성된 기존 전력 인프라를 새롭게 활용할 수 있다. 이 경우 에너지 활용 체계는 자동화되고 의도하지 않는 소비는 없게 될 것이다.

그러나 근본적인 변화가 있는 승자와 패자가 있기 마련이다. 요즈음 에너지 시장에서는 융합을 잘 예측하고 적절하게 활용하는 곳이 승자의 길이지만 기존 시장참여자나 신규 진입자 모두에게 쉽지만은 않다. 기술/산업융합과 실용화에는 많은 투자가 필요하기 때문이다. 그러나 성공할 경우 이득은 기존 비즈니스 모형에 비해 매우 크다.

또한 에너지 오염 절감을 위한 에너지 산업의 전환 과정에서도 많은 비즈니스 성공 기회가 있을 것이다. 2015년 말 합의된 파리협정에 의거하면 2050년까지 세계는 실질적인 온실가스 제로 배출(zero net emissions) 상태에 도달해야 한다. 그러나 지금으로서는 이와 같은 목표달성이 쉽지 않아 보인다. 따라서 현재로서는 불가능한 과학적 접근 방법을 찾기 위해 노력할 수 밖에 없다. 이러한 과정에서 에너지 시장의 변화 과정을 잘 분석하여 실현가능한 대안과 해법을 추구해야 한다. 더욱이 파리협정 목표달성을 위한 기술 대안들은 향후 10년 이내에 기술융합을 통해 이루어져야 할 것이다.

신기후변화 체재 대응정책

우리나라는 어쩌면 세계 어느 나라보다 더 막중한 도전에 직면하고 있다. 이는 우리가 익히 아는 에너지 부문의 구조적 취약성 때문이다. 우리나라의 경제규모는 세계 13위 수준이지만 에너지소비량은 세계 7~8위이며, 그 대부분(98%)을 수입에 의존하고 있다. 더욱이 우리 경제구조가 에너지다소비형이기 때문에 유가인상 등 외부 에너지 가격변화에 취약하다. 한 예로 유가 10달러 인상이 미국 등 선진국들의 경제성장에 미치는 부정적 효과는 0.4%P로 추정되고 있으나 우리나라의 경우에는 경제성장 감소 1.3%P, 소비자물가 상승 1.7%P, 무역수지 적자 81억 달러라는 막대한 부정적 효과를 유발하는 것으로 추정되고 있다. 따라서 지금과 같은 고유가시대가 장기화될 경우 이 같은 취약성은 우리 성장 잠재력을 심각하게 훼손할 우려가 있다. 따라서 우리는 유가 상승과 기후변화 대책이라는 2개의 외부 여건 변화에 대처해야 한다. 더구나 지속가능한 성장이라는 새로운 도덕적 기준과 가치판단 체계에 대한 우리의 대응 능력은 사회적 합의 차원에서는 제약이 크다. 그렇다면 어떻게 해야 할까?

그 대답은 어렵지만 결국 원론에 충실할 수밖에 없다. 에너지 부문의 해결과제의 원인이 현행 에너지 시스템이 무시해 온 외부효과(external effects)에 있다는 점을 인정하고, 이 외부효과를 줄이기 위한 장기대책을 수립하는 수밖에 없다.

외부효과란 어떤 경제주체의 경제행위에 따른 예상하지 않은 결과들로서 선량한 제3자에게 영향을 미치는 모든 경우를 지칭한다. 최근의 에너지 문제는 공급 부족, 위기 등 전통적 이슈보다는 에너지와 사회와의 연계 과정에서 일어나는 외부효과에 관련된 것들이 대부분이다. 예를 들어 핵폐기물 처분장 부지선정, 높은 휘발유 세금, 대기 공해 등은 에너지 산업의 외부효과라고 할 수 있다.

또 다른 예로 우리나라에도 전력, 가스, 지역난방 등 고급 에너지 중심의 수요증가추세가 정착되고 있다. 그러나 이는 역설적으로 에너지 산업에게 더 많은 외부효과라는 부담을 주고 있다. 왜냐하면 고급 에너지로의 전환과정에서 다량의 1차 에너지 손실이 발생하며 이 손실은 오염원으로 막대한 외부효과를 발생시킨다. 결국 외부효과가 적은 고급 에너지 소비욕구는 현 기술체계에서 더 많은 외부효과를 낳게 하고 결국 우리 사회 전체의 새로운 부담으로 남게 된다. 이 부담을 견디지 못하는 제조업과 산업 그리고 사회 인프라는 퇴출되기 마련이다. 앞으로의 에너지 문제는 외부효과와의 전쟁이 될 것이다.

따라서 우리 에너지 부문은 이러한 근본적 변화, 달리 말하면 일종의 패러다임 변화 과정에서 현명한 선택을 해야 한다. 이 선택은 물론 장기, 중기 및 단기적 구분을 분명히 해야 한다. 지속가능한 개발의 개념은 시간의 가치를 중시하기 때문이다.

우선 가장 시급한 단기대책으로는 독과점 등 기존의 산업논리에서 탈피하고, 엄정한 경제원리에 입각하여 효율적인 성장 경로를 세워야 한다. 특히 에너지 제품의 외부효과(환경파급효과 등)를 내부 비용으로 포함시켜 소비자 편익증진에 기여하는 가운데 본격적인 시장/산업구조 개편에 대비해야 한다. 이 과정에서 무엇보다 '효율적'이라는 용어의 개념을 정확히 이해해야 한다. 민간 창의력에 근거한 경쟁력 확보 범위 내에서만 국내산업을 육성, 지원할 수 있다는 점을 분명히 해야 한다. 따라서 외부효과 흡수, 경감으로 대표되는 공익성과 이윤추구와 확대성장이라는 기업성이 조화되는 에너지 산업 개혁 로드맵(road map)에 대한 합의가 필요하다. 무엇보다 유념할 것은 에너지 부문 공익성 개념을 이제는 지속가능한 성장과 국민생활의 질 향상이라는 관점에서 보아야 한다.

중기대책으로는 기후변화대책의 기여도를 시장가치로 평가하고 필요시 사회비용 경감차원에서의 보상체계를 도입해야 한다. 배출권 거래시장, 청정생산체제 등의 도입을 지금부터 서둘러야 한다. 물론 관련 기술개발은 당연한 것이다.

장기대책으로는 당연히 지속가능한 성장 패러다임에 대한 사회적 합의 도출이다. 고갈성 자원들의 고갈 경로와 신에너지원의 시장진입에 대한 효율 극대화 전략을 범지구적 차원에서 도출해야 한다. 결국 우리 사회는 경쟁의 법칙과 효율적 자원 분배 원칙에 대해서는 충분한 학습(學習) 기회를 갖지 못한 가운데 새로운 가치관에 기초한 무한 경쟁체제에 적응해야 하는 어려움을 겪고 있다. 발상의 전환이 필요한 시점이다.

4

신재생 에너지 정책

개요

국내외 정책차원에서 기후변화대응 중 그 효과가 가장 확실하여 주목을 받는 것이 신재생 관련 정책이다.

세계기후변화 대응전략을 주도하는 UN IPCC(기후변화 정부 간 기구)자료 등에 의거하면 전 세계 대기 중 CO_2 농도는 그냥 두면 금세기말 1,000 ppm으로 상승하고 평균온도는 6℃ 상승할 것이다. 산업혁명 이전에 280 ppm이었던 CO_2 농도가 현재에는 380 ppm 수준이며, 2100년에는 1,000 ppm수준에 달하여 인류문명의 위기를 초래할 수 있다고 경고하였다. 이에 국제에너지기구는 인류문명의 지속가능한 성장을 위해서는 CO_2 농도를 450 ppm(평균온도 2℃ 상승)에서 안정화가 필요하고, 이를 달성하기 위한 정책 시나리오 발표를 이미 2009년에 발표하였다. 그 주요 내용은 이산화탄소 주요감축수단으로 에너지 효율개선, 신재생 에너지, 원자력 확대, CCS(Carbon Capture and Storage) 등을 제시하였다.

그림 5-5는 국제에너지기구가 추산한 지구대기온도 상승을 2℃이하로 억제하기 위해 요구되는 CO_2 감축수단을 표시하고 있다. 각 감축수단의 효과로는 신재생이 전체 감축의 30%를 담당하는 것을 알 수 있다. 이외에도 최종 에너지 및 전력사용효율 향상이 38%, CCS(탄소 포획 및 저장) 기술이 13%, 최종 사용에너지 전환 10%, 원자력 8%, 발전효율 향상 1% 등이 제시되고 있다.

이에 따라 파리협정 체결 이후 신기후변화체재의 본격화에 따라 가장

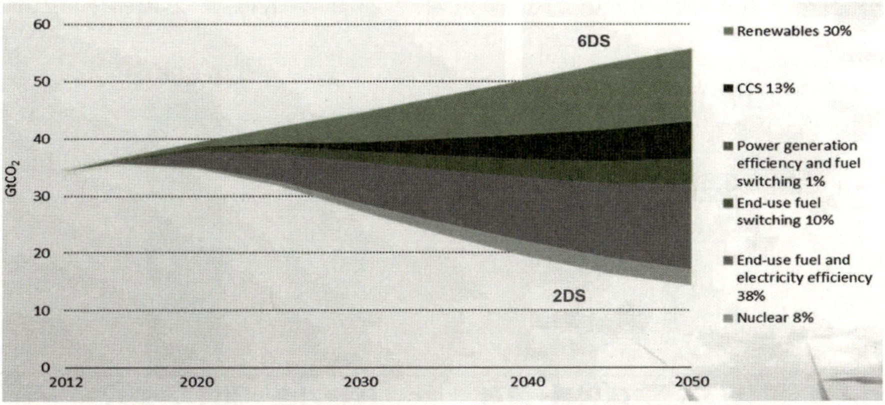

주: 6ds: 대기온도 6도 상승 시나리오, 2ds: 2도 상승 시나리오
자료: 국제에너지기구, 2009, 한국에너지공단

그림 5-5 글로벌 온실가스 감축 시나리오 및 감축수단

큰 혜택을 받는 산업이 신재생 에너지 산업일 것으로 전망되고 있다.

- 국제에너지기구(2015): 국제유가 50달러 이하에서도 2050년에는 재생 에너지가 세계 단일 최대 에너지원으로 등장할 것이다.
- 불룸버그 뉴에너지 금융(BNEF): 국제유가와 가스가격 변화와 상관없이 재생에너지의 성장 잠재력은 석유, 가스 산업의 경우를 초월할 것이다.

이러한 신재생 산업의 성장 잠재력은 발전산업 부문에서 구체화된다. 이는 대부분의 신재생 에너지는 발전용으로 활용되기 때문이다.

국제에너지기구의 최근 자료(WEO, World Energy Outlook 2017)에 의하면 2012년 기준 세계 발전용량은 5,584 GW이며, 이 중 석탄과 가스를 포함한 화석발전용량은 3,630 GW로 전체 발전원 중 65%를 차지하고 있다.

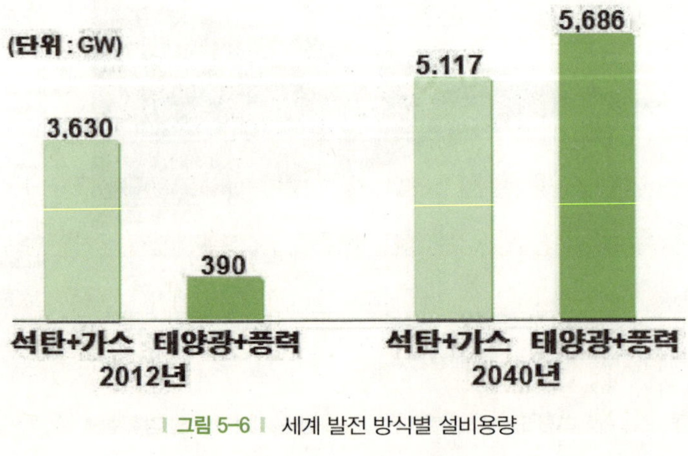

그림 5-6 세계 발전 방식별 설비용량

이에 반해 태양광 및 풍력 등 신재생 에너지 용량은 390 GW로 전체 발전 용량의 7%에 불과하였다. 그러나 2040년 세계 발전원(14,210 GW) 구성은 화석발전 36%, 신재생 에너지 40%로 신재생 발전 비중이 석탄 및 가스 등 화석연료발전을 넘어설 전망이다. 따라서 신재생 발전용량은 2040년까지 연평균 10%씩 증가하여 5,600 GW에 달해 최대 발전 방식으로 등장할 것이다.

우리나라의 신재생 에너지 정책

국내 신재생 에너지 보급 현황

2016년 기준 국내 1차 에너지 대비 신재생 에너지 공급 비중은 4.78%로 2015년 4.62%에 비해 0.16%p 증가한 것으로 나타났다. 이 중 재생에너지 공급량은 13,747천 TOE로 4.67%를, 신에너지 공급량은 318천 TOE로 0.11%를 차지하였다.

2007년부터 2016년까지 10년 동안의 신재생 에너지 연평균 공급 증가율은 10.75%로 같은 기간 제1차 에너지 연평균 공급 증가율 2.46%의 약 4.3배에 달한다. 한편 2010년 이후로 최근 6년(2011~ 2016년)까지로 기간을 좁혀보면 신재생 에너지 연평균 공급증가율과 1차 에너지 연평균 공급 증가율은 각각 13.15%와 1.24%로 1차 에너지 공급에 비해서 신재생 에너지 보급이 10배 이상 빠르게 증가하고 있음을 알 수 있다. 신재생

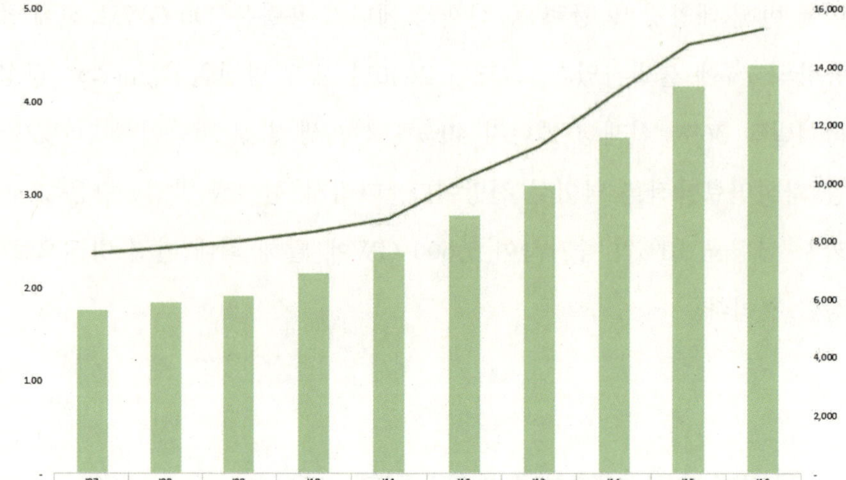

	'07	'08	'09	'10	'11	'12	'13	'14	'15	'16
공급량(천toe)	5,608,776	5,858,481	6,086,249	6,856,284	7,582,845	8,850,739	9,879,207	11,537,366	13,292,990	14,064,904
공급비중(%)	2.37	2.43	2.50	2.60	2.74	3.18	3.52	4.08	4.62	4.78

자료: 한국에너지공단, 2016년 신재생 에너지 보급통계(잠정치)

그림 5-7 국내 신재생 에너지 보급추이

에너지원별로 세분화하면 태양광과 연료전지, 지열, 그리고 바이오가 각각 40.8%, 30.7%, 27.6%, 22.8%로 높은 연평균 증가율을 기록하였다.

그러나 그 실체를 살펴보면 바이오와 폐기물이 전체 신재생에너지 공급의 81%를 차지할 정도로 높은 비중을 차지하고 있는 반면, 태양광과 수력, 풍력은 각각 7.8%, 4.3%, 2.5%로 상대적으로 그 비중이 매우 낮은 것을 알 수 있다. 사실 2010년 이후 태양광의 연평균 증가율이 40%를 상회하였음에도 불구하고, 기존 바이오와 폐기물의 비중이 워낙 높아서 바이오와 폐기물 중심의 공급 구조를 유지하고 있는 상황이다.

2016년 신규 신재생발전설비 용량과 총 누적설비 용량은 각각 1,491

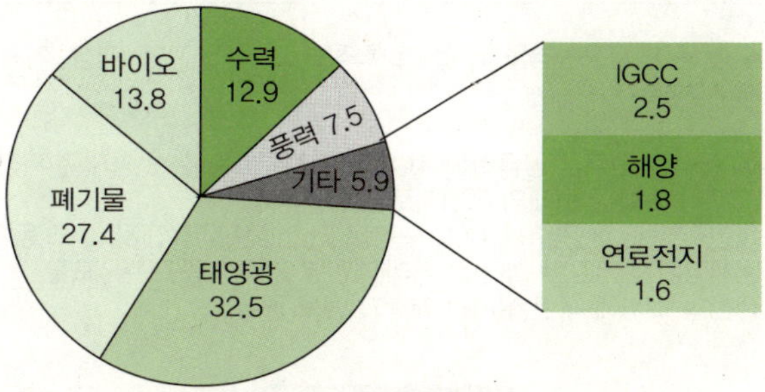

자료: 한국에너지공단, 2016년 신재생 에너지 보급통계(잠정치)

그림 5-8 국내 신재생 에너지원별 공급비중(2016)

MW와 3,846 MW이었다. 총 발전량 대비 비중은 2015년의 6.61%에서 0.61%p 증가한 7.22%를 기록하였으며, 전년 대비 증가율은 총발전량과 비슷한 약 9.2%이다.

그러나 이러한 국내 신재생 에너지 보급은 2016년 문재인 정부가 들어선 후 근본적인 변화를 맞이하고 있다. 2019년 말 발표된 '신재생 3020 계획'에 의해 2030년까지 신재생 발전비율을 20%로 상향 조정할 것으로 확정하였다. 여기에다 2018년 말 완료 예정인 '제3차 에너지 기본계획'에 의거하면 2040년 신재생 전력 보급목표를 최대 40%까지 상향 조정할 것을 검토하고 있다. 그러나 이러한 과감한 신재생 보급 확대 정책은 사회적 합의를 필요로 한다. 과연 이러한 사회적 합의가 가능할까? 신재생 에너지에 대한 정치적 고려는 지속될 수 있을까? 이에 대한 해답은 시기상조일 것으로 보인다. 다만 우리나라 신재생 에너지의 비약적 보급 확대는 다음 그림 5-10에서 제시하고 있는 내용에 기초하여 이루어질 수 있는 방법론 개발이 요구된다.

전기, 열, 가스, 수송 등이 시장가격을 바탕으로 최적으로 생산 · 전환 · 저장 · 거래 · 소비할 수 있는 지능형 에너지 시스템

① 재생 에너지로 실시간 전력을 공급하는 것 외에도 전기, 열, 수소 형태로 저장하여 다양하게 활용하고 필요에 따라 다른 형태의 에너지로 전환 확대
  * 전력 → 수소(전기분해), 메탄(수소+CO2) → 가스터빈발전, 연료전지, CNG 등의 연료로 사용
② 도 · 소매 거래(시장가격 기준) + 개인간 거래(개인별 가치 기준) 모두 포괄
③ 에너지원의 생산과 소비에 대한 실시간 계측과 정보 공유

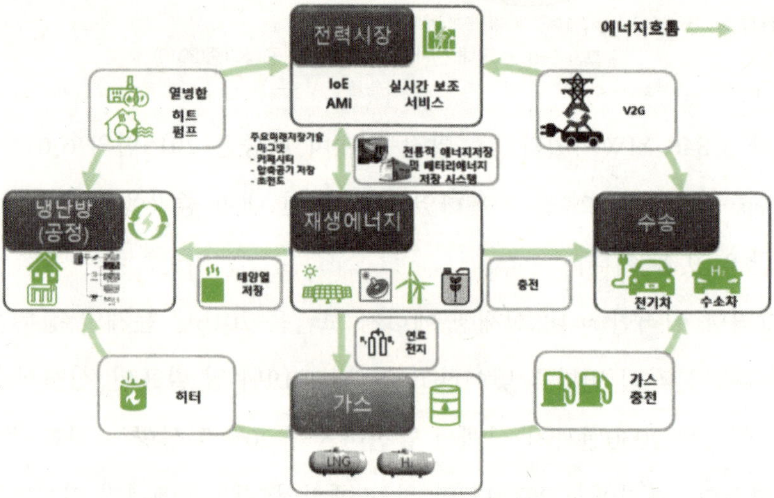

출처: 제3차 에너지기본계획, 2018

| 그림 5-9 | 재생 에너지 중심의 스마트 에너지 시스템

참고문헌

최기련, 에너지경제학, 에경 M&B, 2004, 2007, 2010(개정판)

최기련, 석유경제학, 에경M&B, 2006, 2010

최기련, 에너지경제학, 비봉출판사, 1987

최기련, 파워플레이(역서), 교보문고 , 2004

최기련, 에너지산업의 미래, 에경 M&B, 2004, 2010

최기련, 박원훈, 지속가능한 미래를 여는 에너지와 환경, 김영사, 2002

최기련, 21세기 동북아에너지, 문무출판사, 1997

최기련, 한국의 에너지산업(편저), 한국에너지협의회, 1997,

최기련, 자원경제학 입문, 한국경제신문사, 1989,

최기련, 원자력과 신-재생발전의 공생전략, 한국과학기술한림원 한림연구보고서 119, 2017

최기련, 중대사고 후 학습효과를 반영한 원자력기술의 새로운 경제성 평가기준 설정연구, 한국과학기술한림원, 한림연구보고서 90, 2013

기상청, 기후변화 2014, 종합보고서, 대한민국 정부, 2015

기상청, 기후변화에 대한 제5차 평가보고서 주요 내용, 2015

김원태, 기후변화-과학적 이해와 대응, 물리학과 첨단기술, 2009

한국에너지경제연구원(2016-18). 각종 에너지 관련 보고서 및 통계 연-월보 각호.

한전전력연구원(2017). "국내 신재생 최적개발 시나리오 수립연구".

한전경제경영연구원. KEMRI 전력경제 REVIEW, 2017-18년 각호

클라이브 폰팅, 이진아 옮김, 녹색세계사, 그물코, 1991

한국에너지공단, 나의꿈- 나의 에너지를 찾아서, 2016

한국에너지공단, 한국에너지백서, 2016-17 각호

한국에너지공단, 신재생에너지백서, 2016-17 각호

ADEME(2016). Climat, Air et Energie. 2017

Bebic, J.(2008). "Power System Planning: Emerging Practices Suitable for Evaluating the Impact of High−Penetration Photovoltaics," NREL/SR−581− 42297.

British Petroleum(2016−8 각호). Statistical Review of World Energy.

Carbon Brief, 9 Charts to Show Energy and Climate Change, 2016

Cochran, Jaquelin et al.(2014). "Flexibility in 21st Century Power Systems", NREL/TP−6A20−61721.

EPRI(2017). "Operational Simulation Tools and Long Term Strategic Planning.

Fred Cottrell, Energy and Society, Greenwood Press, USA, 1975

James Griffin et, Energy Economics and Policy, Academic Press, USA, 1986

High Penetrations of PV in the Southeastern United States", Final Report.

IMF(2017). Working Paper on "Riding Energy transition".

Jones, Lawrence E.(2017). "Renewable Energy Integration Practical Management of Variability, Uncertainty, and Flexibility in Power Grids", Second Edition, Academic Press.

OECD/IEA(2016 −18 각호). World Energy Outlook.

OECD/IEA(2017). World Energy Access Report.

OECD/IEA(2017). World Renewable Energy. OECD/IEA(2017).

Smith, J. Charles(2016). "Renewable Resource Integration", CEE Symposium with NEDO, October 19, 2016 Tokyo, Japan.

U.S. Energy Information Administration(2016−17 각호). International Energy Outlook.

World Energy Council(2016). World Energy Industry.

Yabe, Akira et al.(2016). "Grid Integration Strategy for Variable Renewable Energy Highly Penetrated Energy System − Japanese Case", 25th CEE Symposium with NEDO, October 19th, 2016. 省エネルギー・新エネルギー部(平成29年). "再生可能エネルギーの大量導入時 代に おける政策課題}について